機械製作要論

鬼鞍 宏猷 編著

養賢堂

執筆者一覧

鬼鞍 宏猷（九州大学 名誉教授）：第1章・第12章・第13章

平塚 貞人（岩手大学 工学部 教授）：第2章

楢原 弘之（九州工業大学 大学院情報工学研究院 教授）：第3章

神 雅彦（日本工業大学 工学部 教授）：第4章

後藤 浩二（九州大学 大学院工学研究院 准教授）：第5章

松村 隆（東京電機大学 工学部 教授）：第6章

大橋 一仁（岡山大学 大学院工学研究科 准教授）：第7章

吉冨 健一郎（防衛大学校 システム工学群 准教授）：第8章

早川 伸哉（名古屋工業大学 大学院工学研究科 准教授）：9.1節

国枝 正典（東京大学 大学院工学系研究科 教授）：9.2〜9.4節

片平 和俊（理化学研究所 専任研究員）：9.5〜9.7節

高谷 裕浩（大阪大学 大学院工学研究科 教授）：第10章

松原 厚（京都大学 大学院工学研究科 教授）：第11章

（2016年3月現在）

序　文

「機械製作」は，目的の性能を持つ機械や ものを実現するために，材質，形，寸法などを設計した後に，材料に物理的（機械的・熱的・電気的・光学的）方法，化学的方法などを用いて，部品または製品を形づくることである．すなわち，材料から不要な部分を取り除く除去加工，材料に力や熱などのエネルギーを加えて変形させる塑性加工や材料を溶かして型の中に流し込んで固める鋳造や射出成形を含む変形加工，要素と要素を接合・接着する付加加工などを用いて，目的の機械や ものを製作することである．このプロセスにおいて工作機械が重要な役割を果たす．また，製作されたものが設計条件を満たしているかどうかを検証する加工計測や検査などの工程も必要となる．

本書では，これらの除去加工，変形加工，付加加工，工作機械と生産システム，加工計測などの機械製作に必要な方法の基本的な原理や理論的・実験的な基礎，それに基づいた装置・機械および方法とその特徴，および問題点と対策などを記述している．

機械製作法の選択においては，一般に材料の性質，製品の要求精度，生産能率，材料・製造コスト，数量などを考慮する必要があり，製造物の欠陥による被害の賠償を定めた製造物責任法（PL法），製品のライフサイクルを考えた生産，あるいは人口減少・エネルギー問題・資源問題などの社会的背景を考慮することが必要な場合もある．

近年，機械製作の方法は，加工，工作機械，計測のそれぞれの技術開発はもちろん，コンピュータ技術，ロボット技術などと融合して新たな進化を遂げている．三次元造形技術や **FMS**（フレキシブル マニュファクチャリング システム）などがその典型的な例である．また，高強度・難加工材料や高付加価値の製品開発も活発で，それに対応した機械製作手段が求められることも多い．そうはいうものの，各機械製作技術がベースであることは疑いのない真実である．

序　文

　本書の執筆には，この分野の第一線で活躍している比較的若い教育者・研究者に当たっていただいた．読者の皆さんに機械製作の要訣を深く理解していただき，各種機械の設計などに活かしていただくとともに，新しい機械製作技術の開発に結びつけば幸いである．

　最後に，養賢堂 編集部 三浦信幸氏には，本書の企画・立案の段階から編集・出版の段階まで大変お世話になった．ご尽力に心から感謝申し上げる．

2016年3月

鬼鞍 宏猷

目　　次

第1章 機械製作の流れ

1.1 ものづくりの基礎 …………… 1　　1.2 設計から製作まで …………… 1

第2章 鋳　　造

2.1 鋳造と鋳物 …………… 5
　2.1.1 鋳造の特徴 …………… 5
　2.1.2 模　型 …………… 5
　　(1) 模型材料 …………… 5
　　(2) 模型製作における考慮事項 … 6
　　(3) 模型の種類 …………… 7
　2.1.3 鋳造方案 …………… 7
2.2 鋳　型 …………… 10
　2.2.1 鋳型の種類 …………… 10
　2.2.2 鋳型用砂の性質 …………… 10
　2.2.3 鋳物砂の種類 …………… 10
　2.2.4 鋳物砂の粘結剤 …………… 11
　2.2.5 はだ砂および塗型剤 …… 11
　2.2.6 鋳物砂試験法 …………… 13
2.3 鋳物材料と溶解 …………… 13
　2.3.1 鋳物材料 …………… 13
　　(1) 鋳　鉄 …………… 13
　　(2) 鋳　鋼 …………… 14
　　(3) アルミニウム合金 …………… 14
　　(4) 銅合金 …………… 15
　2.3.2 溶　解 …………… 16

　　(1) キュポラ …………… 16
　　(2) 誘導炉 …………… 16
　　(3) るつぼ炉 …………… 17
　　(4) アーク炉 …………… 17
2.4 特殊鋳造法 …………… 18
　2.4.1 自硬性鋳型法 …………… 18
　　(1) 無機自硬性鋳型 …………… 18
　　(2) 有機自硬性鋳型 …………… 19
　2.4.2 シェルモールド法 …………… 19
　2.4.3 インベストメント法 ……… 20
　2.4.4 フルモールド法 …………… 21
　2.4.5 Vプロセス …………… 22
　2.4.6 ダイカスト …………… 22
　2.4.7 低圧鋳造法 …………… 23
　2.4.8 遠心鋳造法 …………… 24
　2.4.9 連続鋳造法 …………… 25
2.5 鋳造後の処理，不良および検査
　　…………… 25
　2.5.1 鋳造後の処理 …………… 25
　2.5.2 鋳物の検査 …………… 26
　2.5.3 鋳物の欠陥 …………… 26

第3章 三次元造形・金型製作

3.1 はじめに …………………………28
  3.1.1 製品開発における三次元造形および金型製作の役割 ……28
  3.1.2 QCD との関連性 …………29
3.2 三次元造形 ………………………31
  3.2.1 三次元造形の用途 …………31
  3.2.2 三次元造形のハードウェア 32
  3.2.3 三次元造形の性質 …………33
    (1) 精度に関連するパラメータ ‥33
    (2) 積層段差問題 ………………34
    (3) 精度向上手法 ………………35
    (4) 微細化と加工時間 …………36
    (5) 材料と物理的特性 …………36
  3.2.4 三次元造形のソフトウェア処理 ……………………37
    (1) 形状処理ソフトウェア ……37
    (2) 入力ファイル形式 …………38
    (3) 設計支援ソフトウェア ……40
  3.2.5 三次元造形による金型加工と成形の事例 ……………41
3.3 金型製作 …………………………43
  3.3.1 金型の役割と機能…………43
    (1) 機械製作における金型製作の重要性 ………………43
    (2) 金型構造 ……………………44
  3.3.2 金型の製作工程 ……………45
    (1) 金型用鋼と熱処理・表面処理 …………………………45
    (2) 金型加工に必要な工作機械・装置 ……………………45
    (3) 金型加工における CAD/CAM …………………………47
  3.3.3 樹脂成形用金型の設計……50
    (1) 部品製造における金型の役割 …………………………50
    (2) 樹脂金型における設計検討項目 ………………………51
    (3) 樹脂成形プロセス …………52
    (4) 流動解析 ……………………55
3.4 おわりに …………………………56
参考文献 ………………………………57

第4章 塑性加工

4.1 塑性加工の特徴 …………………58
  4.1.1 塑性加工法の分類 …………59
  4.1.2 塑性加工における生産性と精度 ………………………59
4.2 金属材料の塑性変形特性 ………60
  4.2.1 力学的性質 …………………60
    (1) 引張試験から見る力学的性質 …………………………60
    (2) 塑性変形のモデル化 ………62
  4.2.2 金属組織と塑性変形………64
    (1) 結晶構造と塑性変形 ………64
    (2) 多結晶体と塑性変形 ………65
4.3 素形材の製造法 …………………67
  4.3.1 圧延加工 ……………………67
    (1) 圧延加工とは ………………67
    (2) 圧延加工の基礎 ……………68
    (3) 圧延加工機とロール配列 …69
  4.3.2 押出し加工 …………………70

(1) 押出し加工とは ………… 70
　(2) 押出し加工の基礎 ………… 71
 4.3.3 引抜き加工 ………………… 72
　(1) 引抜き加工とは ………… 72
　(2) 引抜き加工の基礎 ………… 72
4.4 部品の製造 …………………… 74
 4.4.1 せん断加工 ………………… 74
　(1) せん断加工とは ………… 74
　(2) せん断加工の基礎 ………… 75
　(3) 各種精密せん断加工法 … 77
 4.4.2 曲げ加工 …………………… 77
　(1) 曲げ加工とは …………… 77
　(2) 曲げ加工の基礎 ………… 78

 4.4.3 深絞り加工 ………………… 79
　(1) 深絞り加工とは ………… 79
　(2) 深絞り加工の基礎 ……… 80
　(3) 再絞り加工 ……………… 81
　(4) しごき加工 ……………… 82
 4.4.4 鍛造加工 …………………… 82
　(1) 鍛造加工とは …………… 82
　(2) 鍛造加工の基礎 ………… 83
　(3) 型鍛造法の分類 ………… 84
4.5 プレス機械 …………………… 85
 4.5.1 油圧プレスと機械プレス … 85
 4.5.2 サーボプレス ……………… 87

第5章 溶接・熱処理

5.1 はじめに ……………………… 88
5.2 溶接の概要 …………………… 88
 5.2.1 金属の接合方法 …………… 88
 5.2.2 溶接の利点と欠点 ………… 89
 5.2.3 溶接法の分類 ……………… 90
5.3 被覆アーク溶接 ……………… 90
5.4 溶接法と金属材料 …………… 91
5.5 溶接部の冶金的特性 ………… 92
 5.5.1 熱影響部のミクロ組織 …… 92
 5.5.2 熱影響部の硬さ …………… 93
5.6 溶接欠陥 ……………………… 94
 5.6.1 ブローホール ……………… 94
 5.6.2 溶接割れ …………………… 94
　(1) 高温割れ ………………… 96
　(2) 低温割れ ………………… 96
　(3) その他の溶接割れ ……… 96
 5.6.3 溶接割れ防止の基本的考え方
　　　　……………………………… 96

　(1) 高温割れ ………………… 96
　(2) 低温割れ ………………… 96
5.7 溶接残留応力と溶接変形 …… 97
 5.7.1 溶接残留応力の発生と分布 · 97
 5.7.2 残留応力が部材の強度に及
　　　ぼす影響 ……………………… 98
　(1) 静的強さに及ぼす影響 … 98
　(2) 疲労強度に及ぼす影響 … 98
　(3) 脆性破壊に及ぼす影響 … 98
　(4) 座屈と応力腐食割れに及ぼす
　　　影響 ……………………… 98
 5.7.3 残留応力の除去 …………… 98
 5.7.4 溶接変形 …………………… 99
　(1) 横収縮 …………………… 99
　(2) 縦収縮 …………………… 99
　(3) 縦曲がり変形 ………… 100
　(4) 角変形 ………………… 100
　(5) 回転変形 ……………… 100
　(6) 変形の予防 …………… 100

5.8 熱切断法……………………101
　5.8.1 ガス切断……………101
　5.8.2 プラズマ切断…………101
　5.8.3 レーザ切断……………101
5.9 熱処理………………………102
　5.9.1 鉄-炭素系合金の平衡状態図
　　　　…………………………102
　　(1) 純鉄の場合………………102
　　(2) 炭素鋼の徐冷時…………103
　　(3) 炭素鋼の急冷時…………104
　5.9.2 鋼の熱処理………………105
　　(1) 焼なまし…………………105
　　(2) 焼ならし…………………106
　　(3) 焼入れと焼戻し…………106
　参考文献…………………………106

第6章 切削加工

6.1 切削加工……………………107
6.2 切削加工法…………………107
6.3 切削における理論的背景……111
　6.3.1 切削機構と切削抵抗……111
　6.3.2 三次元切削における切削
　　　　抵抗……………………116
　6.3.3 切削温度…………………118
　6.3.4 切削工具…………………123
　6.3.5 工具摩耗…………………123
　6.3.6 加工精度…………………126
　6.3.7 仕上げ面粗さ……………127
6.4 超精密・微細切削……………129
　6.4.1 微小切込みにおける材料
　　　　変形………………………129
　6.4.2 微細切削における切削力…130
　6.4.3 超精密・微細切削における
　　　　工具およびその取付け……130
　6.4.4 微細切削における材料の
　　　　結晶が及ぼす影響…………132
6.5 エコマシニング………………133
　6.5.1 切削加工における環境対応
　　　　技術の背景………………133
　6.5.2 切削油剤とその処理技術…134
　　(1) 潤滑機能…………………134
　　(2) 冷却機能…………………134
　　(3) 耐溶着機能………………134
　　(4) 切りくず排出機能………135
　6.5.3 油剤供給量の低減………136
　参考文献…………………………137

第7章 固定砥粒加工

7.1 固定砥粒加工とその原理……138
7.2 研削加工……………………139
　7.2.1 研削方式…………………140
　　(1) 円筒研削…………………140
　　(2) 平面研削…………………142
　　(3) 内面研削…………………143
　　(4) センタレス研削…………144

(5) 工具研削 ………………146
　　(6) 特殊研削 ………………147
　7.2.2 研削砥石 …………………148
　　(1) 砥石構成要素 …………149
　　(2) 砥石の形状 ……………154
　　(3) バランス調整 …………156
　　(4) ツルーイング，ドレッシング
　　　　………………………156
　7.2.3 研削液 ……………………158
　　(1) 研削液の役割 …………158
　　(2) 研削液の種類 …………159
　　(3) 研削液の汚染抑制法 …160
7.3 切断加工 ……………………161

　7.3.1 砥石切断 …………………161
　7.3.2 マルチワイヤスライシング
　　　　………………………163
7.4 研磨加工 ……………………164
　7.4.1 ホーニング ………………164
　7.4.2 超仕上げ …………………166
　7.4.3 研磨布紙加工 ……………167
　　(1) ベルト研削 ……………167
　　(2) フィルム研磨 …………168
　7.4.4 バフ仕上げ ………………169
　参考文献 ………………………170

第8章 遊離砥粒加工

8.1 遊離砥粒加工の特色 ………171
　8.1.1 加工法の分類 ……………171
　8.1.2 加工原理と表面性状 ……172
　8.1.3 形状生成機構 ……………174
　8.1.4 遊離砥粒加工の特長と課題 174
8.2 ラッピングとポリシング …175
　8.2.1 加工の特色 ………………175
　　(1) 機械的ポリシング ……175
　　(2) ケミカルメカニカルポリシ
　　　　ング ……………………176
　　(3) メカノケミカルポリシング ・176
　8.2.2 加工の諸条件 ……………177
　　(1) 加工対象 ………………177
　　(2) 砥　粒 …………………177
　　(3) 加工液 …………………179
　　(4) ラップおよびポリシャ …180
　　(5) 加工液または砥粒との化学
　　　　反応 ……………………181
　　(6) 研磨機 …………………182

　　(7) 加工品質の評価 ………184
8.3 バレル加工 …………………185
　8.3.1 加工の特色 ………………185
　8.3.2 加工の諸条件 ……………185
　　(1) メディア ………………185
　　(2) コンパウンド …………186
　　(3) バレル加工機 …………186
8.4 バフ加工 ……………………186
　8.4.1 加工の特色 ………………186
　8.4.2 加工の諸条件 ……………187
　　(1) バフと研磨剤 …………187
　　(2) バフ加工機 ……………187
8.5 超音波振動加工 ……………187
　8.5.1 加工の特色 ………………187
　8.5.2 加工の諸条件 ……………188
8.6 ワイヤスライシング ………188
　8.6.1 加工の特色 ………………188
　8.6.2 加工の諸条件 ……………189

目次

　(1) ワイヤ, 砥粒, クーラント …189
　(2) 切断加工機 …………………189
8.7 ブラスト加工, 液体ホーニング, ショットピーニング …189

　8.7.1 加工の特色 ………………189
　8.7.2 加工の諸条件 ……………189
　参考文献 …………………………190

第9章 特殊加工

9.1 放電加工 ………………………192
　9.1.1 概　要 ……………………192
　9.1.2 加工原理 …………………194
　　(1) 放電の発生 ………………194
　　(2) 工作物の溶融, 蒸発 ……194
　　(3) 溶融部の飛散 ……………195
　　(4) 絶縁回復 …………………195
　9.1.3 熱的加工現象 ……………197
　　(1) 放電エネルギー …………197
　　(2) エネルギー配分率 ………197
　　(3) プラズマ直径 ……………197
　　(4) 材料の熱物性値 …………198
　9.1.4 陽極へのカーボン付着 …198
　9.1.5 加工特性 …………………199
　　(1) 加工特性の評価項目 ……199
　　(2) 放電電流波形が加工特性に及ぼす影響 …………………199
　9.1.6 極間距離と主軸制御 ……200
　　(1) 放電加工機の主軸送りの制御方式 ……………………200
　　(2) 極間距離と加工現象との関係 ………………………201
　9.1.7 加工液の役割 ……………203
9.2 電解加工 ………………………204

　9.2.1 概　要 ……………………204
　9.2.2 電極反応 …………………205
　　(1) 陽極反応 …………………205
　　(2) 陰極反応 …………………206
　　(3) 過電圧 ……………………206
　9.2.3 加工速度 …………………207
　9.2.4 加工精度 …………………208
　9.2.5 電解加工の特徴と用途 …210
9.3 レーザ加工 ……………………212
　9.3.1 概　要 ……………………212
　9.3.2 レーザ発振の原理とレーザ加工の特徴 ………………212
　9.3.3 レーザの種類と用途 ……214
　9.3.4 レーザと工作物材料の相互作用 ……………………216
9.4 荷電粒子ビーム加工 …………217
　9.4.1 電子ビーム加工 …………217
　9.4.2 イオンビーム加工 ………218
9.5 電解研磨 ………………………219
9.6 電鋳 (エレクトロフォーミング) 220
9.7 フォトエッチング ……………221
　参考文献 …………………………223

第 10 章 加工計測

10.1 加工計測の役割 …………… 225
10.2 加工計測の基礎 …………… 227
  10.2.1 測定とは ……………… 227
  10.2.2 国際単位系 …………… 228
  10.2.3 測定量の定義 ………… 229
    (1) 寸法と幾何学的形状 … 229
    (2) 表面性状 ……………… 231
10.3 寸法(長さ)・変位測定技術
    ………………………………… 236
  10.3.1 絶対測定と比較測定 … 236
  10.3.2 レーザ干渉測長器 …… 237
    (1) 光干渉の基本原理 …… 237
    (2) ヘテロダイン干渉計 … 239
  10.3.3 コンパレータ ………… 241
    (1) コンパレータの基本構成 … 241
    (2) 各種コンパレータ …… 241
10.4 三次元形状測定 …………… 245
  10.4.1 三次元座標測定機(CMM)
    ………………………………… 245
    (1) 基本構成 ……………… 245
    (2) 測定機能 ……………… 246
  10.4.2 光学式三次元測定機 … 247
    (1) 測定法の分類 ………… 247
    (2) 基本原理と適用例 …… 249
10.5 表面微細形状測定 ………… 252
  10.5.1 表面微細形状測定法の分類
    ………………………………… 252
  10.5.2 触針式測定法 ………… 254
  10.5.3 光学式測定法 ………… 255
  参考文献 ……………………… 258

第 11 章 工作機械

11.1 工作機械とは ……………… 260
11.2 基本的な工作機械 ………… 262
  11.2.1 平面加工とフライス盤から
    発展した加工機 ………… 263
  11.2.2 旋　盤 ………………… 265
    (1) 汎用旋盤, タレット旋盤 … 265
    (2) 数値制御旋盤, 自動旋盤 … 268
  11.2.3 穴加工(ボール盤と中ぐり
    盤) ………………………… 269
  11.2.4 加工対象に特化した工作
    機械 ……………………… 271
11.3 発展形工作機械 …………… 273
  11.3.1 ターニングセンタ …… 273
  11.3.2 マシニングセンタ …… 275
  11.3.3 5軸マシニングセンタ … 277
  11.3.4 グラインディングセンタ
    ………………………………… 278
  11.3.5 超精密加工機 ………… 281
11.4 数値制御と CAM …………… 282
  11.4.1 数値制御 ……………… 282
  11.4.2 自動プログラミングと CAD
    / CAM ソフトウェア …… 284
11.5 工作機械のシステム化 …… 285
  11.5.1 少品種多量生産からの発展
    ………………………………… 285
  11.5.2 多品種少量生産からの発展
    ………………………………… 287
  参考文献 ……………………… 290

第12章 その他の加工法・組立法・補助工具など

12.1 きさげ加工 ……………………291
 12.1.1 きさげ加工の手順 ………291
 12.1.2 きさげ加工された表面の
    性状と特性 ……………292
12.2 バリ取り ………………………293
 12.2.1 バリの生成機構 …………294
  （1）ポアソンバリ ………………294
  （2）ロールオーババリ …………295
  （3）引きちぎりバリ ……………295
 12.2.2 バリの除去方法 …………295
  （1）切削，研削 …………………295
  （2）砥粒吹付け，液体ホーニング ・296
  （3）バレル研磨，砥粒流動 ……296
  （4）電気的な方法 ………………296
  （5）化学的な方法 ………………297
  （6）熱的な方法 …………………297
12.3 表面処理 ………………………297
 12.3.1 PVD …………………………297
 12.3.2 CVD …………………………297
 12.3.3 ホモ処理 …………………298
 12.3.4 窒化処理 …………………298
12.4 組立（軸受の組付け）………298
 参考文献 ……………………………300

第13章 機械要素の加工

13.1 歯車の製作 ……………………301
13.2 ねじの製作 ……………………303
 13.2.1 おねじの製作 ……………304
 13.2.2 めねじの製作 ……………304
13.3 軸受の製作 ……………………306
 13.3.1 ボールの製作 ……………306
 13.3.2 内輪と外輪の製作 ………307
13.4 IC, LSI の製作 ………………307
 13.4.1 インゴット（鋳塊）の作製 308
 13.4.2 インゴットのスライシング 309
 13.4.3 シリコンウェハのラッピング
    ………………………………309
 13.4.4 面取り（ベベリング）……309
 13.4.5 化学的・機械的研磨（CMP）
    と化学研磨（エッチング）309
 13.4.6 フォトリソグラフィ ……309
 13.4.7 ダイシング ………………310
 13.4.8 配　線 ……………………310
 参考文献 ……………………………310

索　引 ………………………………311

第1章　機械製作の流れ

1.1　ものづくりの基礎

　機械は，本来，人間の生活を豊かにし便利にする道具である．機械製作は，目的の機能を持つ機械をいかにしてつくるかという人類永遠の「ものづくり」のテーマであり，人の発想，知識，知恵，能力，工夫などが集積される領域である．この機械製作法は，古代，ルネサンスあるいは産業革命の頃からあまり変化のない方法もあるが，近年の科学技術の進展に伴い進化変貌を遂げているものもあり，いまの時点でまとめ若い技術者や学生の皆さんに伝えていくことは意義があると思われる．また，新しい機械製作法の創出につながる可能性もある．「機械」と一口にいっても，機能，寸法，形状，品質，外観などさまざまな要求条件のものがあり，用途も多岐にわたっている．
　第2章以下で説明する一連の機械製作プロセスのつながりを理解しやすくするために，以下に，機械や部品の設計から製作までの流れについて概説する．

1.2　設計から製作まで

　機械は，図1.1に示すように，与えられた条件のもとで目的の機能を実現するための開発が行われ，次いで基本設計，詳細設計が行われる．最近では，コンピュータを用いたCAD (Computer-Aided Design：コンピュータ援用設計) による設計が多用されている．その際，強度，機能性，操作性，経済性，製造物責任法 (PL法：Product Liability)，製作の容易さ，再利用性 (Reuse, Recycle) などを考慮して，構造，機構，材料，形状，寸法などが決められる．
　設計が終わると，ただちに部品製作を行う場合もあるが，この段階で目的の機能や目標の性能が満たされているかどうかを，試作を行わずにコンピュータ上でチェックする場合もある．すなわちCAE (Computer-Aided Engineering：コンピュータ援用工学) である．CAEでは，有限要素解析 (Finite

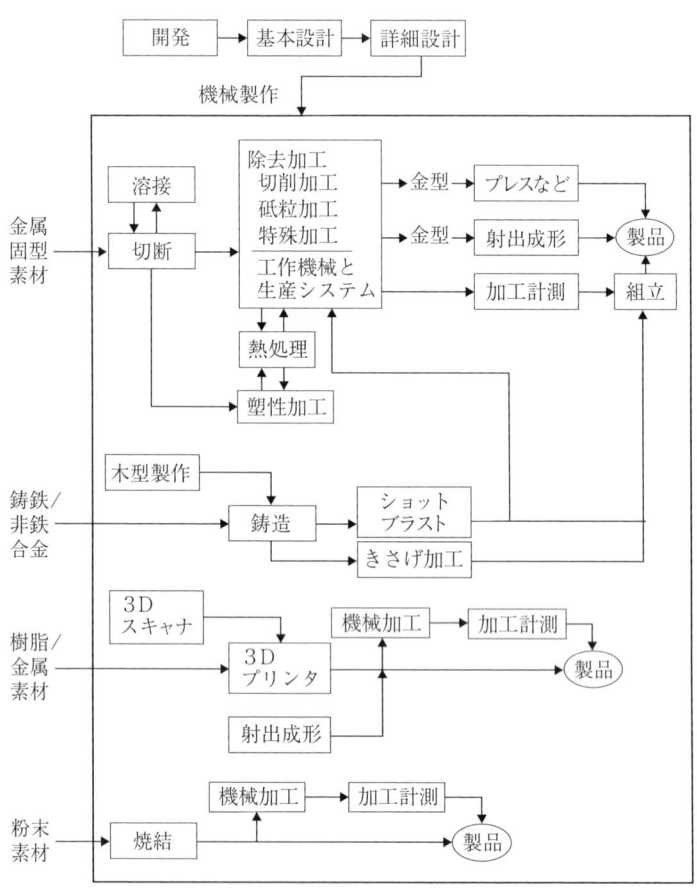

図1.1 機械製作の流れ

Element Analysis) などを用いて，設計された構造物の静剛性，動剛性（振動特性），熱変位特性などを評価し，適切な設計になっているかどうかをチェックし，そうでない場合は，設計変更を行って再チェックを行う．これによって試作の時間やコストを節約できる．

　部品製作に入ると，製作や組立のための部品図，組立図などの製作図が出される．部品の製作法の選定に当たっては，材料の性質（延性／脆性，導電性／非導電性，硬さなど），要求寸法形状公差，要求表面粗さ，要求品質などを考

慮する必要がある．出図された図面をもとに，各種素材（金属，樹脂，セラミックスなど）を用いて機械製作が行われる．

　第1の方法は，棒材，形材，板材などの素形材から，除去加工，すなわち切削加工（cutting），砥粒加工（abrasive machining），特殊加工（non-traditional machining）などの方法で部品を加工し，それらを組み立てるという方法である．もし，加工された部品が金型である場合には，それがプラスチックの射出成形，鍛造あるいはプレス加工などに用いられる．最近の自動化された生産システムでは，CADで作成された形状データをもとに，CAM（Computer-Aided Manufacturing：コンピュータ援用製造）ソフトを用いて工具経路（cutter location）データ，加工条件などのNC（Numerical Control：数値制御）プログラムを自動作成し，ポストプロセッサを経てNC工作機械，マシニングセンタ（machining center），ターニングセンタ（turning center），グラインディングセンタ（grinding center）などの上で加工を行う．最初の素材加工の段階で，切断，鍛造・プレス，溶接などの工程を経たり，除去加工の段階で各種熱処理を行って所望の硬さや靭性にして加工することもある．この方法で製作される部品・製品は，鋼を中心としてかなり広範にわたっている．

　第2の方法は，設計図面をもとに木型（または金型）をつくり，溶融した鋳鉄，アルミニウム合金，銅合金などの金属を用いて鋳造によって部品の概形をつくり，ブラスト加工の後，切削・研削・きさげ加工などによって，精度の高い部品・製品に仕上げるものである．この方法で製造されるものとしては，工作機械要素をはじめ，自動車関連部品，ブレーキ部品，すべり軸受，産業用バルブ部品，電気部品などがある．

　第3の方法は，3Dプリンタをはじめとするコンピュータを用いて樹脂材料/金属材料などを積層して3D形状物を形成する付加製造（Additive Manufacturing：AM）である．これは，3D形状物体を3Dスキャナで各方向から計測し，得られた形状データをもとに3Dプリンタのノズルの位置を制御して樹脂を積層する方法である．比較的低コストで手に入れることのできる装置がある．3Dプリンタ以外にも，紫外線硬化樹脂とレーザを用いた3D形状の作成法，溶融した金属を位置制御のできるノズルから噴出させ積層していく方法などがある．これらの方法により製造された部品は，他の部品と組み合わされて

一つの製品となることもある．この方法による製品は，3D複雑形状の部品・製品であり，切削などでは加工の難しい内部形状の部品も製作できる特長がある．

　第4の方法は，粉末素材を型の中に入れ，高温高圧などの環境下で成形する方法である．例えば，WC粉末やcBN粉末などを原料とした切削工具用チップなどがこの方法による．

　以上の方法によって製造された製品は，目的の機能を十分に果たせるかどうかを検査，加工計測によって確認し，塗装を経て組み立てられて製品として出荷される．

第2章 鋳　　造

2.1 鋳造と鋳物

2.1.1 鋳造の特徴

　鋳造(casting)とは，つくりたい形と同じ形の空洞部を持つ型に，溶けた金属を流し込み，それを冷やして固める加工方法である．型の種類によって，砂を固めてつくった砂型，金属を削ってつくった金型，樹脂型や石こう型などがある．そして，型のことを鋳型(mold)と呼び，鋳造でつくった製品を鋳物(castings)という．鋳物は，日常使われる身近な家庭用品から，機械や装置の主要構成部材をはじめ，各種部品まで広く使用されている．鋳物には用途によって機械鋳物，建築鋳物，日用品鋳物，美術工芸品鋳物などがある．
　鋳造の特徴は，液体金属を用いた加工法であることから，切削などの他工法に比べて，量産性や形状の自由度が高く，形状が複雑なものでも容易に製造できるという大きな特徴を持っている．

2.1.2 模　　型

　鋳物をつくる場合，鋳型が必要であるが，その鋳型をつくる原型が模型(pattern)である．模型の製作に際しては，模型の種類，製作個数，形状精度，耐用年数などを考慮して，模型材料の種類，模型の形式などを決める．

(1) 模型材料
① 木　　材
　杉，檜，姫子松などの材料が用いられる．木材は，軽くて加工しやすく，組合せや接合が容易で安価である．鋳物の製作個数があまり多くないときに使用される．ただし，吸湿すると，木材の方向により変形すること，強度が強くないことから，保管や管理に留意が必要である．

② 金　属

アルミニウム合金，炭素鋼，構造用炭素鋼，工具鋼，鋳鉄などが用いられる．寸法精度がよく，摩耗，破損，変形が少なく，作業性・耐久性に優れ，長期保管も容易である．ただし，木材より加工が難しく，費用がかかる．

③ 合成樹脂

エポキシ樹脂，ポリエチレン樹脂などが用いられる．合成樹脂は，軽くて取扱いが容易であり，収縮変形などの狂いが少なく，長期保存にも耐える．木材と金属の短所を除き，長所を集めてつくられた材料ともいえる．

(2) 模型製作における考慮事項

模型は，所要の製品をつくるための鋳型を製作する原型となるが，必ずしも製品形状と同一のものになるとは限らない．模型製作において考慮すべき事項として，縮み代，仕上げ代，抜けこう配などがある．

① 縮み代

溶融金属が凝固する過程で収縮する．その収縮量に対する補正代が縮み代 (shrinkage allowance) である．この縮み代の大きさは，金属の種類，形状，大きさ，肉厚，鋳込温度などによって変化する．例えば，鋳鉄では，8/1000〜10/1000 程度，アルミニウム合金では，10/1000〜12/1000 程度を考慮する．

② 仕上げ代

鋳物の表面を機械加工する場合，鋳物の材質や形状，寸法，仕上げ程度によって余分の肉厚を付ける．これを仕上げ代 (finishing allowance) という．鋳鉄，鋼鋳物が他の合金鋳物に比べて仕上げ代を大きくしなければならないのは，黒皮が硬くなりやすく，表面の欠陥が発生しやすいためである．荒仕上げの鋳物は 1〜5 mm 程度，普通仕上げの鋳物は 3〜5 mm 程度に大きく鋳造する．

③ 抜けこう配

模型を鋳型から抜きとる際，容易に扱いやすいように付けるこう配を抜けこう配 (draft：抜きこう配ともいう) という．抜けこう配は，手込めの場合は 3/100〜5/100，機械込めの場合は 2/100〜3/100 程度とする．

(3) 模型の種類
① 現物型,現型

つくろうとする鋳物と同じ形をした模型を現物型という(図2.1).つくろうとする鋳物と同じ形をしているが,内部を中空にするために,中子(core)を入れるための幅木(core print)を付け,造型後に別につくった中子を入れる模型を現型という.製作を容易にするために二つ以上に分割してつくった模型を割り型という(図2.2).

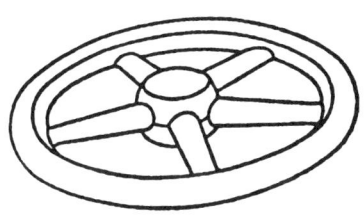

図2.1　現物型

② マッチプレート

1枚の定盤を上下に分割し,湯口,湯道,堰,押湯などを取り付けた模型である.図2.3に,その一例を示す.

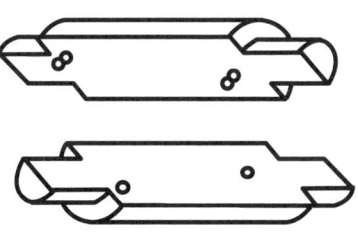

図2.2　割り型

③ パターンプレート

上型用,下型用のそれぞれの定盤に分割した模型,押湯,湯口系を取り付けたもので,生型から自硬性鋳型,手込めや機械込め,小物から大物,少量から大量生産まであらゆる方法に広く利用されている.図2.4に,その一例を示す.

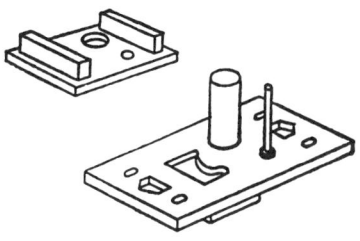

図2.3　マッチプレート

2.1.3　鋳造方案

鋳造方案(casting plan)とは,製品図から鋳物素材をつくる計画のことで,模型方案(鋳造姿勢,模型の分割,加工代,木型・金型の区分などの設定),湯口方案(湯口系などの設定),押湯方案(押湯,冷し金)などを総括したものを

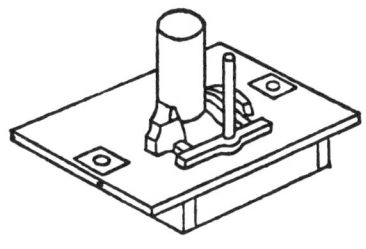

図2.4　パターンプレート

いう．これらの方案は互いに連携しているので，健全で安価な鋳物をつくるためには，各方案を総合してみて調整を行い，実施計画をたてる必要がある．

湯口方案では，
(1) 注湯時は溶湯の静圧のほか，溶湯の落ち込むときの動圧も加わること
(2) 溶湯の流れ方向を考えて空気やガスの逃げをよくすること
(3) 湯口，湯道などを工夫して乱流を避け，清浄な溶湯を静かに早く注入すること
(4) 鋳型に充満した溶湯は，凝固過程では適度の温度こう配が得られるようにすること

などを考慮する必要がある．

湯だまり(pouring basin)，湯口，湯道，堰などから構成される流路を総称して湯口系という．図 2.5 に，湯口系などの付属部分を備えた模型の各部の名称を示す．

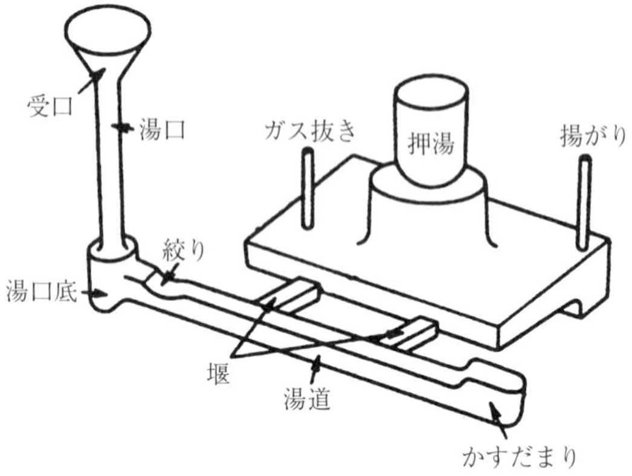

図2.5 鋳造方案の各部の名称

① 湯だまり

受口(pouring cup)ともいわれ，溶湯を鋳込む場合にスラグや不純物が湯口に入らないように，しかも清浄な湯を静かに入れるようにする．注湯の際は，直接湯口に注がず，とりべの高さをなるべく低くして湯だまりに流し，スラグや不純物を上部に浮かせるようにする．

② 湯　口

湯口(sprue)は溶湯を鋳型内に導く最初の流路で，受口に続く垂直孔をいう．湯口は，一般的に円形断面でつくられる．湯をかく乱させず静かに，しかも速やかに注湯できるようにつくられる．湯口は空気やガスの吸引を防ぐために先細にする場合もある．

③ 湯　　道

湯道(runner)は，垂直に下がった湯口から湯の流れを水平方向に変える湯の流路で，スラグや不純物を送り込まないよう，しかも温度を低下させないで，静かな湯を空洞部に送り込むようにする．湯道の断面形状は，一般的に台形または かまぼこ形が用いられている．

④ 堰

堰(gate)は，湯道と空洞部(製品)とを連絡する部分で，不純物の混入を防ぐため，湯道よりも高さを低くする．また，湯口系を取り去るときの手間を少なくするために肉厚を薄くする．堰の断面形状は，矩形，台形，三角形，かまぼこ形などが用いられている．

⑤ 湯口比

湯口，湯道，堰の大きさの割合を湯口比(sprue-runner-gate area ratio)という．鋳鉄では，この比は 1：(1〜0.75)：(0.75〜0.5)のように段々小さくする加圧系が多い．また軽合金では，1：(2〜4)：(4〜6)のように段々大きくする減圧系としていることがある．

加圧系では型内を一杯に満たして流れるため，流れが一様で酸化物の生成が少ないが，流速が速くなるため，空気，ガスの吸込みや型の破損を起こしやすい．減圧系では型を壊す恐れはないが，一様な流れが得られず，酸化物が生じやすいなどの欠点もある．

⑥ 押　　湯

金属は，一般に凝固時や凝固後の冷却過程において収縮する．その凝固時における鋳物の収縮に対して溶湯の補給を行い，鋳型内に発生した水蒸気やガスを速やかに排除し，溶湯に巻き込んだスラグを吐き出させて，充満した溶湯に静圧を与え，気泡による欠陥を少なくするために押湯(riser)を付ける．

⑦ 揚がり

鋳型によっては，押湯に似た揚がり(flow off)を設けることがある．これは，型内の空気やガスを追い出したり，はじめに鋳型内を通過して温度が下がった溶湯を型の外に流し出すためのもので，普通は湯口から最も遠く，高い位置に設けられる．湯が回ったかどうかの確認もできる．

2.2 鋳　　型

2.2.1 鋳型の種類

砂型(sand mold)では，上下2個または数個の型枠を使い，その枠を用いて型込めを行い，これを組み合わせて鋳型をつくる方法が多く行われている．生型(green sand mold)は，主にけい砂と粘結剤としてベントナイトおよび水分，場合によってはでん粉，石炭粉で構成される生型砂で造型された鋳型である．また，鋳型を炉の中で乾燥し，強くした乾燥型(dry sand mold)がある．

2.2.2 鋳型用砂の性質

鋳型をつくるのに用いる砂を鋳物砂(molding sand)という．けい砂粒を主体とし，粘土が含まれている天然産のものである．

鋳物砂に必要な性質の主なものは，
(1) 模型形状を正確に写し取ることができる成型性に富むこと
(2) 模型を抜き取った後も正確にその形状を保ち，運搬時に型破損がない強度を持つこと
(3) 鋳物の焼付きや型の軟化変形がなく，耐熱性があること
(4) 注湯時に発生するガスを外部に放出しやすい通気性があること
(5) 湯の圧力に十分耐えられる耐圧性があること
(6) 繰り返し利用できる反復利用性があること
である．

このほかに，適当な化学組成，物理的性質，粒度分布を有し，使用後の崩壊性，ガス発生の少ないことなどが挙げられるが，これらすべてを兼ね備えた砂はなく，鋳型，鋳造方法の条件などにより必要な砂を選択して使用する．

2.2.3 鋳物砂の種類

鋳物砂には，天然砂(natural sand)と合成砂(synthetic sand)とが使用されている．

① 天然砂

山砂が多く使用される．山砂は，自然の風化作用により堆積したもので，主に石英と長石によりなっていて，風化作用の程度によって，砂の粒形，大きさ，粘土分の量などが異なる．国産の天然砂は角丸形の粒形がほとんどで，けい酸分は74～84％，粘土分は8～22％，粒度分布は100～150メッシュを主とした複合粒度のものが多い．

② 合成砂

天然けい砂や人造けい砂に粘土，その他を配合し成型性をよくしたものである．けい砂は，浜砂，川砂，山砂および石英片岩，けい石を破砕し水洗いしてつくられたもので，85～98％のSiO$_2$を含んでいる．したがって，耐火性が高く，鋼鋳物や鋳鉄鋳物に使用される．

ほかに，オリビンサンド（MgO·SiO$_2$），ジルコンサンド（ZrO$_2$·SiO$_2$），クロマイトサンド（FeO·Cr$_2$O$_3$）がある．ともに耐火度が高く（1800～2000℃），熱膨張率が小さく，熱伝導性がよいなどの特徴がある．

2.2.4 鋳物砂の粘結剤

鋳型砂または中子砂の粘結剤としては，無機物のほかに有機物や特殊合成したものが使用される．

① 無機物

無機物の粘結剤には，粘土類が多く用いられる．例えば，ベントナイト類，耐火粘土，切粘土，山砂などである．

② 有機物

中子だけでなく鋳型にも用いる．例えば，油類，石炭粉，穀類，糖みつ類，合成樹脂，ゼラチンなどがある．

2.2.5 はだ砂および塗型剤

鋳型に注湯した場合，湯の温度が高いほど，水分が少ないほど鋳はだは荒らされ，また砂の粒度が大きいほど表面は粗くなる．

① はだ砂

鋳造後の砂離れがよく，鋳はだのよい製品を得るために用いるもので，耐

12　第2章　鋳　造

表 2.1　鋳物砂試験法

試験名	試料	試験方法
粘土分試験方法	1) 105℃で乾燥した砂 50 g 2) 3%水酸化ナトリウム溶液	1) 分散法：「回転式水洗機を用いる方法」または「沸騰による方法」 2) 分離法：「サイホンによる方法」または「水流とうたびんによる方法」 [計算式] 粘土分[%] = $\dfrac{試料の質量[g] - 残りの砂の質量[g]}{試料の質量[g]} \times 100$
粒度試験方法	1) 粘土分試験により粘土分を分離した乾燥砂	1) ふるい分け方法：ふるい機に15分かける 2) 各ふるい面上の砂の質量を測る [計算式] 粒度[%] = $\dfrac{ふるい面上の砂の質量[g]}{試料の質量[g]} \times 100$
通気度試験方法	1) 湿態試験片 130〜175 g で φ50 × 50 もの 2) 乾態試験片 (上記試料を試験筒から抜き乾燥)	1) 湿態の場合 ● 2000 ml の空気が排出されるまでの時間 ● 1000 ml の空気が排出されるまでの時間 [計算式] 通気度 = $\dfrac{通気空気量[ml] \times 試験片の高さ[cm]}{空気圧[水柱cm] \times 通過時間[min] \times 試験片断面積[cm^2]} \times 100$
強度試験方法	1) 湿態試験片 130〜175 g で φ50 × 50 もの 2) 乾態試験片 (上記試料を試験筒から抜き乾燥)	[計算式] 圧縮強さ[N/cm²] = $\dfrac{破断したときの荷重[N]}{試験片の断面積[cm^2]} \times 100$
水分試験方法	砂 50 g	乾燥機で 105〜110℃で乾燥後、デシケータ内で冷却砂の質量が恒量になるまで繰り返す 水分量[%] = $\dfrac{試料の質量[g] - 恒量になるまで乾燥したときの質量[g]}{試料の質量[g]} \times 100$
強熱減量試験方法	水分試験法にて遊離水分を除去した砂 10 g	ぬのう乳鉢により微粉化したものを1g磁製るつぼに入れ、1000℃で30分間強熱後、デシケータで冷却、砂の質量が恒量になるまで繰り返す 強熱減量[%] = $\dfrac{試料の質量[g] - 恒量となったときの質量[g]}{試料の質量[g]} \times 100$

火度の高い，粒度の小さい砂に粘結剤としてベントナイトや穀粉などを配合したもので，できるだけ少ない水分で調整したものである．

② 塗型剤

荒い砂の目つぶしや焼付け，浸透，砂かみなどの表面欠陥を防止するために，鋳型成型後，型に散布または塗布するものである．木炭粉，コークス粉，黒鉛粉などを水あるいは粘土水に溶かしたものなどを用いる．

2.2.6 鋳物砂試験法

鋳型砂の不備により不良品が出ることを防止するために，砂の調整，処理により，その特性を十分把握する必要がある．代表的な鋳物砂の試験方法を**表2.1**に示す．

2.3 鋳物材料と溶解

2.3.1 鋳物材料

(1) 鋳鉄

鋳鉄 (cast iron) は，鉄 (Fe) - 炭素 (C) 系合金であるが，実際には約 2～4% C までのものが使われる．鋼に比べて融点が低く，鋳造性はよい．鋳鉄は，融液からの冷却速度によって炭素はセメンタイト (Fe_3C) となることもあれば，一部または全部が黒鉛となることもある．

鋳鉄の組織は，炭素 (C) の状態によって，炭素が遊離して黒鉛の状態で存在する破面が灰色の ねずみ鋳鉄，炭素 (C) が鉄 (Fe) と化合してセメンタイトとなって存在する破面が白い 白鋳鉄 (white cast iron)，およびそれらが混合した まだら鋳鉄 (mottled cast iron) の3種類に分類できる．

ねずみ鋳鉄の中には，黒鉛が花片の集合したような形を持つ 片状黒鉛鋳鉄 (flake graphite cast iron) とマグネシウム (Mg)，セリウム (Ce) などを加えて組織中の黒鉛の形を球状にした 球状黒鉛鋳鉄 (spheroidal graphite cast iron) がある．

片状黒鉛鋳鉄は振動を吸収する能力，つまり減衰能が優れている．また黒鉛は潤滑剤的な役割があり，熱伝導がよいので，摩擦熱を逃がしやすく，振動吸

収能が高く、熱衝撃にも強い材料である。この特性をいかして工作機械用ベッドやテーブル、ディーゼルエンジン用シリンダライナ、ケーシング、クランクケース、油圧機械用羽根車などに使われている。

球状黒鉛鋳鉄は、引張強さ、伸びなどが優れ、ねずみ鋳鉄よりも数倍の強度を持ち、粘り強さ（靭性^{じんせい}）が優れていることから、強度の必要な自動車部品、水道管（ダクタイル鋳鉄管）などに使われている。

（2）鋳　鋼

鋳鋼（cast steel）とは、鋳物用の鋼のことをいう。鍛造では製作困難な場合や鋳鉄では強さが不足して困る場合に使用され、鋳鋼品のほとんどは、鋳造後、焼なましあるいは焼ならしを行って使用している。JISでは、0.08～0.30％Cの炭素鋼鋳鋼品と0.30～0.50％Cの構造用高張力炭素鋼鋳鋼品などが規定され、工作機械、鉱山機械、土木機械などの部品に使用されている。

（3）アルミニウム合金

比重2.8程度で、溶融点650℃程度と低く、湯流れはよい。合金元素の中で、けい素（Si）は融点を下げ、湯流れをよくして鋳造性を高めることから、ダイカスト用合金としても使用されている。

砂型、シェル型用の主なアルミニウム合金として、

① Al-Cu-Si系合金（AC2B）

アルミニウム合金の基礎的合金である。鋳造性がよく、機械的性質は優れている。溶接も可能である。

② Al-Si系合金（AC3A）

耐食性がよく、流動性もよく、凝固収縮も少なく鋳造性に優れており、最も広く用いられている。Si％をさらに増すと鋳造性がよくなり、銅（Cu）を添加すると引張強さ、硬度を増すことができる。

③ Al-Mg系合金（AC7A）

耐食性、機械的性質が優れ、靭性がある。マグネシウム（Mg）が酸化しやすいこともあり、鋳造性はよくない。

④ Al-Si-Cu-Ni-Mg系合金（AC8A）

耐熱性が良好で、250℃に長時間保持されても強度の低下はなく、耐熱性・耐摩耗性がある。

ダイカスト用アルミニウム合金の主なものとして,

① Al-Si系合金(ADC1)

鋳造性が特によく,耐食性,機械的性質がよい.

② AL-Mg系合金(ADC5)

耐食性が極めてよいが,複雑な形状の品物には向かない.

③ Al-Si-Cu系合金(ADC12)

鋳造性がよく,機械的性質も優れている.自動車用のシリンダヘッド,クランクケースなどに使用されている.

(4) 銅合金

銅は,熱および電気の良導体で,大気中の耐食性に優れ,加工しやすく,そのうえ色や光沢が美しいので,古くから使われている.

① 純　銅

溶解中にガスを吸収しやすく,流動性が悪く,収縮も大きいため,ブローホール,引け巣などの欠陥が発生しやすい.

② 黄　銅

黄銅(brass)は,銅(Cu)-亜鉛(Zn)系の合金で,真ちゅうともいい,ふつう10%Zn前後の丹銅,30%Znの七三黄銅,40%Znの六四黄銅が使われている.丹銅は,色が美しく,また深絞りができるので,建築材料・家具部品などに使われる.

七三黄銅は,最も伸びが大きく,強さもあり,冷間加工ができ,展伸用に適している.

六四黄銅は,一般に使われている黄銅の中で強さが最も大きく,亜鉛(Zn)が多いので,価格も安く,最も多く使われる.常温付近では,伸びは小さいが,引張強さが大きいので,主として鋳物用に使用する.黄銅に,マンガン(Mn),すず(Sn),鉛(Pb)などを加えて,機械的性質,耐食性などを改善したものに特殊黄銅がある.

③ 青　銅

青銅(bronze)は,銅(Cu)-すず(Sn)系の合金で,鋳造性・被削性・耐食性がよく,機械的性質も優れていて,Cu-Sn系に,亜鉛(Zn),りん(P),鉛(Pb)などを加えたものが多く使われている.

砲金 (gun metal) は，88％ Cu, 10％ Sn, 2％ Zn の合金で，鋳造性に優れ，機械的性質もよく，機械部品などに使用されている．りん青銅は，展伸用の伸銅品としては 3～9％ Sn，鋳物用としては 9～15％ Sn の青銅をりん (P) で脱酸し，そのりんを 0.03～0.5％ 残した合金である．

2.3.2 溶　解

溶解炉には，いろいろな形式のものがあるが，よい鋳物を得るには，地金の溶解温度や溶解量および溶解炉の効率などを考慮して，最も適するものを選ぶようにする．

（1）キュポラ

図 2.6 に示すキュポラ (cupola) は，主として鋳鉄の溶解に最も古くから広く用いられている炉で，地金を直接コークスの燃焼熱で溶解するものである．構造が簡単で，設備費が安く，取扱いも容易である．

キュポラは，鋼板製円筒形の立形の炉で，その内壁を耐火れんがで内張りしてある．炉内下部に詰めたコークスに着火し，上部の装入口から地金とコークスおよび石灰石などを交互に装入して，羽口から空気を送って溶解する．キュポラによる溶解では，燃料や燃焼ガスと地金が直接触れるので，熱効率はよいが，金属が化学作用を受けやすい．

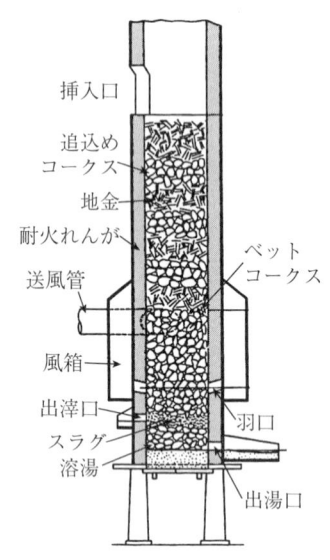

図 2.6　キュポラの構造と名称

（2）誘導炉

炉床内で溶解される金属を二次コイルとみなし，一次コイルに電流を流し，金属に流れる誘導電流によって加熱し，金属を溶解するものである．誘導炉 (induction furnace) には，使用する電源の周波数により，低周波誘導炉 (50～60 Hz) と高周波誘導炉 (1～10 kHz) がある．

図 2.7 に示す高周波誘導炉は，熱効率が高いので，溶解速度が速く，鋳鉄を連続的に溶解するのに適したるつぼ形炉である．しかし，高周波を得るた

めに，周波数変換装置が必要である．低周波誘導炉は，低周波のため温度調節がよく，過熱を嫌うアルミニウム合金や亜鉛合金などの溶解に適しており，地金の溶解に用いるるつぼ形炉と，溶湯の保温や昇温に適した溝形炉とがある．

（3）るつぼ炉

るつぼ炉（crucible furnace）は，図2.8に示すようにるつぼの中に地金を入れ，これを外部から間

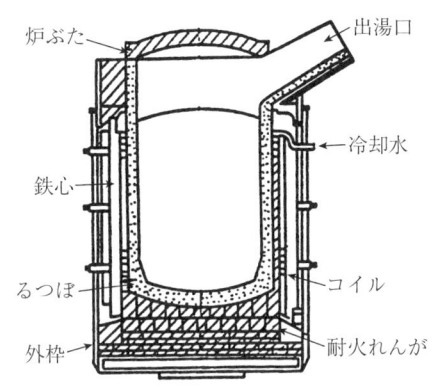

図2.7　高周波誘導炉

接的に加熱して溶解する炉である．燃料には，重油，ガス，コークスなどを使う．るつぼには，耐火粘土に良質な黒鉛などを混ぜてつくられた黒鉛るつぼが多く使われる．

るつぼ炉による溶解では，地金が燃料や燃焼ガスに直接触れないので，金属の組成が変わることが少なく，不純物の混入も防げるので，良質の湯を得ることができる．銅合金，アルミニウム合金などで，ある程度正確な組成を必要とする少ない溶解の場合に適している．

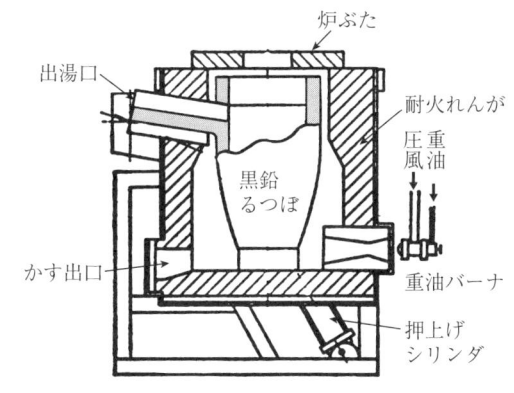

図2.8　るつぼ炉

（4）アーク炉

アーク炉（arc furnace）は，熱源としてアークによる熱を利用する炉である．アーク炉には，黒鉛電極と地金または湯との間に直接アークを発生させて溶解する直接アーク炉と黒鉛電極間にアークを発生させ，その熱と炉内の放射熱とを利用して溶解する間接アーク炉がある．

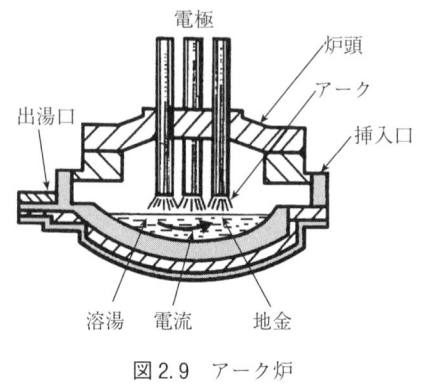

図2.9 アーク炉

図2.9に示すものは直接アーク炉で，現在最も広く使われているエルー式電気炉である．エルー式は，電極の消耗に応じて，その距離を自動的に調整できるようになっている．アーク炉の溶解では，高温の湯が得られ，金属の組成の変化も少ない．炉内の温度調節も容易であるので，鋳鉄や鋳鋼などの溶解に広く使用されている．

2.4 特殊鋳造法

2.4.1 自硬性鋳型法

(1) 無機自硬性鋳型

無機自硬性鋳型の一つであるCO_2鋳型は，一般にガス型法と呼ばれている造型法である．これは，けい砂にけい酸ソーダを3～6%配合した鋳物砂で，鋳型や中子を造型し，これに炭酸ガスを吹き込んで硬化させる方法である（図2.10）．

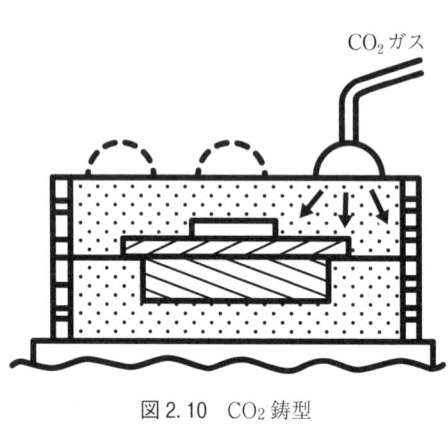

図2.10 CO_2鋳型

型込めした時点では，生型と同程度のものがCO_2ガスを数十秒程度通気させることにより，乾燥型と同程度の硬さに硬化する．したがって，強度の高い鋳型を乾燥工程なしで製造できるので，造型能率は高い．硬化反応は，次のようになる．

$$Na_2O \cdot nSiO_2(mn+x)H_2O + CO_2 \rightarrow Na_2CO_3 \cdot xH_2O + n(SiO_2 \cdot mH_2O)$$

使用する砂は，けい砂で粘土分，水分がなく，砂粒は丸みを帯びたものが良

好である．

（2）有機自硬性鋳型

有機自硬性鋳型の一つであるフラン鋳型は，常温で重合および縮合反応を起こして硬化を開始するコールドセット型の一種で，主原料はフルフラルまたはフルフリルアルコールで，フラン核を持った化合物を重合させた樹脂を粘結剤とした鋳型である．

一般に，分子量のあまり大きくない初期重合物に合成されたものが多いが，この液状初期重合物と酸性硬化触媒を混合すると，縮合反応を起こし，液状は次第に粘度を増し，縮合力が増加して，ついには凝固し，最大の結合力になる．この鋳型は，有機結合剤としてはガス発生が少なく，注湯後は粘結剤が燃焼し熱分解して崩壊性は非常によい．

2.4.2　シェルモールド法

図 2.11 に示すように，樹脂を混ぜた鋳物砂を加熱した金型に振りかけて硬化させた鋳型を用いる方法で，鋳型が貝がら状になるので，シェルモールド法（shell molding process）と呼ばれている．鋳型は，けい砂にフェノール樹脂粉末を 5〜15％混合したもので，硬化促進剤としてヘキサメチレンテトラミン

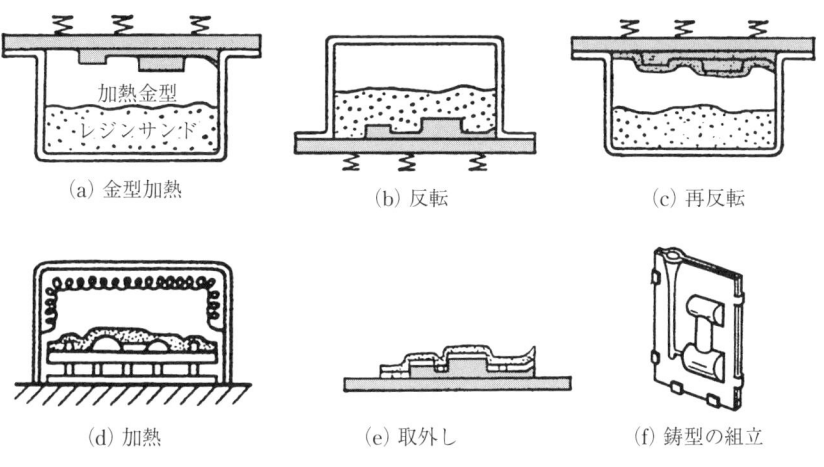

図 2.11　シェル型

を樹脂の約10％添加する．自動車部品など，大量生産品の鋳型や中子を製作する場合に利用されている．模型は，鋳型製作のときに加熱する必要があるので，アルミニウム合金，銅合金，鋳鉄などの金属でつくり，湯口などを取り付けた定盤型とする．

シェルモールド法の主な特徴は，
(1) 生型鋳物に比べて鋳はだが美しく，寸法精度がよい
(2) シェル状の鋳型のため，通気性がよい
(3) 鋳型に粘土分や水分が含まれないので，これらによる鋳物の不良がない
(4) 鋳型の製作が容易で，同一形状の鋳物の大量生産に適している
(5) 鋳型の長期保存ができる
(6) 型砂に使う熱硬化性の樹脂が高価である
(7) 鋳物の大きさに制限がある
(8) 鋳物砂を繰り返し使うには，特別の処理設備が必要となる

などである．

2.4.3 インベストメント法

インベストメント法（investment process）は，鋳造しようとする製品と同じ形状の模型をろうやプラスチックなどでつくり，それを耐火材料で被覆した後，模型を溶かし出し，その空洞部に金属を流し込んで製品をつくり出す方法で，ロストワックス法（lost wax process）ともいう．この鋳造法は，精密鋳造法のうちでも最も高い精度でつくられる．ジェット機関やディーゼル機関の部品など，複雑な形状の工業製品や美術工芸品など機械加工が困難な製品の鋳造に多く用いられている．

図2.12に示すように，ろう型を作製し，これを耐火材料で被覆した後，加熱してろう型を溶かし出し，鋳型を作製する．鋳込み金属の種類に応じて適したものを用いるが，融点が低い金属では，一般に，けい砂にエチルシリケート水溶液を混ぜたものを使う．

インベストメント法の主な特徴は，
(1) ほとんどあらゆる種類の金属の鋳物に利用できる
(2) 複雑な形状のものでも，鋳型を分割しないので正確にできる

2.4 特殊鋳造法   21

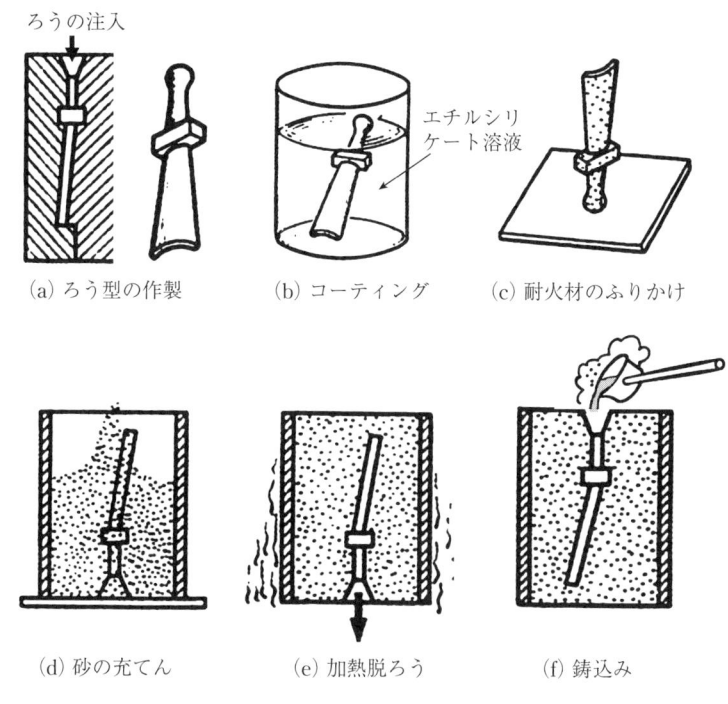

図2.12 インベストメント法

(3) 鋳はだがなめらかで,寸法精度も高い
(4) 製作個数の多少に関係なく利用できる
(5) 鋳物の大きさが制限がある
(6) 製作工程に時間がかかり,耐火材料も高価である

などである.

2.4.4 フルモールド法

フルモールド法 (full mold process) は,図2.13に示すように,発

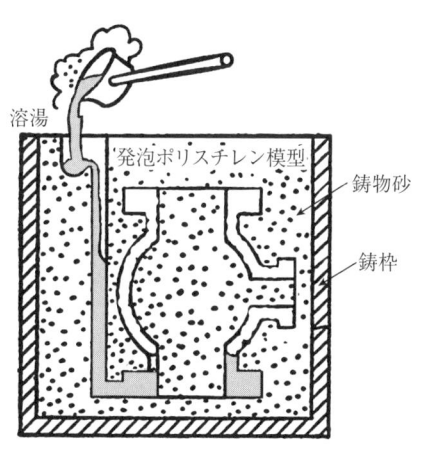

図2.13 フルモールド法

泡ポリスチロール（99％は空気）により，湯口系も含めて一体とした現物型の模型をつくり，砂型中に埋め込み，模型は抜き取らず，溶湯を流し込んで鋳物をつくり出す方法である．発泡ポリスチロールは，溶湯に接すると約200℃で気化し，燃焼してガス化し，空洞部は溶湯に入れ換わる．そのつど模型が消滅するが，複雑な形状で型抜きが困難な鋳物の鋳造に適している．

2.4.5 Vプロセス

Vプロセス（vacuum sealed process）は，図2.14に示すように，鋳型に粘結剤をまったく含まない乾燥砂を減圧吸引して成型する鋳型製作法である．Vプロセスの V は，英語で真空を意味する vacuum の頭文字である．金枠に乾燥砂を込め，鋳物の表面になる鋳型の分割面と背面をビニルフィルムで覆って密閉し，砂粒を詰めた鋳型内の空気を吸引し，減圧状態で鋳型を保持し，そのまま注湯する方法である．

Vプロセスの特徴は，粘結剤が不要であり，砂の繰返し使用度の高いこと，ビニル膜面を溶湯が流れるので，湯流れのよいことなどが挙げられる．門扉や浴槽などの鋳造に用いられている．

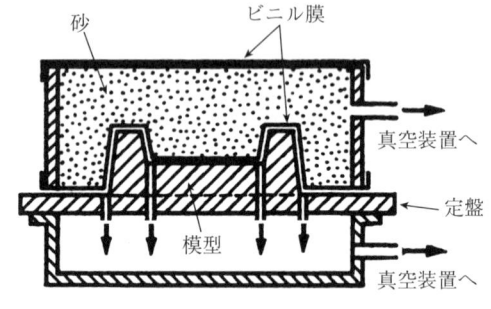

図2.14　Vプロセス法

2.4.6 ダイカスト

ダイカスト（die casting）は，溶湯に大きな圧力を加えて金型に注入して鋳造する方法で，精密鋳造の一つである．同一鋳型で鋳物を数万個，数十万個をつくることができ，多量生産用に適している．

ダイカスト法の特徴は，精度，鋳はだがよく，生産速度が速く，組織がち密で，機械的性質が良好な薄肉鋳物ができることである．

ダイカストマシンには，大きく分けるとホットチャンバマシンとコールドチャンバマシンの二つの形式がある．図2.15に示すホットチャンバマシンは，

溶解炉を持ち，溶湯を金型内に圧入するための加圧室は溶湯中に浸せきしており，炉中の溶湯は加圧室に移動してプランジャポンプで金型内に圧入できるようになっている．鋳造圧力は 5～20 MPa で，すず，鉛，亜鉛を主体とした低溶触合金の鋳造に適している．

図 2.16 に示すコールドチャンバマシンは，溶解炉は鋳造機と別になっていて，溶融地金は別に加圧室に供給され，ただちに金型内に圧入される．ホットチャンバマシンより鋳込み回数は少ないが，鋳造圧力は 20～230 MPa と大きく，アルミニウムなどを主成分とする比較的溶融温度の高い合金の鋳造に適している．

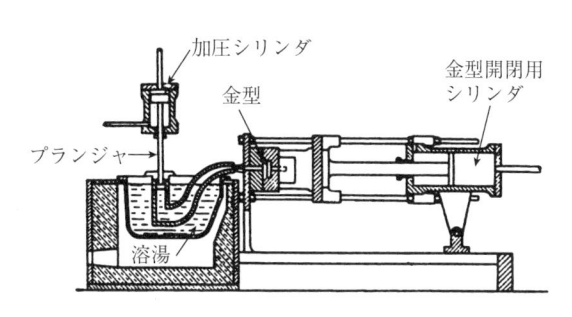

図 2.15 ホットチャンバマシン

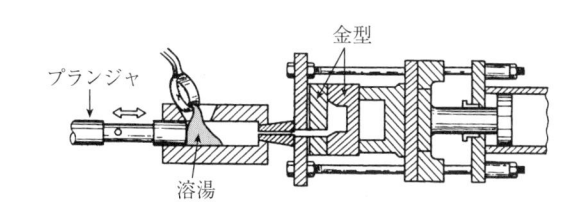

図 2.16 コールドチャンバマシン

ダイカスト法の特徴は，
(1) 形状が正確で，寸法精度のよい鋳物が得られる
(2) ち密で材質の均一な鋳物がつくれる
(3) 薄肉の鋳物がつくれるので，鋳物を軽量化することができる
(4) 同一の鋳型を繰り返し使うので，鋳造が速く，大量生産ができる
(5) 金型を使うので，融点の高い鋳物や厚肉の鋳物には適さない
(6) 湯を金型に高速で圧入するため，空気や酸化物が鋳物に巻き込まれ，巣ができやすい

などである．

2.4.7 低圧鋳造法

低圧鋳造法 (low pressure die casting) は，図 2.17 に示すように密閉された

図2.17 低圧鋳造法

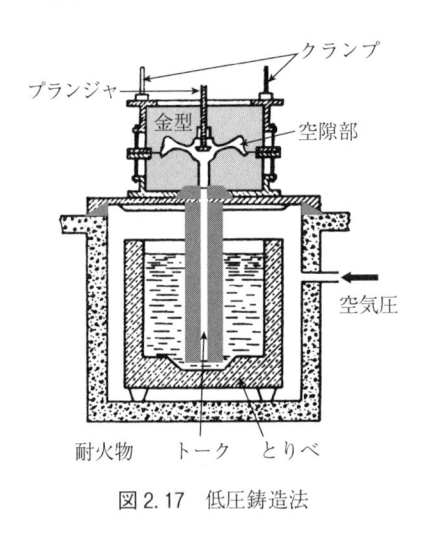

溶解ポット内の湯に空気で圧力(0.03〜0.07 MPa)を加えて管を通して押し上げ，管の上部に設置した金属製の鋳型に注湯して鋳物をつくる鋳造法で，シリンダヘッドやホイールなどアルミニウム合金の鋳造に用いられている．加圧は注湯初期には徐々に行い，溶湯が鋳型に衝突して飛散することを防ぐ．また，加圧された湯は押湯の効果を持ち，凝固終了時に圧力を下げると，管内の湯は溶解ポットに戻るので，欠陥の少ない鋳物をつくることができる．

低圧鋳造法の主な特徴は，
(1) 湯表面の酸化膜などの巻込みが少ないので，欠陥の少ない鋳物ができる
(2) 湯口部は回収されるので，材料にむだがない
(3) 一般に，重力金型鋳物に比べて寸法精度もよい
(4) 加圧のため，湯回りがよく，複雑な形状の鋳物をつくることができる
(5) 鋳物の大きさが制限される

などである．

2.4.8 遠心鋳造法

遠心鋳造 (centrifugal casting) は，図2.18に示すように鋳型に回転を与え，それに溶湯を注入し，遠心力を利用して，主として水道管やガス管などのパイプ，シリンダライナなどの中空鋳物を鋳造するもので，中子や湯口，押湯が不要となり，外側表面部の組織はち密な製品が得られる．

遠心鋳造では，高速回転により溶湯を鋳型内面に押し付けて凝固させる．その凝固過程で，遠心力の差により不純物を分離し，強度のよい鋳物をつくれる．一方，凝固直後の金属は弱く，亀裂を発生する危険がある．そこで，材質，肉厚偏差などを考慮しながら回転数をどのくらいにするかを決めなければ

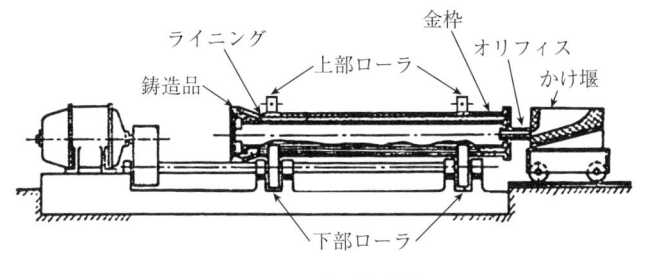

図2.18 遠心鋳造法

ならない．

2.4.9 連続鋳造法

　連続鋳造法(continuous casting)は，底のない鋳型に溶湯を流し込み，連続した長い鋳塊を製造する方法である．この鋳造法の特徴は，偏析，引け巣が少なく，連続操業のため生産性が高く，急冷されるため，適度の結晶と配列が得られることなどである．連続鋳造法では，鋳込み温度，鋳込み速度，金型温度やその冷却速度，鋳塊の降下速度などが適正でなければならない．鋳込み速度は，湯だまりに設置したストッパを上下して調整する．鋳型は，熱伝導のよい銅が使用される．

2.5 鋳造後の処理，不良および検査

2.5.1 鋳造後の処理

　鋳造後の処理は，①型ばらし，②砂落し，③湯口，ばりなどの除去に分けられる．
　鋳造後鋳枠を除き鋳物を鋳型から取り出し，湯口や押湯を除去し，さらに付着した鋳物砂を清掃し，鋳ばりなどを取り除き，必要に応じて熱処理や表面仕上げなどが行われる．
　型ばらしや湯口，押湯の除去は，シェイクアウトマシンやノックアウトマシンを使用する．球状黒鉛鋳鉄，銅合金，軽合金鋳物などの靭性が高い鋳物は，砥石切断機や帯のこなどによる機械切断を行う．

鋳はだの清掃にはショットブラストが最も多く使用される．そのほかに，サンドブラスト，エアブラストなどもある．

2.5.2 鋳物の検査

形状，寸法の不良，湯回りや鋳はだの不良，引け，割れなどの外部の欠陥は肉眼によって検査する．

巣などの内部の欠陥は，ハンマでたたいたりしても調べられるが，正しい判断はかなり困難で，欠陥のない均一な組織を要求する鋳物は，X線やγ線などの放射線により検査を行う．また，組織は，折った破面を肉眼で観察することも行われるが，金属顕微鏡による方法のほうが正しい判断ができる．このほか，引張試験や硬さ試験，衝撃試験などの機械的な試験も行われる．鋳物の検査は，鋳造作業の最終工程で，できあがった鋳物の良否を判定するだけでなく，鋳造作業の各工程が正しく行われたかどうかを判定するためにも行われる．

2.5.3 鋳物の欠陥

鋳物の不良は労力をむだにし，工程を混乱させ納期を遅らせる．主な鋳物不良の原因と対策を**表 2.2**に示す．

2.5 鋳造後の処理，不良および検査　27

表2.2　主な鋳物不良の原因と対策

不良	主な不良の原因	主な対策
鋳肌不良	●鋳型表面の仕上げ不良 ●突固め不良 ●鋳物砂粒度の不均一 ●砂の結合力不足	●鋳型を丁寧に仕上げる ●均一に突き固める ●鋳物砂粒度を整える ●粘結剤の検討
巣	●湯の脱酸不足 ●鋳込み温度の不適切 ●砂型の水分多い ●粘結剤や塗型剤の不良	●湯の脱酸を十分する ●鋳込み温度の調整 ●水分の調整 ●粘結剤や塗型剤の検討
引け	●押湯不足 ●湯口が小さい ●肉厚が極端に違う	●押湯を大きくする ●湯口を大きくする ●冷し金を用いて調整する
寸法不良	●木型の寸法違いと変形 ●仕上げ代や縮み代の誤り ●模型抜取りの変形 ●突固め不良	●寸法検査を行う ●仕上げ代や縮み代の検討 ●模型抜取り作業の確認 ●均一に突き固める
割れ	●肉厚が極端に違う ●冷却速度が大きい ●設計不良 ●地金の配合不適切	●肉厚を均一にする ●鋳型を予熱する ●角に丸みを付ける ●地金の配合を検討

第3章 三次元造形・金型製作

3.1 はじめに

3.1.1 製品開発における三次元造形および金型製作の役割

　情報化自動化の進む生産システムの中で，三次元造形や金型製作をどういかすかということについて理解することが本章の目的である．このことを考えるために，まず製品開発プロセス (product development process) の短期化が望まれることについて，図を使って考えてみよう．

　いま，ある会社の画期的な製品が実際の製品となるためには，いろいろな改良を加えながら品質を高める時間が必要である．開発期間と品質の向上のプロセスを図3.1に示す．新しい開発手法が実行に移されて，その開発期間が短縮されて品質が向上する期間が短くなれば，その製品が売り出される時期は早くなり，製品がよりよく売れる[1]．時間が経って製品の売れ行きが落ちる頃には，次の新しい製品が登場するというサイクルが繰り返される．近年，市場に投入されてから商品が売れる期間は短く，製品開発の短期化は非常に重要性を増している．

　製品開発は，一般的に商品企画・概念設計・試

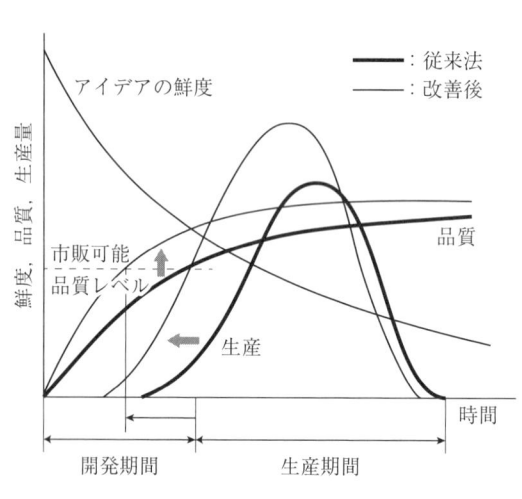

図3.1　新製品開発期間短縮の効果[1]

作・詳細設計・生産準備・生産・販売・保守といったプロセスを経る．それぞれの部分で，短縮化あるいは一連の流れを同時並行的に行えるようにすることが製品開発期間短縮のポイントとなる．この実現のために，情報技術を活用して相互連関をとることが重要となる．

コンピュータの処理能力の増大や解析技術の進展によって，生産環境モデルを組み込み，仮想生産(virtual manufacturing)と実生産(real manufacturing)を有機的に結び付けながら製品開発プロセスを短縮する取組みが盛んに行われてきている(図3.2)[1]．三次元造形は，検討中の製品を迅速に，物理的な模型へと実体化が可能となるため，製品開発の短縮化に大きく貢献している．また，生産から廃棄の段階まで，すなわち製品のライフサイクルを考えた生産が求められてきており，初期段階でどのようなもののつくり方や材料を選ぶのかなどを十分検討して製品開発を進めていく必要があり，コンピュータによる支援システムの役割が重要となってきている．

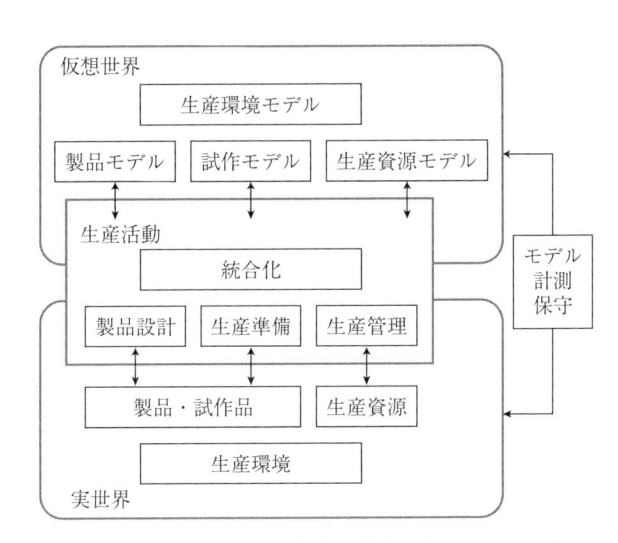

図3.2 バーチャル生産と実生産との統合システム[1]

3.1.2 QCDとの関連性

従来，製品開発においては，QCDと呼ばれる事項が重視される．Qとは品質(Quality)，Cとはコスト(Cost)，Dとは納期(Delivery)であり，これらを十分に満足し，さらにこれを超える新しいQCDのものづくりが，事あるごとに望まれている．

工作機械などによって直接に製品，部品を加工していけば，その工作機械の

持つ加工精度が，その部品の精度を規定していく．また金型による製造を行えば，製品自体は型を使って得られるから，型自体の製造精度と型による製造プロセスによる精度とが加味されて，製品の精度が決まってくる．

金型は，他の加工法では実現できないほどの短時間での部品製造が可能なので，高い生産性が達成できる点が特長として挙げられる．生産性が上がることによって，部品コストを下げることが可能となる．

一方，その金型をつくる行為自体は，資本的に大きな準備が必要になる．大量生産（mass production）を前提とした生産では，最終的には1個当たりの部品にその資本コストを振り分けることで，金型の金額が高かろうと，その費用を回収することが可能になる．しかしながら，近年は大量生産よりも多品種少

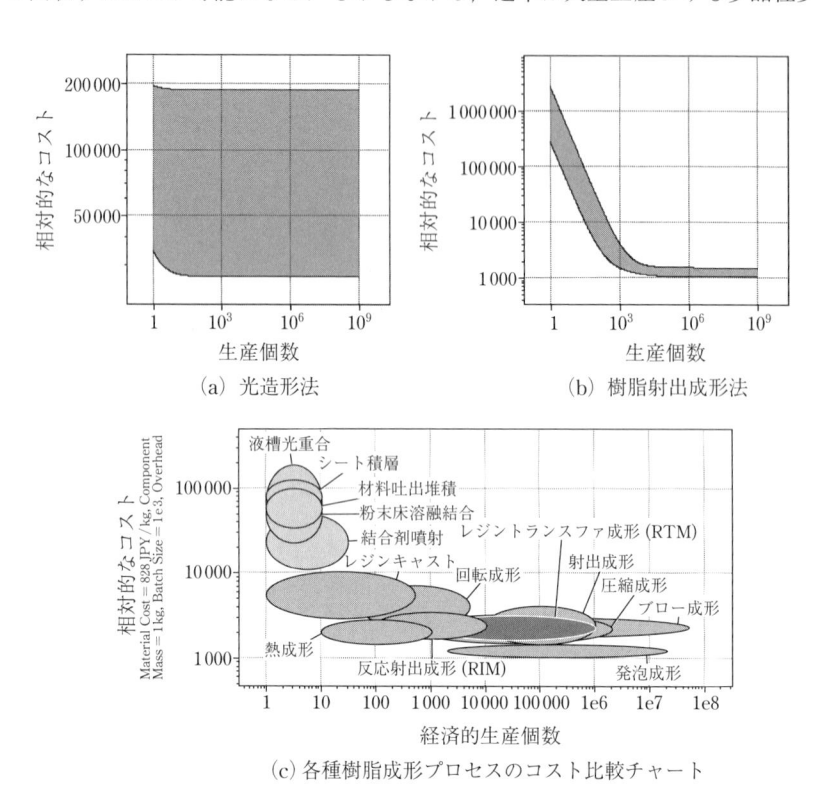

(a) 光造形法

(b) 樹脂射出成形法

(c) 各種樹脂成形プロセスのコスト比較チャート

図3.3 コストモデルによる生産プロセス比較の例（Granta Design社 CES Edupackに基づく）

量生産(high-mix low-volume production)の時代となってきている．その金型を使う期間が限られて，生産個数も限られる状況になると，金型の製造コストを製品価格へ転嫁することが難しくなってくる．売れないものに対しての金型製作は，金型を減価償却(depreciation)できず，問題を抱えることになってしまう．

製品開発においては，大量生産から多品種少量生産への対応などの市場の変化のみならず，技術の進歩についても考慮していく必要がある．従来よりも軽量，高強度，高耐熱性といった高性能な材料が開発されてきている．異なる製造プロセスを用いて同じ部品形状が実現可能な場合がある．どのような形状をどれだけの個数でどのような製造プロセスを用いれば，コストはいくらになるのかを見積もり比較できれば，従来の製造プロセスを選択するよりも，より合理的な製造プロセスに移行することも可能になる．

図 3.3 に示すのは，生産個数を横軸に，縦軸には相対的なコストとして，製造プロセス毎のおおよその価格を示したグラフである．このようなコストモデルを活用しながら，従来の経験に縛られることなく，新しい加工方法を採用して，QCD を満足させていくことが今後行われていくであろう．

3.2 三次元造形

3.2.1 三次元造形の用途

製品開発の中で三次元造形が貢献していることを前節では触れたが，一般的な用途について 表 3.1 に示す．概念設計(conceptual design)段階では，コミュニケーション用の模型として使われる．詳細設計(detailed design)段階では，機能評価モデル(functional evaluation model)として利用する例および生産準備(production preparation)段階で専用の作業工具(ジ

表 3.1 産業分野での三次元造形技術の用途

用途	具体例
少量生産用部品	少量生産部品，オーダメイド生産部品
スペアパーツ	補修部品の製造
ジグ	生産・計測用ジグ
機能部品試作	研究開発装置の改良
呈示用試作	コンセプト模型・コミュニケーション用模型

グ：jig)をつくる例，保守段階でスペアパーツ (spare parts) を過去に生産に使った金型を持ち出さずにデータからつくる例，少量生産で金型をつくらずにデータから部品を製造する例などが行われてきている．

三次元造形は，付加製造 (additive manufacturing) あるいは 3D プリンタとも呼ばれている．三次元造形を効果的に使うために，必要とする部品の個数や材質などの種々の要求に対応する方法として，直接部品をつくる直接法と，生産手段として用いて部品を製造する間接法がある．間接法の例としては，型をつくって部品を成形する方法や，消失模型をつくるインベストメント鋳造 (ロストワックス鋳造) といった方法がある (図 3.4)[2]．

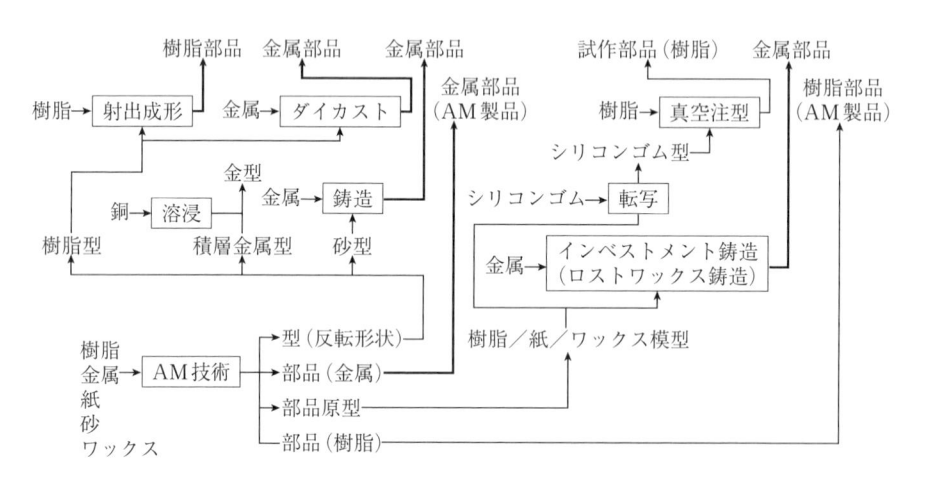

図 3.4 三次元造形技術を用いた部品製造手順[2]

3.2.2 三次元造形のハードウェア

三次元造形のハードウェアについては多くの種類が実現されており，ASTM F 2792 により，表 3.2 のように，結合剤噴射 (binder jetting)，指向性エネルギー堆積 (directed energy deposition)，材料吐出堆積 (material extrusion)，材料噴射堆積 (material jettting)，粉末床溶融結合 (powder bed fusion)，シート積層 (sheet lamination)，液槽光重合 (vat photopolymerization) の七つのカテゴリーに分類されている[3]．この中で，歴史が最も古いのは液槽

表 3.2　三次元造形技術の分類（ASTM F 2792）[3]

カテゴリー	特徴	代表的なメーカー
結合剤噴射	粉末材料を結合するのに液体の結合剤を選択的に堆積させる付加製造法	3D Systems, ExOne, Voxeljet
指向性エネルギー	集光した熱エネルギー源を用いて材料を融解しつつ体積させる付加製造法	DMG 森精機, Mazak, Optomec
材料吐出堆積	ノズルや開口部から材料を選択的に吐出する付加製造法	3D Systems, RepRap, Stratasys
材料噴出堆積	液滴状の材料を選択的に堆積させる付加製造法	キーエンス, 3D Systems, Stratasys
粉末床溶融結合	熱エネルギーが粉末床の領域を選択的に融解させる付加製造法	アスペクト, ソディック, 松浦機械, 3D Systems, Arcam, EOS, Concept Laster, Renishaw, SLM Solutions
シート積層	シート状の材料を物体形状に形成するために接合される付加製造法	Mcor
液槽光重合	液槽内の感光性樹脂を光重合反応で選択的に硬化させる付加製造法	シーメット, 3D System

光重合と呼ばれるものであり，光造形法（stereolithography）という名称で呼ばれていた．1986 年に，3D Systems 社が世界に先駆けて光造形法を商用化したのを皮切りに，三次元造形の技術が産業的に応用され始めた．当時は，ラピッドプロトタイピング，すなわち迅速に試作品をつくる技術という名称で呼ばれていたが，ラピッドツーリング，ラピッドマニュファクチャリングという名称を経て，現在の付加製造や 3D プリンタという名称で呼ばれるようになった．主な装置構成を 図 3.5 に示す[4]．

3.2.3　三次元造形の性質

（1）精度に関連するパラメータ

三次元造形の部品の精度を決める要素を詳しく分類すると，図 3.6 のように分けられる[5]．

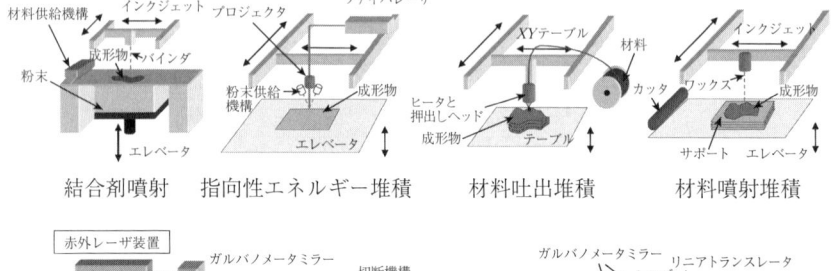

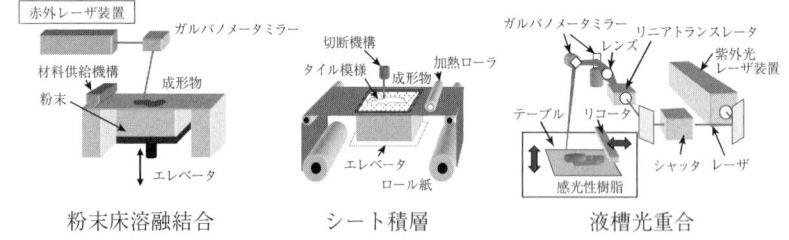

図3.5 三次元造形技術の装置構成例〔(株)アスペクト資料から一部改編〕[4]

三次元造形は，精度に関してはXY方向とZ方向の寸法誤差が現れてくる．また表面粗さ，すなわち積層段差が三次元造形に特有の精度問題として存在する．さらに，造形原理から引き起こされる内部応力による変形といった問題がある．

図3.6 AM部品の精度を決める要素[5]

(2) 積層段差問題

上述のように，三次元造形は積層に基づいてつくられているために，表面に段差が発生する．これを模式的に示したものが図3.7である．

理論的表面粗さ(theoretical surface roughness) H は，以下の式によって表すことができる[5]．

$$H = \frac{L}{\sin\psi \tan(\psi-\phi) + \cos\psi} \tag{3.1}$$

ここで，ϕは単位硬化形状の外周により形成される斜面の傾きであり，Lは積層厚さ(layer thickness)，ψは模型の表面の接平面の傾きになる．表面粗さは，

積層厚さと模型表面の面の傾きに特に影響を受ける．垂直に近い面では段差はあまり目立たないが，水平に近い面になると段差が顕著になるため，特に意匠面では問題となることが多い．

（3）精度向上手法

以上のように，三次元造形では，精度に関するいくつかの問題が明らかになっているが，これらに対して，補正を行うことにより精度向上を図る方法が行われている．図3.8に，各処理ステップにおける精度向上の手法をまとめる[2]．

三次元CADで部品データがつくられた後，積層厚さを変えることで表面粗さを向上させることが可能となる．また，張り出した部分にサポート構造（support structure）を付加させることで，変形を低減させられる．

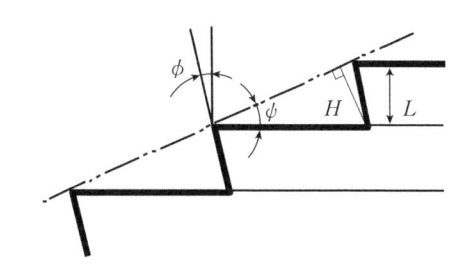

図3.7 AM部品の理論的表面粗さ[5]

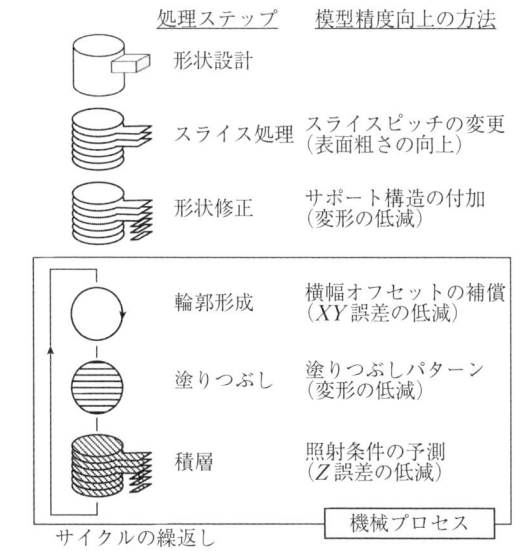

図3.8 AM技術における精度向上の手法[2]

有限幅の硬化が行われるために，輪郭は寸法精度を規定する．定義された輪郭に合わせて，その有限幅分だけ硬化軌跡の中心を移動させるオフセット処理（offset process）を行う．また，塗りつぶしパターン（fill pattern）は模型の変形に影響を与えるために，この低減のための塗りつぶしパターンが選ばれる．

積層する面を相互に接着するためには，現実問題として硬化厚さを積層厚さよりも厚くしなければいけない．しかし，下に面が存在しないはり突出し面

のような場合には，積層厚さ分で寸法をきっちり留めるように硬化エネルギーを調節しなければならない．このように，Z方向の寸法誤差については照射条件を予測しながら寸法を高める処理が繰り返し行われて部品が積層され完成する．

(4) 微細化と加工時間

三次元造形は，同じ形状であっても，そのつくる向きによって最終的に造形に要する時間が変わる．積層造形のために必要な時間は，1層断面形状をつくるための実造形時間と層を形成するための準備時間との和を積層の総数，すなわち積層回数分だけ掛けた値となる．

$$\left.\begin{array}{l} 造形時間 = 積層数 \times (1層の造形時間 + 次層準備時間) \\ 積層数 = モデルの高さ / 1層の厚さ \\ 1層の造形時間 = 断面積 \times 走査密度(面内の充てん率) / 走査速度 \end{array}\right\} \quad (3.2)$$

図3.9(b)のように向きを変えると，同じ形状ならば，部品形状を形成する体積は同じであるから，実造形時間は同じであっても，層数が増えて層を形成する準備時間が増えるために，積層数が多くなるほど造形時間は増えることが起きる．

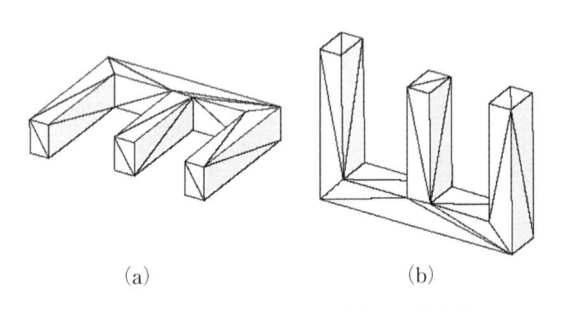

図3.9 造形方向による造形時間の依存性

(5) 材料と物理的特性

三次元造形でつくられる部品の物理的特性は，材料組成の違いによって，造形条件が変わったり，部品の物理的特性が大きく変わったりすることに注意しなければならない（図3.10）[6]．すなわち，組成が違う材料毎に造形パラメータは変えなければならない．また，供給される原材料が均一な状態でなければ，特性にむらが生じる．装置についても，均一な特性の部品をつくるためには，同じ造形条件を広範囲の面積に対して与えられる安定した制御が求めら

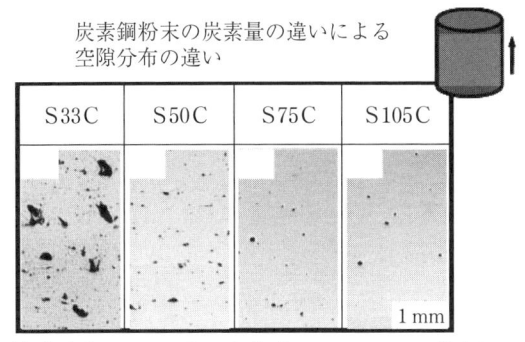

炭素鋼粉末の炭素量の違いによる
空隙分布の違い

| S33C | S50C | S75C | S105C |

（走査速度 100 mm/s，走査ピッチ 0.2 mm の場合）

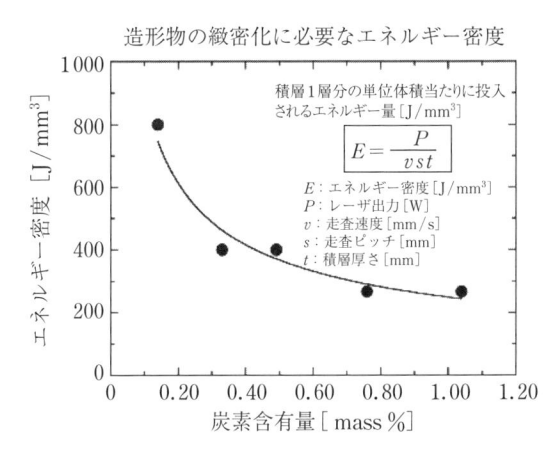

造形物の緻密化に必要なエネルギー密度

積層1層分の単位体積当たりに投入されるエネルギー量 [J/mm³]

$$E = \frac{P}{vst}$$

E：エネルギー密度 [J/mm³]
P：レーザ出力 [W]
v：走査速度 [mm/s]
s：走査ピッチ [mm]
t：積層厚さ [mm]

図 3.10　材料組成と造形パラメータへの影響例〔提供：大阪府立産業技術総合研究所　中本貴之氏〕[6]

れる．

3.2.4　三次元造形のソフトウェア処理

（1）形状処理ソフトウェア

　三次元造形は，断面を選択的に硬化させ積層させることで立体がつくられる．スポット点での硬化が基本となる装置では，その断面を硬化させるために，ラスタ走査（raster scanning）やベクタ走査（vector scanning）による方法で実現される（図 3.11）．

(a) ラスタ走査　　(b) ベクタ走査

図 3.11　ラスタ走査とベクタ走査

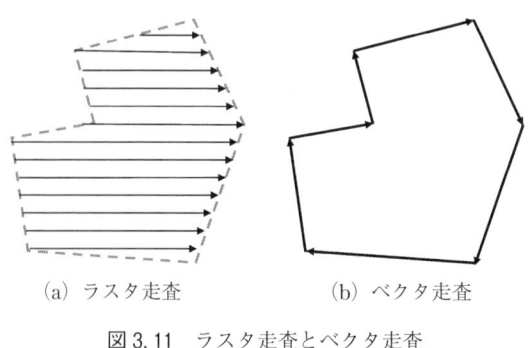

ラスタ走査においては，内部を塗りつぶす連続した平行走査軌跡のデータで生成される必要がある．ベクタ走査方式においては，輪郭を制御軌跡のために始点・終点よりなるセグメントのつながりでデータが生成される必要がある．また，インクジェット方式や面露光方式などの硬化スポット点が多重化される装置では，各層の硬化領域はビットマップとして離散化されて断面形状データが再定義される．

形状処理ソフトウェアとしては，精度向上手法のところでも簡単に触れたように，輪郭断面生成，サポート生成，形状オフセット処理などを，計算幾何学(computational geometry)に基づいて実現していく必要がある．

(2) 入力ファイル形式

三次元造形で最もよく用いられているファイルフォーマットとしては，STLフォーマット(STL format)がある．これは，初期の光造形法の入力フォーマットとして定義されたもので，今日まで広く使われている．CADからも，通常はこのファイル形式で出力される．このファイルフォーマットは，図 3.12(a)のようになっている．すなわち，三角形の法線ベクトル(normal vector)と三角形の頂点の座標で一つの面(ファセット：facet)が定義される．これを基本として，立体全体を覆う三角形ポリゴン(パッチ：patch)の集合として定義される．三角形同士ですきまなく覆われるのが正しい定義のされ方であるが，三角形パッチにすきまが発生するなどの不完全なデータは，実際に造形するときに誤った幾何計算が行われ問題を引き起こす．三次元ソフトの不完全なデータ変換処理によって生じる．これに対応するために，座標的にもトポロジー的にも幾何学的に矛盾のないデータにする形状修正ソフトがつくられてきている．

近年，新しく AMF フォーマット(Additive Manufacturing File Format)が

3.2 三次元造形

```
solid ascii
  facet normal 0 0 -1
    outer loop
      vertex -1 0 -0.5
      vertex 0 1 -0.5
      vertex 0 -1 -0.5
    endloop
  endfacet
  facet normal 0 0 -1
    outer loop
      vertex 1 0 -0.5
      vertex 0 -1 -0.5
      vertex 0 1 -0.5
    endloop
  endfacet
  facet normal 0.57735 -0.57735 0.57735
    outer loop
      vertex 0 0 0.5
      vertex 0 -1 -0.5
      vertex 1 0 -0.5
    endloop
  endfacet
  facet normal 0.57735 0.57735 0.57735
    outer loop
      vertex 0 0 0.5
      vertex 1 0 -0.5
      vertex 0 1 -0.5
    endloop
  endfacet
  facet normal -0.57735 0.57735 0.57735
    outer loop
      vertex 0 0 0.5
      vertex 0 1 -0.5
      vertex -1 0 -0.5
    endloop
  endfacet
  facet normal -0.57735 -0.57735 0.57735
    outer loop
      vertex 0 0 0.5
      vertex -1 0 -0.5
      vertex 0 -1 -0.5
    endloop
  endfacet
endsolid
```

(a) STLフォーマット

```
<?xml version="1.0" encoding="utf-8"?>
<amf unit="millimeter" version="1.1">
  <object id="1">
    <mesh>
      <vertices>
        <vertex><coordinates><x>-1.000000</x><y>0.000000</y><z>0.000000</z></coordinates></vertex>
        <vertex><coordinates><x>0.000000</x><y>1.000000</y><z>0.000000</z></coordinates></vertex>
        <vertex><coordinates><x>0.000000</x><y>-1.000000</y><z>0.000000</z></coordinates></vertex>
        <vertex><coordinates><x>1.000000</x><y>0.000000</y><z>0.000000</z></coordinates></vertex>
        <vertex><coordinates><x>0.000000</x><y>0.000000</y><z>1.000000</z></coordinates></vertex>
      </vertices>
      <volume materialid="1">
        <triangle><v1>0</v1><v2>1</v2><v3>2</v3></triangle>
        <triangle><v1>3</v1><v2>2</v2><v3>1</v3></triangle>
        <triangle><v1>4</v1><v2>2</v2><v3>3</v3></triangle>
        <triangle><v1>4</v1><v2>3</v2><v3>1</v3></triangle>
        <triangle><v1>4</v1><v2>1</v2><v3>0</v3></triangle>
        <triangle><v1>4</v1><v2>0</v2><v3>2</v3></triangle>
      </volume>
    </mesh>
  </object>
  <constellation id="2">
    <instance objectid="1">
      <deltax>0</deltax><deltay>0</deltay><deltaz>0</deltaz><rx>0</rx><ry>0</ry><rz>0</rz>
    </instance>
  </constellation>
  <material id="1">
    <metadata type="Name">Material 1</metadata>
    <color><r>1.0</r><g>0.0</g><b>1.0</b></color>
  </material>
</amf>
```

(b) AMFフォーマット

図 3.12 各フォーマット形式

提案され[7],使われるようになってきた.最近の三次元造形では,内部に複雑な編目構造を有する形状や,フルカラーの部品の出力が可能な装置が出てきており,これらにも対応できる新しいフォーマットである.図3.12は,STLフォーマットと AMF フォーマット形式との違いを示すために,図 3.13 の四角すいをそれぞれの形式で出力した場合を示している.図 3.12 (b) の AMF フォーマットにおいては,STL フォーマットのように三角形パッチの集合という概念ではなく,頂点とその頂点を構成する面同士のつながりを記述し,すきまが発生しないように面の定義をする.内部の繰返し形状は,それを繰返しとして記述したり,色を指定した

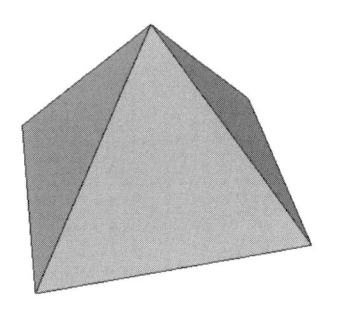

図 3.13 四角すい形状

り，材質を指定することなどが可能となっている．ファイルは，XML 形式で記述することで，可読性と拡張性を持たせられるよう考慮されている．

（3）設計支援ソフトウェア

このように多様な可能性を持つ三次元造形であるが，従来技術を超えていかすには，設計支援ソフトウェアが重要になってくることと思われる．本項では，トポロジー最適化設計ソフトの事例を示すことによって，これからの新しい設計方法についての可能性を見る．

強度設計を例にして通常の手順を考えると，ある設計対象の形状をまず決めて，力の加わり方を解析し，材料の許容できる最大応力を超えない範囲にあるのか，与えられた仕様を満足しているかどうかを判断して設計が進められるが，設計変数が非常に多いために，もっと最適形状があるのかどうかのさらなる検討は行われない．コンピュータの支援を借りれば，本当に力を支えなければならないところだけに部材を残し，そうでない部分の材料を減らしていく最適化の形状設計をすることによって，最小限の材料で軽量化しながらも強度は保たれる新しい形状設計方法が，三次元造形と組み合わされることで実現可能となる．

図 3.14 の例は，上からの荷重に対して，いくつかの制約関数を与えてトポロジー最適化という計算を行うことで形状最適化を実現させた例である．また，図 3.15 は，得られた形状を利用して 3D プリンタで実際に製造した例である．従来の設計よりも軽量化し，材料コストを削減できる設計が可能になるトポロジー最適化が，三次元造形によって実社会で多く利用されるようになっ

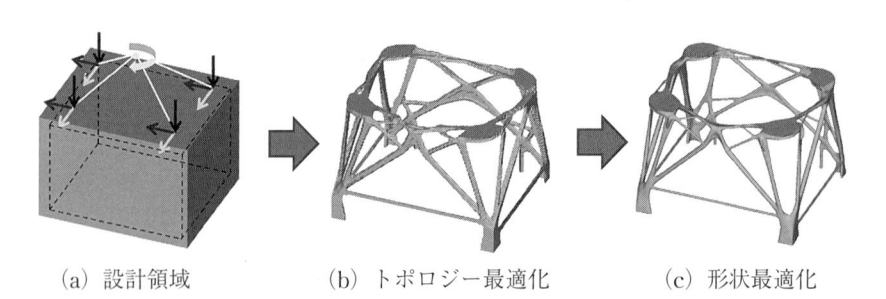

(a) 設計領域　　　(b) トポロジー最適化　　　(c) 形状最適化

図 3.14　形状最適化〔提供：(株)くいんと，丸紅情報システムズ(株)〕

3.2 三次元造形　41

3.2.5　三次元造形による金型加工と成形の事例

　三次元造形の事例として，金型加工と成形に適用した例を紹介する．

　三次元造形は，レーザ光によって金属粉末を焼結し，金属部品をつくることが可能である．しかし，金型加工として考える場合には，表面粗さがよくならないために，磨き作業などが後処理工程で必須となっていた．新しい複合加工プロセスは，マシニングセンタとレーザ焼結システムが一体となったものであり，造形で金属を溶融結合して金属のブロックとして固め，その表面を切削によって仕上げることによって実用的な金型が実現可能となる（図 3.16）．

図 3.15　形状最適化による造形例（3D プリンタで製造された架台）〔提供：(株)くいんと，丸紅情報システムズ(株)〕

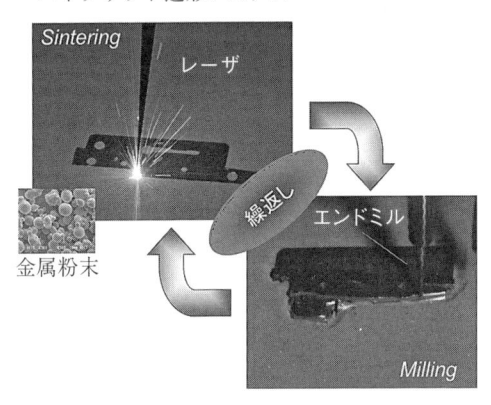

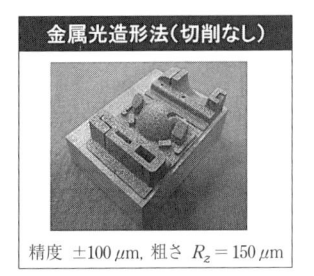

図 3.16　金属光造形複合加工プロセスとその特徴〔提供：パナソニック(株)〕

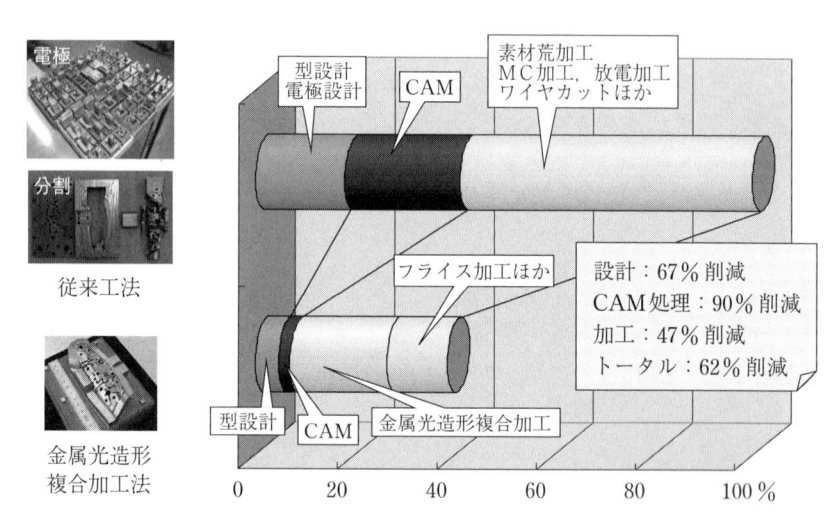

図3.17 商品開発期間の短縮事例提供（金属光造形複合加工は，①電極設計不要，②CAM処理が速い，③ワンプロセス加工のため，納期：コストに有利）〔提供：パナソニック(株)〕

図3.17は，金型製作の従来工法と三次元造形による新しい金型加工の例を比較して示したものである．金型製作では，金型部品の直接加工のみではなく，リブ溝加工のために放電加工による電極製作プロセスが加わることがある．金型をつくるために，電極加工をするためのCAMデータ作成や電極加工のための工程が必要となる．一方，金属光造形複合加工法においては，データがあれば一体的な構造でつくられるために，リブ溝加工のための放電加工プロセスを省くことが可能となり，金型製作時間を大幅に短縮可能になる．また，三次元造形による金型製作では，内部に冷却管を自由に配置することも可能で，金型の表面に沿った冷却管を配置することも可能になる（図3.18）．

従来の加工方法では，ドリルによる直線的な穴しか空けられず，曲がった穴を空けることは困難であった．金型表面に沿う曲がった冷却管では，均一な冷却や冷却速度の向上が容易となり，1回の成形にかかる時間，すなわち成形サイクル（injection molding cycle）の大幅な短縮も実現されており，生産性向上のための手段としても期待されている．

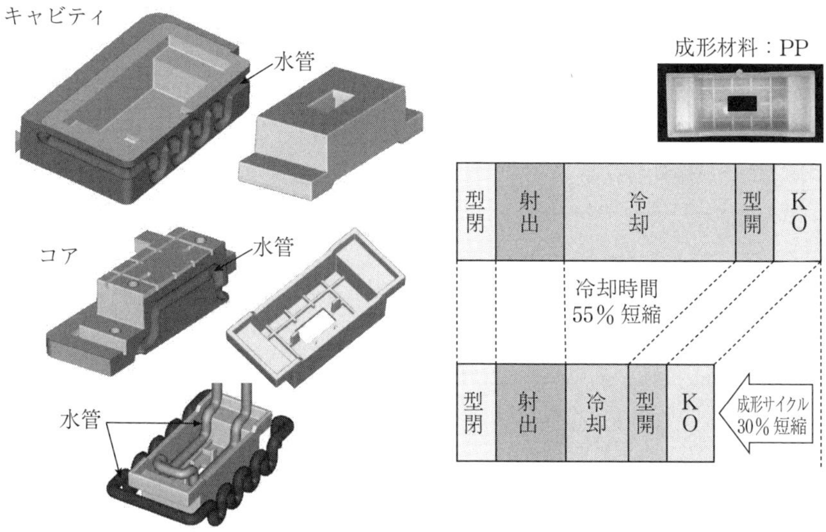

(a) 三次元冷却水管構造　　　(b) 冷却時間の比較

図3.18　三次元冷却管による成形サイクルの短縮〔提供：パナソニック(株)〕

3.3　金型製作

3.3.1　金型の役割と機能

（1）機械製作における金型製作の重要性

3.1節で述べたように，金型は生産性および部品の精度の面で重要な役割を果たしている．最近は，部品の小型化，精密な部品の普及に伴って，さらに精度の高い部品への要求が高まっている．

軽量化，経済性といった観点や光学的要求，あるいは騒音防止といった観点においてさえも，それぞれの部品に対する厚さや長さ，幅の精度，形状精度，表面粗さなどをさらに高める要求は増えている．部品は，金型の転写形状であるために，当然ながら，部品の高精度化に伴って金型製作も精度を高めなければならない駆動要因となっている．

(2) 金型構造

金型の基本構造は，凸型，凹型の組合せからなる（図 3.19，図 3.20）[8),9)]．プレス金型においてはダイ（die）と呼ばれ，プラスチック金型においてはモールド（mold）と呼ばれる．それぞれの金型の凸型（パンチ：punch，コア：

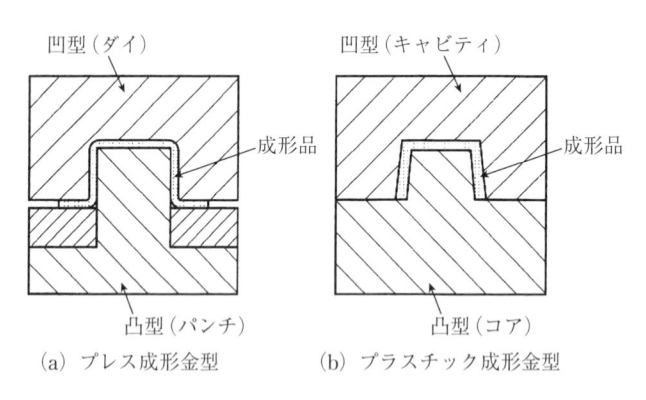

図 3.19 金型の種類，凹凸型 [8)]

(a) プレス成形金型
凹型（ダイ）
成形品
凸型（パンチ）

(b) プラスチック成形金型
凹型（キャビティ）
成形品
凸型（コア）

core），凹型（ダイ：die，キャビティ：cavity）の名称は変わる．本項では，射出成形金型を中心に説明を加えていく．

その他の特徴的な金型構造として，スライドコア（slide core）がある．例えば部品に横穴があり，凹凸型の開閉のみでは，横穴の成形が困難な際に型の開閉に伴って内部に組み込まれたコア部品が横にスライドする（図 3.21）[8)]．

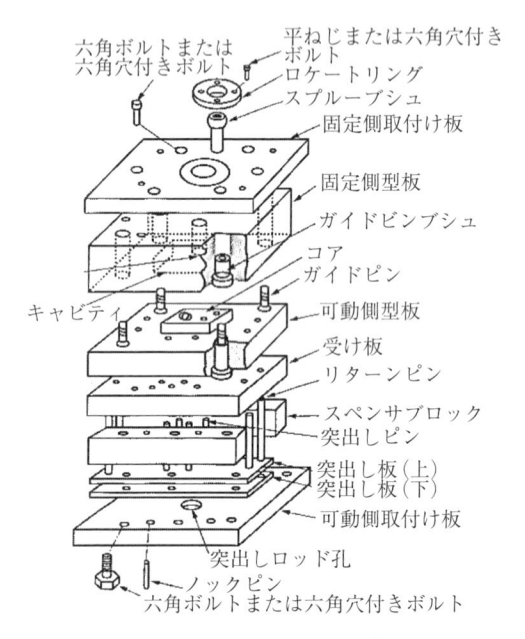

図 3.20 金型構造の例 [9)]

六角ボルトまたは六角穴付きボルト
平ねじまたは六角穴付きボルト
ロケートリング
スプルーブシュ
固定側取付け板
固定側型板
ガイドピンブシュ
コア
ガイドピン
キャビティ
可動側型板
受け板
リターンピン
スペンサブロック
突出しピン
突出し板（上）
突出し板（下）
可動側取付け板
突出しロッド孔
ノックピン
六角ボルトまたは六角穴付きボルト

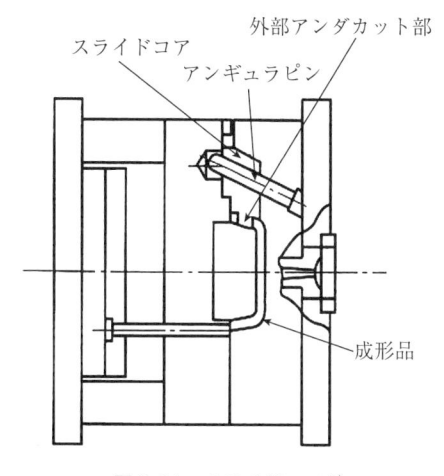

図 3.21 スライドコア[8]

3.3.2 金型の製作工程

(1) 金型用鋼と熱処理・表面処理

金型の用途に応じて金型用材料を考慮する必要がある(表3.3)[10]．特に，鍛造のような高い荷重負荷のかかる金型には硬い材料を採用し，ダイカストのように成形サイクルで大きな熱変化を受ける金型に対しては，熱疲労に強い耐熱性(heat resistance)のある鋼材が使用される．

熱処理(heat treatment)や表面処理(surface treatment)によって，材料本来の持つ特性よりも，さらに耐久性を増すことができる．温度変化による金属の組織変化をうまく利用すると，加工時には低い硬度で快削性が得られ，その後の熱処理で金型の硬度を高められる．表面処理(コーティング：coating)を行うと，プレスや鍛造では高荷重に対して，またダイカストや熱間鍛造では，急激な温度変化による熱負荷に対しての金型損傷を軽減できる．どちらも金型寿命(mold/die life)を延ばすために行われる(表3.4)[10]．

(2) 金型加工に必要な工作機械・装置

金型加工に必要な加工形状には，穴(hole)や溝(groove)，ポケット形状(pocket)などがある．その代表的な加工方法について表3.5に示す[8]．

表 3.3　金型用鋼と用途[10)]

分類	規格	プレス金型	プラ金型*	硬さ HRC	主な用途
プリハードン鋼	SC 系		○	13	プレート類
	SCM 系		○	28〜33	小〜中量生産金型
	SUS 系		○	33〜35	耐食，光学部品金型
	SKD 61 系		○	38〜42	耐熱中量生産コア
	AISI-P21 系		○		中量生産キャビティ
焼入れ・焼戻し鋼	SK 105 系	○		60〜62	小物型部品
	SKS-3, -93 系	○	○	60〜62	小物中量生産金型
	SKD 61 系		○	50〜52	耐熱中〜大量生産金型
	SKD-11, -12 系	○	○	58〜62	精密大量生産金型
	SUS 系		○	50〜57	耐食，光学部品金型
	SKH 系	○	○	60〜62	耐摩耗入れ子，ピン類
時効処理鋼	マルエージング鋼		○	50〜54	小径ピン類
粉末工具鋼		○		62〜65	超耐摩耗入れ子

＊：プラスチック成形金型

表 3.4　各種熱処理・表面処理の概要[10)]

分類	表面硬化処理名	概要
表面焼入れ法	高周波焼入れ	高周波誘導加熱を応用．軸の表面効果に多用される
	火炎焼入れ	ガスバーナで角部を赤熱して油冷または水冷
	電子ビーム焼入れ	真空炉内で処理物に電子ビームを照射し，焼入れ
	レーザ焼入れ	処理物にレーザ光線を照射し，焼入れ
拡散浸透法	浸炭	低炭素鋼に炭素を拡散浸透硬化させる
	窒化	鋼の表面に窒素を拡散浸透硬化させる
	乾窒化	鋼の表面に窒素と炭素を拡散浸透硬化させる
	浸硫窒化	鋼の表面に窒素と硫黄を拡散浸透硬化させる
湿式被覆法	硬質クロムめっき	電気めっき法により鋼に硬質クロムを被覆する
	無電解 Ni めっき	化学めっき法により鋼にニッケル合金を被覆する
乾式被覆法	肉盛り溶接／溶射	溶接や溶射により硬質合金鋼を肉盛りする
	物理的蒸着 (PVD)	真空炉内で成分物質を蒸発させ，処理物に被覆する
	化学的蒸着 (CVD)	真空炉内で成分ガスが処理物と化学反応し硬化

　金型加工の流れとして，まずは大まかな寸法を出した後に，荒加工，仕上げ加工を経て，熱処理，研削，放電加工，検査に至る．組上げ時の高精度さを保つために検査・追加工が合間に行われ，精度の保証が行われている[10)]．

(3) 金型加工における CAD/CAM

金型加工において，生産性の向上 (productivity improvement) には多くの観点からの要求がある (図 3.22)[9]．加工時間 (processing time) 短縮，非加工時間 (non-processing time) の短縮，段取り準備時間 (setup preparation time) の短縮，投資額低減といった目的である．これに対応するために，人的な工夫のみならず，ソフトウェアシステムの導入による効率化が多く図られてきている．

この生産性向上のために，上流工程や生産工程までも統合的データで管理し，リソースの管理・生産データの自動生成などを行うことが必要になってくる．CAD (Computer Aided Design) は形状支援設計としての役割，CAM (Computer Aided Manufacturing) は工作機械を動かすためのデータづくりという観点ではなく，企画から設計までを CAD の役割として，また生産準備から生産までを CAM の役割とした情報システムの利用のされ方が，効果的な CAD/CAM の使われ方となってくる (図 3.23)[8]．

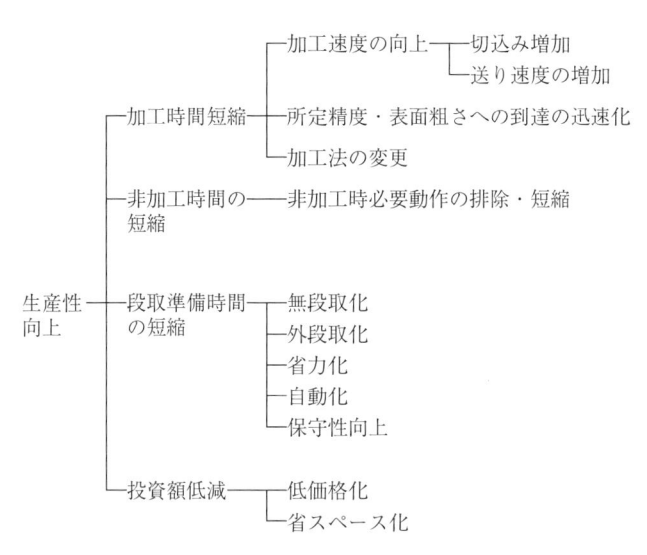

```
生産性──┬─加工時間短縮──┬─加工速度の向上──┬─切込み増加
向上    │              │                 └─送り速度の増加
        │              ├─所定精度・表面粗さへの到達の迅速化
        │              └─加工法の変更
        ├─非加工時間の──非加工時必要動作の排除・短縮
        │  短縮
        ├─段取準備時間──┬─無段取化
        │  の短縮       ├─外段取化
        │               ├─省力化
        │               ├─自動化
        │               └─保守性向上
        └─投資額低減──┬─低価格化
                       └─省スペース化
```

図 3.22　金型加工における生産性向上の要求内容[9]

48　第3章　三次元造形・金型製作

表3.5　穴、溝、ポケット加工の種類と代表的な加工法[8]

加工形状	金型における部位の代表例	求められる精度・問題点など	代表的な加工工具	代表的な工作機械
ボルトの通し穴、エジェクタピン、コアピン、ガイドピンなどの逃がし	各部品の締結、プレート間の締結において挟み込まれるプレート・ブロック、ガイドピン、エジェクタピンなどの逃がし穴	挿入するボルトやピン径に対し余裕のある寸法　穴内面の表面性状は特に求められない	ドリル　スクエアエンドミル	ボール盤　フライス盤　マシニングセンタ
深座ぐり	各部品の締結、プレート間の締結において六角穴付きボルトの頭を沈めるなど	挿入する六角穴付きボルトの頭径に対し1〜2mm程度余裕のある径にて、頭の高さ（呼び径と同じ）にプラスして余格を持たせた程度の深さとし、ボルトの頭が上面から完全に沈むようにすることが必要である　穴内面の表面性状は特に求められない	スクエアエンドミル　ドリル（小径の場合）	ボール盤　フライス盤　マシニングセンタ
ねじ穴	各部品の締結、プレートなどにおいてボルトにより締付けを行うプレートやブロック、冷却水（冷却穴）配管カプラ、プラグの接続部など	ねじ径に応じた適切な下穴加工を行うこと　止まり穴では、タップの食付き部によるネジ不完全部が生じる　また、手作業によるタップ立てに行うこと　これが完全でないと、組付けが困難になることがある	ドリル（下穴加工）　タップ（ねじ切り）	ボール盤　フライス盤　マシニングセンタ　手仕上げ
深穴	冷却水（冷却油）穴など	曲がると、ほかの穴に干渉する可能性もある	ロングドリル　ガンドリル（ガイド穴加工）	ボール盤　マシニングセンタ　深穴ボール盤

3.3 金型製作

滑動穴	リフタガイドピン、エジェクタピンなど、相対的に動く部品のある穴	スムーズで、かつガタのない部品の運動が求められるため、加工精度、表面性状が要求される	ボール盤 フライス盤 マシニングセンタ ワイヤ放電加工機 手仕上げ ドリルなど（下穴加工） a. リーマ b. スクエアエンドミル（輪郭加工） c. ボーリングバー
圧入穴	位置決めピン（ダウエルピン）を挿入する穴 ガイドブッシュなど部品を固定する必要がある穴	圧入の際、きつすぎるとプレート、ロックの反り、変形の原因となる 加工精度、表面性状が要求される	ボール盤 フライス盤 マシニングセンタ ワイヤ放電加工機 手仕上げ ドリルなど（下穴加工） a. リーマ b. スクエアエンドミル（輪郭加工） c. ボーリングバー
ポケット	入れ子、部品の挿入	メンテナンス時にも取り外す必要があるため、入れ子や部品の挿入がスムーズに行われる必要があり、加工精度、表面性状が要求される	フライス盤 マシニングセンタ ドリル（四隅の逃げ、下穴加工） スクエアエンドミル（四隅の逃げ部は、ドリルなどであらかじめ加工しておくこともある）
溝	スライドコアなどの滑動部品など	スムーズで、かつガタのない部品の運動が求められるため、加工精度、表面性状が要求される	フライス盤 マシニングセンタ スクエアエンドミル 研削など

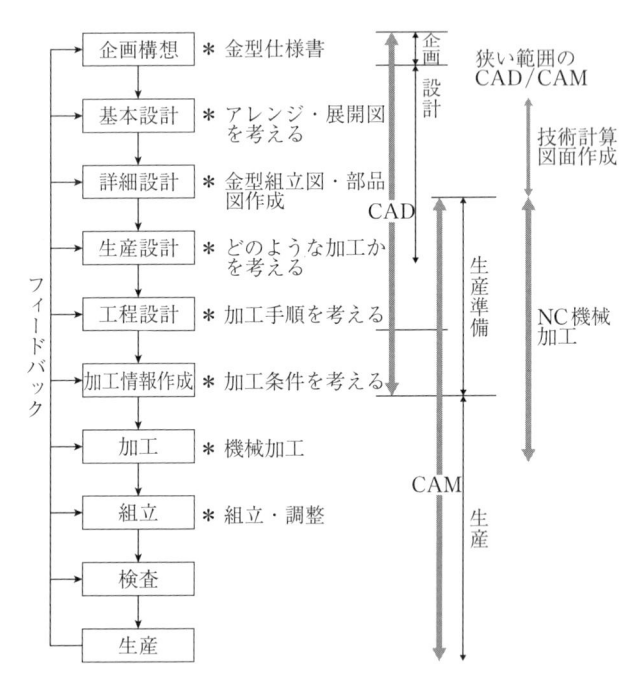

図 3.23 CAD／CAM による金型加工の流れ[8]

3.3.3 樹脂成形用金型の設計

(1) 部品製造における金型の役割

金型設計 (die and mold design) は，対象とする金型の種類，使用する材料などによって考慮すべき項目も内容も異なってくるため，各論に従わざるを得ない．ここでは，射出成形用金型 (injection mold) に絞り，多くの生産プロセスの中で何を考慮して金型設計を行わなければならないのか，どういう知識が必要なのかということについて見ていくことにする．

樹脂成形用金型では，成形品形状が決まるのに多くの要因が絡んでいる．第一次要因とは，金型製作とその金型を使った成形であり，製品形状が定まる．二次要因とは，金型製作や成形プロセスでの各プロセス中の諸特性であり，どのような影響を受けてどんな状態が望ましいのかを考えることが必要である．第三次要因とは，成形品の形状要素設計におけるポイント項目であり，第二次

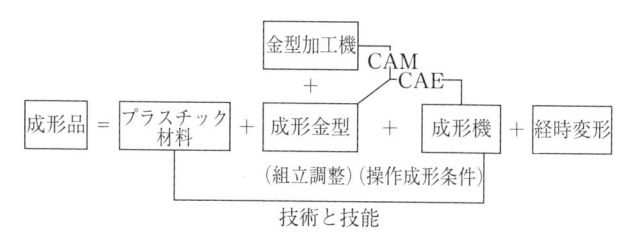

```
                        金型加工機
                          ＋ CAM
                              CAE
成形品 = プラスチック ＋ 成形金型 ＋ 成形機 ＋ 経時変形
         材料         （組立調整）（操作成形条件）
                        技術と技能
```

図 3.24　成形品の成り立ち[11]

要因を満たすように，金型要素形状への要求項目を考慮する形状設計が必要である[11].

　成形品の精度は，図 3.24 に示すように，材料に関する知識，金型に関する知識，成形機 (injection molding machine) に関する知識，そして金型加工をする加工機に関する知識，さらに経時的な変形に関する知識についてのすべての配慮があって成形品の精度が決まることを理解する必要がある[11]．成形機と金型との関係には CAE (Computer Aided Engineering) で，金型と加工機との関係には CAM で，また組立調整 (assembly and tryout) や成形条件では技術と技能による操作が，成形品の高精度化に大きな役割を占めており，それぞれをさらに強化し高度化する必要がある．

（2）樹脂金型における設計検討項目

　樹脂金型において注意しなければならないことは，金型が高精度につくられていようとも，部品の実際の寸法には，金型によって定まる寸法と定まらない寸法が出てくる（図 3.25）[12]．金型で定まる寸法とは実際の金型に密着する部分の寸法であり，金型で定まらない寸法とはコアとキャビティの相対関係によってはじめて成立する寸法である．例えば，コアとキャビティが正しい位置からずれたり，型締め圧によって金型が変形したりすれば，コアとキャビティに挟まれる寸法や，変形した部分の寸法は，加工時に精度よくつくられた寸法とは異なった寸法となる．

　また，金型構造を決める際の設計検討項目としては，抜きこう配 (draft：抜けこう配ともいう)，肉厚，リブ (rib)，ボス (boss) などの要素について考慮することが必要である．金型から成形品を容易に取り出すことができるよう

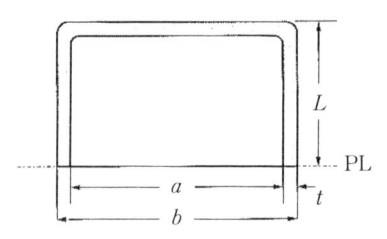

図3.25 金型で定まる寸法と定まらない寸法 (a, b: 金型で定まる寸法, L, t: 金型で定まらない寸法)[12]

表3.6 肉厚の均一化[13]

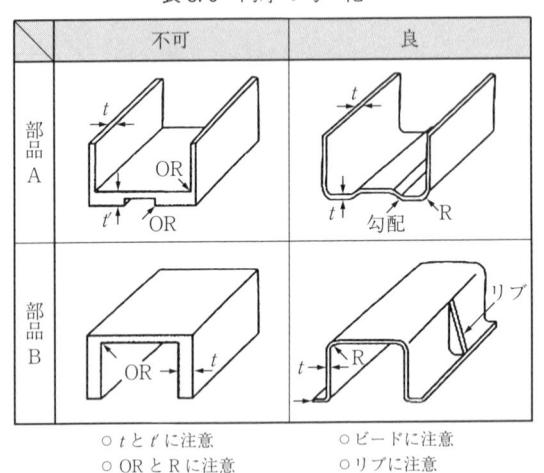

	不可	良
部品A	○ t と t' に注意 ○ OR と R に注意	○ビードに注意 ○リブに注意
部品B		

に，金型には抜きこう配を付けることが必要である．また，樹脂成形においては，肉厚が均一になるように設計されていることが重要である（表3.6）[13]．樹脂成形では，加熱により流動化した樹脂が金型内に充てん（filling）され，冷やされて固化した後に取り出される．もし，肉厚が均一でなければ，肉厚の薄い部分は早く固まり，肉厚の厚い部分は遅く固まる．部品内での温度分布に不均一性が起こり，それが原因で変形しやすくなる．変形防止を図るために，元の形状に対してリブを付けることも変形防止の有効な手段になる（表3.7）[13]．ボス形状も，局部的に肉厚が厚くなる場合があり，リブでつなぐように変えることで変形しづらい形状になる．このように，初期形状に基づいて金型をつくるよりも，樹脂成形に向く形状に細部をつくり直すことで変形しにくくなり，金型構造が非常に簡単になるように部品形状を見直すことでコスト削減に至る場合も少なくない．実際の部品形状を樹脂金型に向いた形状にアレンジし直すためのものがアレンジ図（arrangement drawings）である（図3.26）[8]．

（3）樹脂成形プロセス

金型を使って樹脂成形を行う際，樹脂であればどれでも同じ特性を示すわけではなく，使う樹脂や金型の使用条件によって収縮特性が異なってくる．例え

表 3.7 リブによる変形防止[13]

No.	元の設計	リブの利用
1		(A) 内側にける (B) 内側とつ外側ける
2		リブ
3		背の高いボスの周辺リブ

ば,非晶性(amorphous)のプラスチックと結晶性(crystalline)のプラスチックについて,まったく異なる挙動を示す場合がある(表 3.8)[12]. 金型の寸法だけを高精度に加工すれば,それで高精度な部品ができるわけではなく,材料を変えれば違う挙動が出てくることには注意を払う必要がある.

図 3.27 に,射出成形機の構造を示す.200〜300℃程度に加熱された樹脂は金型へ充てんされて,図 3.28 の射出成形サイクルで部品がつくられる.まずは,型締めによりコアとキャビティの間に密閉空間を形成し,次に溶融樹脂を射出する樹脂充てん,そして保圧・冷却,型開き・離型で一つの成形品が取り出されるという 1 成形サイクルが行われる.

この樹脂充てんの過程において,図 3.29 のように射出シリンダから押し出された樹脂はノズルを経てスプルー(sprue),ランナ(runner),ゲート(gate)を通過していくが,シリンダの射出圧に対して圧力損失がそれぞれ発生し,キ

54　第3章　三次元造形・金型製作

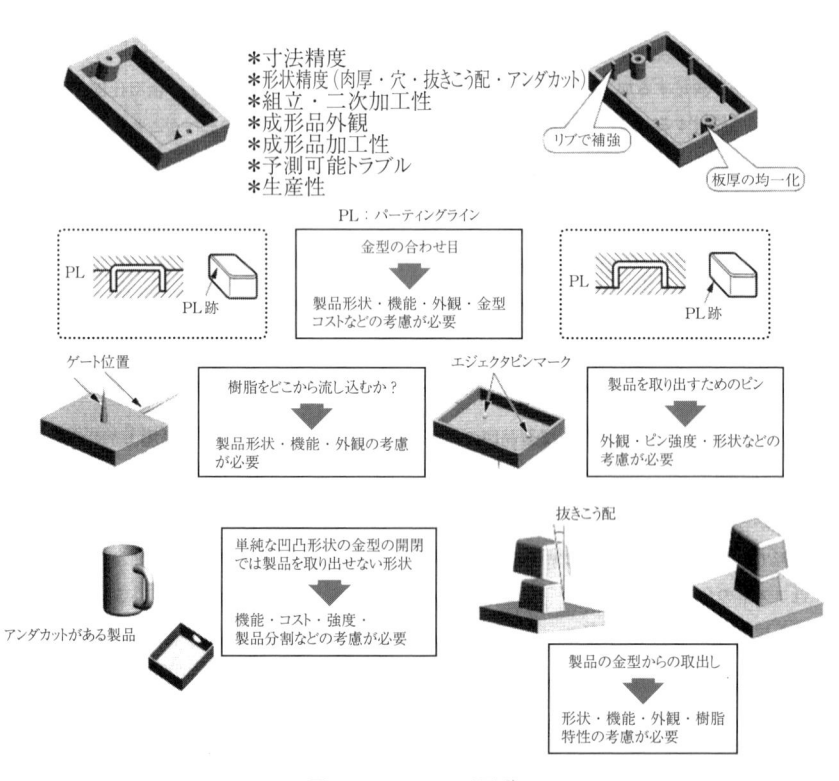

* 寸法精度
* 形状精度（肉厚・穴・抜きこう配・アンダカット）
* 組立・二次加工性
* 成形品外観
* 成形品加工性
* 予測可能トラブル
* 生産性

リブで補強
板厚の均一化

PL：パーティングライン

PL
PL跡

金型の合わせ目
製品形状・機能・外観・金型コストなどの考慮が必要

PL
PL跡

ゲート位置

樹脂をどこから流し込むか？
製品形状・機能・外観の考慮が必要

エジェクタピンマーク

製品を取り出すためのピン
外観・ピン強度・形状などの考慮が必要

アンダカットがある製品

単純な凹凸形状の金型の開閉では製品を取り出せない形状
機能・コスト・強度・製品分割などの考慮が必要

抜きこう配

製品の金型からの取出し
形状・機能・外観・樹脂特性の考慮が必要

図 3.26　アレンジ図 [8]

表 3.8　成形収縮の各種要因 [12]

要因	条件	成形収縮率	
		非晶性プラスチック	結晶性プラスチック
溶融粘度	大 小	↗ ↘	↗ ↘
成形温度	高 低	↘ ↗	↗ ↘
金型温度	高 低	→ →	↗ ↘
保圧	高 低	↘ ↗	↘ ↗

ャビティ内を樹脂が充てんし移動する際にも，ゲート側と反対の末端側に圧力損失が起きる[12]．成形時にも，このような圧力こう配が発生することから，変形問題は無視することができ

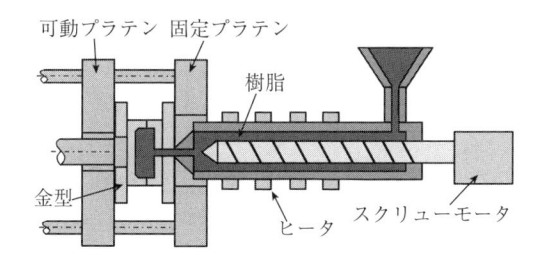

図 3.27 射出成形機の構造

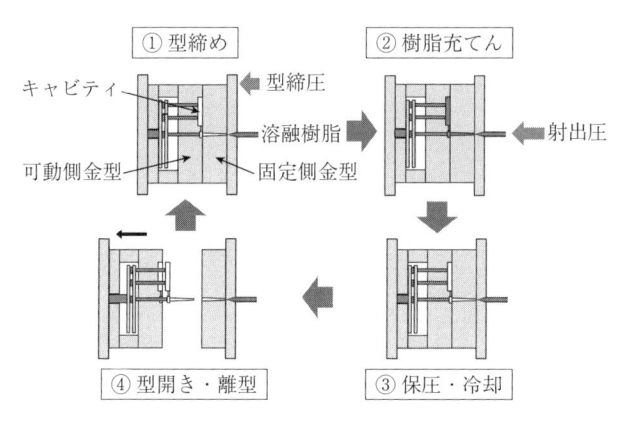

図 3.28 射出成形サイクル

ない．図 3.30 は，保圧工程（dwelling）で成形不良を起こさないように保圧を変化させることで，引け（sink mark）やバリ（flash），反り（warp）などの成形不良を避ける保圧制御の考え方である[10]．

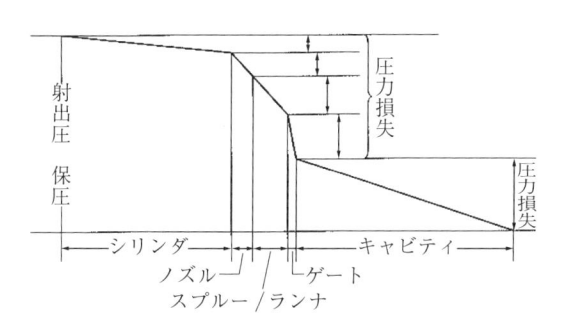

図 3.29 射出圧と圧力損失の概念図[12]

（4）流動解析

以上のように，射出成形プロセス中の樹脂の複雑な挙動は，単純な計算で求

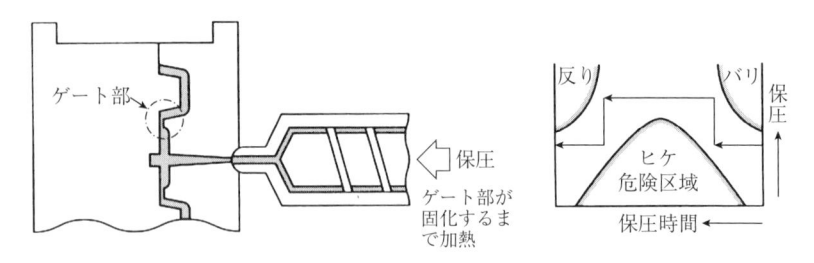

図 3.30　保圧制御の基本[10]

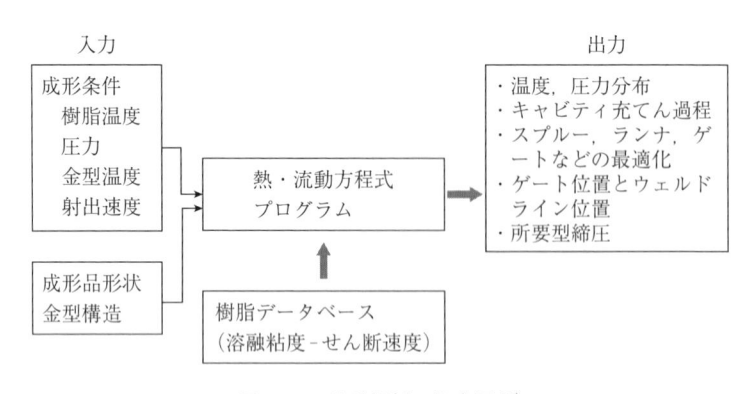

図 3.31　流動解析の概念図[12]

めることは困難であり，樹脂流動解析を使用することによって，より効率的に，より緻密な金型設計が可能となる．樹脂流動解析は予測を行うものであり，成形条件と成形品形状，樹脂データベースを使用して熱流動方程式を解く（図 3.31)[12]．測定の非常に困難な温度分布や，実際には見ることのできない圧力分布，またゲート，スプルーなどとウェルドライン（weld lines）との位置関係などを可視化することができる．それらの情報をもとに，高精度な部品を実現するための金型構造への対策を考えることが可能となる．

3.4　おわりに

これまで見てきたように，三次元造形および金型製作が生産の場で果たす役割は大きく，また QCD の向上のために解析技術の高度化への要求が高いことがわかる．また，生産プロセスの自動化に伴って，設計段階の果たす役割が高

まっており，これに対応していくことが必要となっている．

　多品種少量生産に対応して，従来工法からの工法転換を検討できる生産プロセスの支援ソフトウェアが出てくるようになってきている．生産プロセス自体も，これらの要求に対して柔軟に対応できるよう，生産情報をやり取りできるような共通の基盤が今後望まれる．また，三次元造形を生産手段の一つとして位置づける動きも加速してきており，その動向にも注意しておく必要があろう．

参考文献

1) 穂坂　衛・佐田登志夫：統合化 CAD/CAM システム，オーム社(1994) p. 479, 493.
2) 楢原弘之：「付加製造技術を用いた金型製造法」，成形加工, Vol. 26, No. 1 (2014) pp. 148-153.
3) Standard ASTM: F 2792. 2012 Standard terminology for additive manufacturing technologies, West Conshohocken, PA：ASTM International. See www. astm. org. (doi: 10.1520／F 2792-12)), (2012).
4) 楢原弘之：「付加製造技術(additive manufacturing, 3Dプリンタ)の概要と動向」，人工臓器, Vol. 44, No. 1 (2015) pp. 1-5.
5) 楢原弘之：「日本における Additive Manufacturing の概要とこれからの課題」，計測と制御, Vol. 54, No. 6 (2015) pp. 381-385.
6) 中本貴之・白川信彦・乾　晴行：「鋼系粉末の積層造形法における造形物の高性能化」，粉末および粉末冶金, Vol. 60, No. 11(2013) pp. 460-466.
7) ASTM Additive Manufacturing File Format (AMF), http://amf.wikispaces.com/
8) 雇用・能力開発機構職業能力開発総合大学校能力開発研究センター：「金型工作法　金型の役割と作り方」，雇用問題研究会，東京 (2008) p. 10, 26, 36, 46, 144.
9) 青木正義・飯田　誠：「プラスチック成形金型設計マニュアル集大成」，日刊工業新聞社，東京 (2002) p. 144, 215, 217, 277, 413.
10) 福島有一：「これだけは知っておきたい金型知識」，日刊工業新聞社，東京(2008) p. 16, 26, 36, 169, 173.
11) 青木正義：「プラスチック精密成形用金型の展望(第 11 回)」，型技術, Vol. 14, No .2 (1999) pp. 88-89.
12) 本間精一：「射出成形特性を活かすプラスチック製品設計法」，日刊工業新聞社，東京 (2011) p. 38, 44, 126.
13) 広恵章利・本吉正信：「プラスチック成形加工入門－第 2 版－」，日刊工業新聞社 (1995) p. 215, 301.

第4章 塑性加工

4.1 塑性加工の特徴

　機械製作に利用されるあらゆる材料は，弾性（elasticity）と塑性（plasticity）の両方の性質を持つ．弾性とは，材料に力を加えて変形させた後に除荷すると，ただちに元の形状に復元する性質である．一方，塑性とは，材料に力を加えて変形させた後に除荷しても，変形がそのまま残留する性質であり，このときの変形を塑性変形（永久変形または塑性流動：plastic deformation）と呼ぶ．塑性加工（plastic working）は，材料の持つ塑性の性質を利用して機械部品を製作する技術である．特に金属は，古くから塑性の性質が調べられ，かつ機械部品として最も多く利用されている材料であり，多くの塑性加工法が確立されている．

　金属の塑性加工の特徴は，切削加工法などの他の加工法と比較して，一般的に，次のように整理できる．

（1）金型やロールなど，それぞれの加工に特化した専用工具を使用するので，同一形状の機械部品を高速に，高い再現性で，大量に製造することができる．

（2）切削加工のように切りくずを出さない加工法であり，この観点において省資源・省エネルギーである．

（3）塑性加工における金属の変形は，その結晶粒の形状や大きさを変化させる作用を伴い，その変化は，部品の強度向上，材料の均質化あるいは圧縮残留応力付与による耐久性の向上などの良い効果を与える．

（4）塑性加工では，室温で行う冷間加工，室温から金属の再結晶温度以下で行う温間加工および再結晶温度以上で行う熱間加工の三つの加工温度が選択され，加工目的に応じて使い分けられる．

4.1.1 塑性加工法の分類

塑性加工法を目的別，素材形状別および加工法別に分類して**表 4.1**に示す．目的別分類では，板や棒などの素形材を製造するための一次加工と，これらの素形材から個々の機械部品を製造するための二次加工とに分類される．素材形状別分類は，一次加工により製造され，二次加工に投入される素材の形状による分類であり，板材，棒・線材および管材に分類される．

加工法別分類では，素形材を製造するための加工法である圧延，押出し，引抜き，せん断および素形材から個々の機械部品を製造す

表 4.1 塑性加工法の分類

一次加工法	素材	二次加工法
圧延 せん断	板材	せん断加工 曲げ加工 プレス成形 ロール成形 スピニング
圧延 押出し 引抜き せん断	棒材 線材	熱間鍛造 温間鍛造 冷間鍛造 回転成形 押出し
	管材	せん断加工 曲げ加工 バルジ加工 端末加工 偏肉加工

るための加工法である せん断加工（シヤリング，穴抜き，精密打抜きなど），曲げ加工（板，棒，管の曲げ），プレス成形（深絞り，張出し，バーリングなど），あるいは鍛造（自由鍛造，型鍛造），その他に分類される．

4.1.2 塑性加工における生産性と精度

塑性加工部品の生産性に関する概要を**表 4.2**に示す．塑性加工は，切削加工に比べてはるかに生産性が高い，直径が 0.5 mm 程度の細線は，ダイヤモンドダイを用いた数段の連続引抜きによって 1000 m/min 前後の速度で製造される．単純な曲げや打抜きによる小物の電子部品では，高速プレス機械と順送金型とによって 1000 spm（ストローク/min）前後で生産され，板厚が 5 mm 前後の厚板の精密打抜き（平滑な切り口面を伴う打抜き）品や冷間鍛造部品でも 40 spm 前後で生産される．この生産速度は，切削加工に比べてはるかに高速である．

塑性加工と切削・研削加工に関して達成できる寸法精度を比較して**表 4.3**に示す．歯車などの冷間鍛造，電池ケースなどのプレスしごき加工，あるいは鏡面の切り口面を得ることができる精密打抜き（ファインブランキング）など

表 4.2 塑性加工部品の生産性

部品	加工法	加工速度
線・管製品	連続引抜き	1000 m/min（丸細線） 数 m/min（角線・管）
電子部品（曲げ・打抜き）	プレス加工（順送金型）	800～2000 spm spm：ストローク/min（加工数）
小物部品（深絞り・打抜き）	プレス加工（順送金型）	数 100 spm
精密打抜き品	ファインブランキング プレス加工	40 spm 前後
鍛造品	鍛造プレス加工	40 spm 前後

表 4.3 塑性加工により達成できる寸法精度に関する概要

(例：50 mmに対する公差)/mm	0.011	0.016	0.025	0.039	0.062	0.100	0.160	0.25	0.39	0.62	1	1.6
ISO 等級 加工方法	5	6	7	8	9	10	11	12	13	14	15	16
熱間型鍛造					・・・・・							
冷間型鍛造		・・・・										
せん断												
旋削			・・・・									
円筒研削												

では，寸法精度公差 0.01～0.02 mm を実現している．すなわち，一部の塑性加工法では，精密切削や一般研削加工と同等の加工精度を得ることができる．

このように，高い生産性を有し，一般の加工精度から精密加工精度までを実現する塑性加工法は，機械部品の製造において極めて有用な加工法である．

4.2 金属材料の塑性変形特性

塑性加工を行ううえで，材料の塑性変形特性を理解することは重要である．ここでは，金属の塑性変形に関する力学的性質と結晶組織の基礎に関して述べる．

4.2.1 力学的性質

（1）引張試験から見る力学的性質

金属の塑性変形特性は材料試験によって調べられる．その中で，引張試験

(tension test)は，最も基本的な試験法である．

丸棒の引張試験における試験片形状の変化の様子を**図4.1**に示す．図(a)は変形前の状態であり，はじめの基準長さ（標点間距離）を l_0 とし，断面積を A_0 としておく．図(b)は，**図4.2**における応力最大値Bまでの引張段階で，試験片は標点間でほぼ一様に伸びる．この伸びを一様伸び(uniform elongation)と呼び，点Bでの応力 σ_B を引張強さ(tensile strength)と呼ぶ．一様伸びの限界を超えると，図4.1(c)に示すように，局部的に直径が著しく減少するくびれ

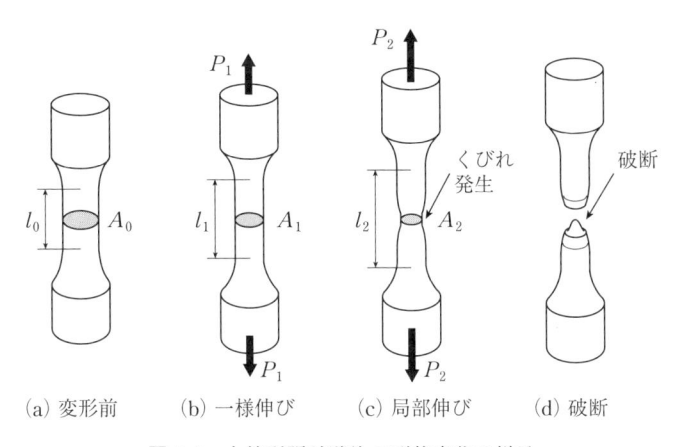

図4.1 丸棒引張試験片の形状変化の様子

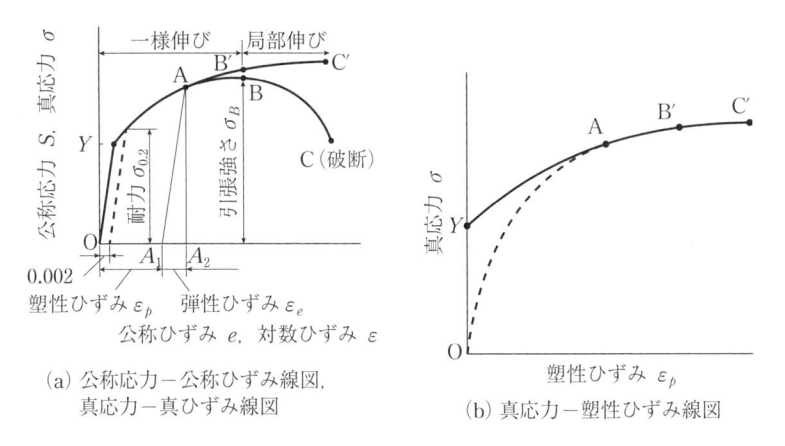

(a) 公称応力−公称ひずみ線図，真応力−真ひずみ線図

(b) 真応力−塑性ひずみ線図

図4.2 各種の応力-ひずみ線図

(necking)の現象が発生する．この伸びを局部伸び(local elongation)と呼ぶ．最終的に，図4.1(d)のように，くびれ発生箇所において破断する．材料が破断することなく塑性変形できる性質を延性(ductility)，およびその限度を変形能(deformability)と呼ぶ．くびれが発生した破断部で測定される断面積の縮小割合を絞り(reduction of area)と呼んでいる．引張試験において，伸びや絞りが大きい材料ほど，一般的に塑性変形しやすい材料であるといえる．

引張試験の結果は，寸法の影響を除いて公称応力(nominal stress) s と公称ひずみ(nominal strain) e との関係で表す．公称応力は，荷重 P を変形前の試験片断面積 A_0 で除した単位断面積当たりの力であり，公称ひずみは，変形前の標点間距離 l_0 を基準にとった変形後に伸びた距離の比率である．公称応力は式(4.1)，公称ひずみは式(4.2)のように，それぞれ定義される．このとき，l は変形後の標点間距離である．

$$s = \frac{P}{A_0} \tag{4.1}$$

$$e = \int_{l_0}^{l} \frac{dl}{l_0} = \left[\frac{l}{l_0}\right]_{l_0}^{l} = \frac{l - l_0}{l_0} \tag{4.2}$$

公称応力-公称ひずみ曲線は，図4.2(a)のO→Y→A→B→Cの経路となる．OYは，おおよそ弾性変形で，点Yは，おおよそ塑性変形が開始する点であり，この点を降伏点(yield point)と呼び，このときの応力を降伏応力(yield stress)と呼ぶ．降伏点がはっきりしない金属の場合は，図中点線で示したように，塑性ひずみが0.002(0.2%)に達した点を塑性変形開始点とする場合が多く，このときの応力を耐力(proof stress)と呼ぶ．

降伏点を超えて塑性変形を続けると，ひずみの増加とともに応力が増加していく．この現象を加工硬化(work hardening)と呼ぶ．途中の点Aで引張試験を中断し除荷すると，OYの弾性変形の傾きと同じ傾きで応力とひずみが減少し，材料には弾性ひずみ(elastic strain) ε_e (A_1A_2) を除いた塑性ひずみ(plastic strain) ε_p (OA_1) が残る．引張試験を再開すると，弾性変形と同じ傾きで応力とひずみが増加した後，ふたたび除荷点Aから塑性変形が開始する．

（2）塑性変形のモデル化

塑性変形は，弾性変形に比べて大変形であり，体積変化を伴わない．そのた

め，引張試験のような一軸引張においては，伸びの増加に伴って試験片の断面積 A が初期の断面積 A_0 と比較して小さくなってしまう．そこで，塑性力学の計算では，変形後の断面積 A を用いる式(4.3)に示す真応力(true stress) σ が用いられることが多い．

$$\sigma = \frac{P}{A} \tag{4.3}$$

一方，ひずみに関しては，変形中の時々刻々の単位長さ当たりのひずみの増加分 $\mathrm{d}l/l$ を l_0 から l までの間で積分することにより，式(4.4)に示すような真ひずみ(true strain) ε 〔または，対数ひずみ(logarithmic strain)と呼ぶ〕が定義されている．

$$\varepsilon = \int_{l_0}^{l} \frac{\mathrm{d}l}{l} = [\ln l]_{l_0}^{l} = \ln l - \ln l_0 = \ln \frac{l}{l_0} \tag{4.4}$$

真応力-真ひずみ曲線は，図4.2(a)の $\mathrm{O} \to \mathrm{Y} \to \mathrm{A} \to \mathrm{B}' \to \mathrm{C}'$ の経路をとる．この真応力-真ひずみ曲線は塑性曲線(stress-strain curve)〔または，変形抵抗曲線(flow stress curve)〕と呼ばれ，塑性変形解析や塑性加工における材料の基礎データとして利用される．

実際の引張試験による真応力-真ひずみ曲線は，そのままでは複雑な曲線であるので，塑性力学では，数学的取扱いを容易にするために簡単な式の形に近似する．図4.2(a)に示したような弾性ひずみと塑性ひずみを考慮する弾塑性体(elasto-plastic solid)による近似，および図4.2(b)に実線で示し，式(4.5)で表されるような弾性ひずみを無視する剛塑性近似(rigid-plastic approximation)などがなされる．この式において $Y=0$ とおいた場合は，図4.2(b)中の点線で表され，式(4.6)に示すような n 乗硬化則(n th power hardening law)による近似と呼ばれ，取扱いが簡単であるためよく用いられる．

$$\sigma = Y + c\varepsilon_p{}^n \tag{4.5}$$

$$\sigma = F\varepsilon_p{}^n \tag{4.6}$$

このとき，c と F は材料の強さの大小に起因する定数で塑性係数(strength factor)と呼ばれ，ε_p は図4.2(a)中の塑性ひずみを表し，n は加工硬化指数(work hardening exponent)と呼ばれる．

n の値は $0 \sim 1$ の範囲をとり，$n=0$ の場合は加工硬化しない材料となり，n

が大きくなるほど加工硬化が激しい材料を表す．一般的な金属では，$n=0.2$〜0.4 程度をとり，例えばステンレス鋼などの加工硬化が大きい材料では，$n=0.5$〜0.6 程度となる．

4.2.2 金属組織と塑性変形

（1）結晶構造と塑性変形

金属の組織は，金属原子が金属結合した結晶構造のつながりとなっている．結晶構造の最小単位である単位格子（単位胞：unit cell）には 3 種類がある．それぞれを図 4.3 に示すが，銅（Cu）やアルミニウム（Al）では，立方体の八つの角と六つの面の中心に原子を持つ面心立方格子（face centered cubic lattice：FCC）構造をとる．常温の鉄（Fe）やモリブデン（Mo）は，立方体の八つの角と中心に原子を持つ体心立方格子（body centered cubic lattice：BCC）構造をとる．マグネシウム（Mg）や亜鉛（Zn）は，六角柱の上下面の 12 の角，上下面の中心と三つの側面の中心に原子を持つ六方最密充てん（close‑packed hexagonal lattice：HCP）格子構造をとる．

弾性変形は，外力による原子間距離の変化であるのに対して，塑性変形は結晶のすべり（slip）による．それぞれの結晶構造に一定のすべり面が存在し，せん断力の作用によって原子が一定方向に移動することで塑性変形が生じる．すべり系の多い FCC や BCC 構造の金属は塑性変形しやすく，すべり系が少ない HCP 構造の金属は塑性変形させることが困難となる．

金属の塑性変形が結晶のすべりに起因するものではあるが，実在の金属は，

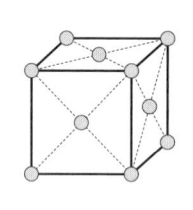

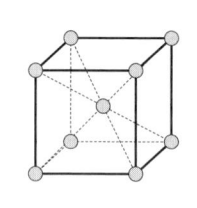

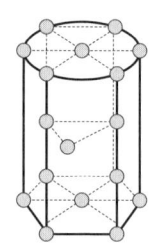

(a) 面心立方格子　　　(b) 体心立方格子　　　(c) 六方最密充てん
　　（FCC）　　　　　　　　（BCC）　　　　　　　　（HCP）

図 4.3　金属の結晶構造

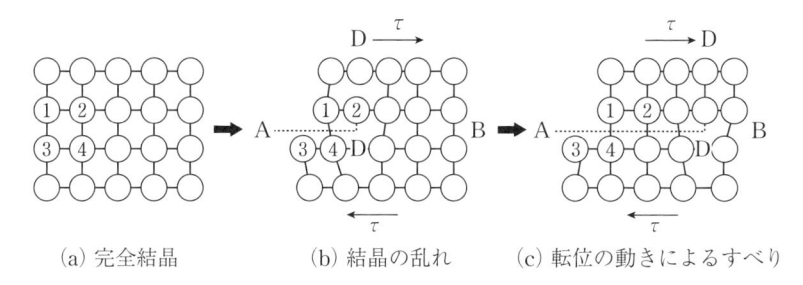

4.2 金属材料の塑性変形特性　65

(a) 完全結晶　(b) 結晶の乱れ　(c) 転位の動きによるすべり

図 4.4　結晶のすべり形態（1〜4：結晶配列，AB：すべり線，D：乱れ部）

結晶すべりに要するせん断応力の理論計算値と比較して，はるかに小さい 1/1000〜1/10000 程度のせん断応力で降伏する．この原因は，結晶内に格子欠陥（原子配列の乱れ）が存在するためといわれている．この原子配列の乱れを転位（dislocation）と呼ぶ．転位によるすべり機構を図 4.4 に模式的に示す．すべりは転位が基点となり，転位が順次移動していくように生じていく．実在の金属の変形抵抗は，転位によるすべり機構によるもので，4.2.1 項で述べた塑性変形に伴う加工硬化や，時効硬化や析出硬化などの強度向上処理は，結晶学的視点によると，転位が動きにくくなった結果ということになる．

（2）多結晶体と塑性変形

金属の断面をよく研磨し，適当に酸化させて金属顕微鏡などで数百倍で観察すると，図 4.5(a) に模式的に示すように，網目構造を観察することができる．金属の組織は，単位格子が規則正しく並んだ数〜数百 μm 単位の単結晶

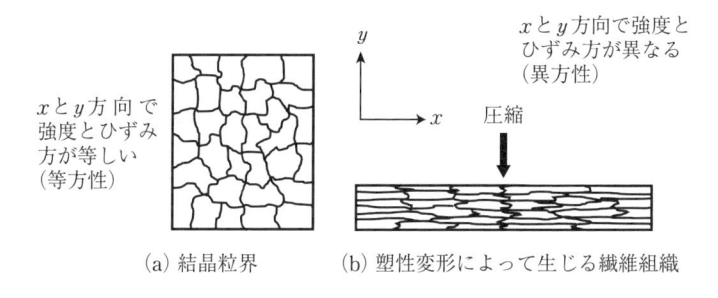

(a) 結晶粒界　(b) 塑性変形によって生じる繊維組織

図 4.5　金属の組織（多結晶体）

体がランダムに並んだ多結晶体(poly-crystal)である．網目構造は結晶粒界(grain boundary)と呼ばれ，一つの単結晶体は結晶粒(grain)と呼ばれる．金属の塑性変形特性は，結晶粒の大きさと形状に依存する．結晶粒の平均粒径 d と，引張試験で得られる降伏応力 Y との関係は式(4.7)のように表すことができる．

$$Y = \sigma_0 + kd^{-1/2} \tag{4.7}$$

このとき，σ_0 と k は材料と引張条件で決まる定数である．この式はホール-ペッチの関係(Hall-Petch's relation)と呼ばれ，降伏応力が結晶粒径の平方根の逆数と比例関係にあることを示している．すなわち，結晶粒が小さいほど降伏応力が高くなる．

塑性変形による結晶粒の形状変化を 図4.5(b)に示す．結晶粒は加工によって微細化し特定の方向にそろう．結晶粒の微細化は，前述したように，材料の強度を向上させる．また，結晶粒が特定の方向に偏平になった組織を繊維組織(fiber structure)と呼ぶ．この場合，結晶粒の配列方向によって強度や延性が異なる．このような性質を異方性(anisotropy)と呼ぶ．

金属組織は熱履歴によっても変化する．加工によって繊維組織となった金属を加熱すると，偏平の度合が徐々に減少していく．この現象を回復(recovery)と呼ぶ．さらに加熱すると，図4.6に示すように，回復した結晶中に新しい結晶の核が発生し，成長して結晶が置き換わり，変形前の材料と同じ変形能を有するようになる．これを再結晶(recrystallization)という．

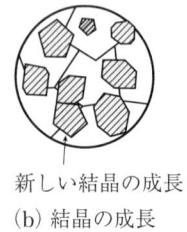

図4.6 再結晶の進行

4.3 素形材の製造法

4.3.1 圧延加工

(1) 圧延加工とは

圧延加工法 (rolling) は，図 4.7 に示すように，一対の回転するロール (roll) 間に材料を通し，連続的に材料を圧縮して延伸させながら板，棒，線および管などの一次素材を製造する加工法である．

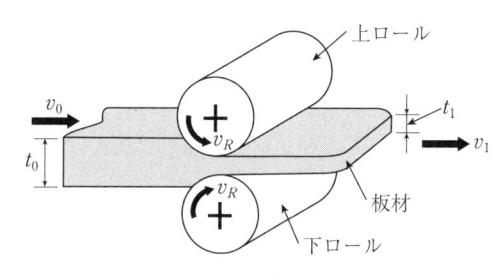

図 4.7 圧延加工法

鉄鋼材料の場合，鋳鉄を除いて，ほぼすべての一次素材が圧延加工によって製造される．転炉や電気炉により製造された溶鋼は，連続鋳造 (continuous casting) などによって，鋼片 (steel billet) と呼ばれる単純形状の素材に加工される．連続鋳造とは，溶鋼を所定の断面形状の鋳型に流し，そこで急速に冷却しながら固化させて一定断面の鋼材をつくり，それを切断して鋼片を製造する方法である．

主な鋼片の形状と名称，圧延の種類および圧延製品を表 4.4 に示す．鋼片は，断面形状によってスラブ

表 4.4 鋼の圧延製品に対する鋼片の形状，圧延の種類

鋼片の形状と名称	圧延の種類	製品
スラブ	厚板圧延	厚板 (3 mm 以上)
	熱間薄板圧延	熱延切板
		熱延コイル
	冷間薄板圧延（素材は熱延コイル）	冷延切板
		冷延コイル
ブルーム，ビームブランク	ユニバーサル圧延	H (I) 形鋼
	形鋼圧延	鋼矢板
丸ビレット	せん孔圧延	シームレス管
角ビレット	棒・線材圧延	棒鋼
		線

(slab), ブルーム (bloom) あるいはビレット (billet) などに分類される. スラブからは, 板圧延により厚板 (板厚3 mm以上), 切板やコイルが, ブルームからは, ユニバーサル圧延や形鋼圧延により各種形鋼や鋼矢板が, およびビレットからは, 棒・線材圧延により棒・管・線などが, それぞれ製造される.

(2) 圧延加工の基礎

図4.7に示したような板圧延において, 板厚 t_0 を t_1 に圧延する場合, 板厚の減少量 (t_0-t_1) を圧下量 (draft) と呼ぶ. また, 圧延前の板厚に対する圧下量の比は式(4.8)で表され, これを圧下率 (reduction in thickness) r と呼ぶ.

$$r = \frac{t_0 - t_1}{t_0} \times 100 \, [\%] \tag{4.8}$$

この圧下率は, 圧延加工における加工能率, 材料品質や寸法精度などを決定する重要な条件の一つである.

板圧延における材料の変形機構を図4.8に示す. ロール周速度を v_R とし, 板のロール入口速度を v_0, 同様に出口速度を v_1 とすると, それらの関係は $v_0 < v_R < v_1$ となる. すなわち, ロール入口点aにおける材料速度は, ロール速度よりも遅く, ロール出口点bにおける材料速度はロール速度よりも速くなる. ロールと材料との接触円弧上において, ロール周速 v_R と材料速度とが等しい点が存在し, この点を中立点 (neutral point) と呼んでいる. 中立点nの前後において, ロールと材料間には相対的すべりが生じ, そのすべりに起因する摩擦応力 τ の向きは, それぞれ中立点の方向を向く. また, 圧延圧力分布 p は, 中立点で最大となる.

ロール出口点bにおける材料速度 v_1 のロール周速度 v_R に対して先進する割合は先進率 (forward slip) f と呼ばれ, 式(4.9)のように表す. この先進率も, 圧下率とともに圧延における

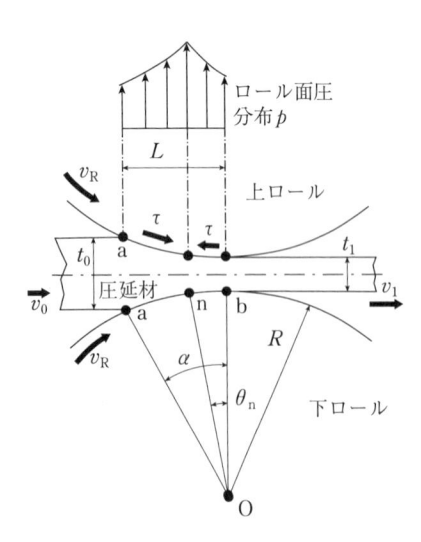

図4.8 板圧延における材料の変形機構

重要な設定量となっている．

$$f = \frac{v_1 - v_R}{v_R} \tag{4.9}$$

ロール面に作用する力の総和を圧延荷重または圧下力(rolling load)と呼んでいる．ロール面圧は，図4.8に示したように中立点で最大になるが，簡単に圧力分布pの平均値をp_mとすれば，圧延荷重Pは式(4.10)のように概算できる．このとき，bは板幅，Lは接触長さ，Rはロール半径である．

$$P = p_m b L \approx p_m b \sqrt{R(t_0 - t_1)} \tag{4.10}$$

圧延荷重は極めて高く，一般的にロールは弾性変形する．弾性変形時に板厚精度が維持されるように，中央を少し太くするようにロール設計をする．このように設計されたロールの円筒曲面をキャンバ(camber)またはロールクラウン(roll crown)と呼んでいる．

(3) 圧延加工機とロール配列

圧延加工機のロール配置を図4.9に示す．図(a)は2段圧延機(two-high mill)，図(b)は3段圧延機(three-high mill)と呼ばれ，直径が等しい2本な

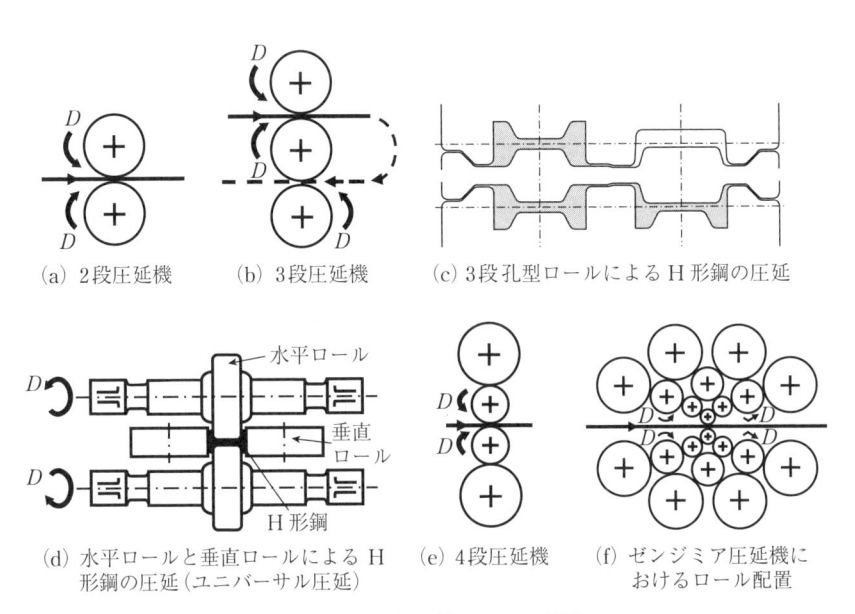

(a) 2段圧延機　(b) 3段圧延機　(c) 3段孔型ロールによるH形鋼の圧延

(d) 水平ロールと垂直ロールによるH形鋼の圧延(ユニバーサル圧延)　(e) 4段圧延機　(f) ゼンジミア圧延機におけるロール配置

図4.9　圧延加工機のロール配置

いしは3本のロールで構成される．3段圧延機は，2本の駆動ロールの間に中間ロールを有し，その上下で往復圧延作業が可能な圧延機である．形鋼や線材は，この2段および3段圧延機を数工程組み合わせて製造される．形鋼や線材の圧延用ロールには，図(c)に示すような孔型ロール(caliber roll)や，図(d)に示すように，水平ロールと垂直ロールとを組み合わせた形式のユニバーサル圧延機(universal mill)が用いられる．

図(e)は，4段圧延機(four-high mill)で直径が小さい作業ロール(work roll)と，そのたわみを防止するための支持ロール(backup roll)により構成される．主に薄板コイルの圧延には，数～数十段の4段圧延機を直列に配列した構造のタンデム圧延機(tandem mill)が用いられる．高い板厚精度が要求される極薄板の圧延では，さらに作業ロールの直径を小さくし，支持ロールを増やす．作業ロールの直径が小さいほど圧延荷重が小さくなり板厚精度が向上する．図(f)はゼンジミヤ圧延機(Sendzimir mill)と呼ばれる20段圧延機で，極薄板，硬質の板，箔の製造などに用いられる．

4.3.2 押出し加工

(1) 押出し加工とは

押出し加工(extrusion)は，図4.10に示すように，素材(ビレット)を押し出し加工機のコンテナ(container)に挿入して，これをステム(押し棒：stem)で加圧して，ダイ(die)から流出させることにより，各種の棒や管などの一次素材を製造する加工法である．基本的な押出し加工方法は，前方(直接)押出し(forward extrusion)と後方(間接)押出し(backward extrusion)の2通りであ

(a) 前方(直接押出し)　　(b) 後方(間接押出し)

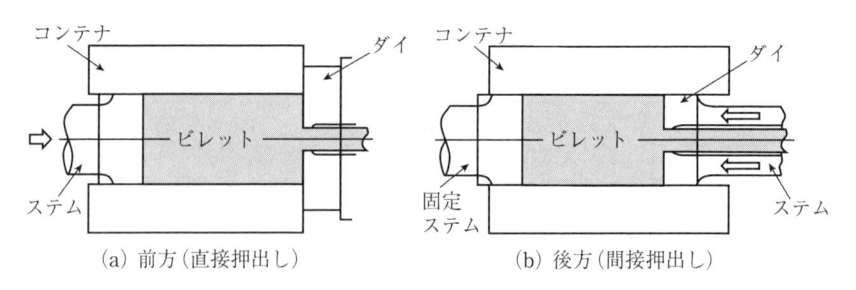

図4.10　押出し加工法

る．前者は，図(a)に示すように素材をコンテナ内で移動させてダイに向かって押し出す方法であり，後者は，図(b)に示すように素材はコンテナ内で移動させず，素材に向かってダイを押し込む方式や，あるいはコンテナを素材ごとダイに向かって押し込み，材料を押し出す方式である．押出し加工のほとんどは前方押出しであり，後方押出しは，軟質材料の場合などに限られている．

対象とする金属は，変形抵抗が比較的小さいアルミニウムや銅などの非鉄金属が多い．材料はコンテナ内で周囲から圧縮されているため，圧延加工では加工できないような脆性材料の加工も可能である．一般的に，熱間加工による場合が多く，再結晶温度以上において高い加工率を与えることで良好な結晶構造を得る．

(2) 押出し加工の基礎

押出し加工される主な材料，用途，加熱温度および押出し比（extrusion ratio）を**表4.5**に示す．押出し比 R_0 とは，コンテナ内断面積 A_0 とダイ穴断面積 A_1 との比で，式(4.11)で表される．

$$R_0 = \frac{A_0}{A_1} \tag{4.11}$$

アルミニウムやその合金は，アルミサッシなどのフレームや電車の構造材など，身近な部材が製造されている．これらは，複雑な断面形状と薄肉の構造を有し，かつ外観部品である．高い寸法精度，強度と表面の品質が要求される．銅およびその合金では，電線などの素材や熱交換器用のパイプ素材などが製造される．それらの製造温度は1000℃以下であり，押出し比は最大 $R_0 = 500$ 程

表4.5 主な材料，用途，加熱温度および押出し比

材料	用途	加熱温度[℃]	押出し比
アルミニウム アルミニウム合金	建材(サッシ・フレーム材など) 電車，航空機用フレーム	400〜500	6〜500
銅・銅合金	線素材，熱交換器用管	700〜900	10〜400
鉄鋼	ステンレス鋼管，各種鋼管，異形材	1100〜1300	10〜45
チタン・チタン合金	ジェットエンジン部品 ガスタービン部品	800〜1050	8〜100
マグネシウム マグネシウム合金	航空機，自動車部材	350〜450	10〜100

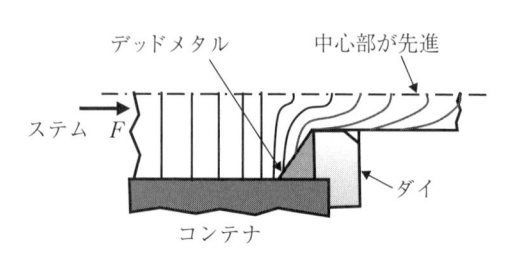

図4.11 押出しにおける材料の流れ

度に及ぶ．そのほかの材料は，数量は少ないが，鉄鋼，チタン (Ti) およびその合金，あるいはマグネシウム (Mg) およびその合金などが挙げられる．

押出しにおける材料の流れ（メタルフローと呼ぶ）を図4.11に示す．前方押出し法では，ビレット外周部とコンテナ内面の間に摩擦が生じるため，中央部分の材料が外周部より先進する．また，ダイス面近傍には，材料がほとんど流動しないデッドメタル (dead metal) が生じる．一方，後方押出しにおいては，デットメタルはなく，先進性も少ないという特徴がある．

押出し荷重 F は，押出し比 R_0，材料の変形抵抗，ダイ形状，押出し方式，潤滑などの影響を受ける．押出し荷重 F は，式 (4.12) のように近似できる．このとき，p_m は平均押出し圧力，Y は材料の降伏応力，C は実験的係数で，潤滑，ダイ角度や形状などにより決める．

$$F = p_m A_0 = C Y A_0 \ln R_0 \tag{4.12}$$

4.3.3 引抜き加工

(1) 引抜き加工とは

引抜き加工 (drawing) は，圧延加工や押出し加工により製造された棒，線および管の先端部分をあらかじめ細く加工しておき〔これを口付け (pointing) と呼ぶ〕，その箇所をダイに通して先端を引っ張り，ダイ穴よりも太い素材をダイ穴と同じ直径と断面形状の棒，線，管を製造する加工法である．断面形状は，丸形状が最も多いが，四角形状，多角形あるいは用途に応じた断面形状の場合もある．これらの丸以外の断面形状を持つ線を異形線と呼んで区別している．引抜き加工は，タングステンなど非常に脆い材料などを除き，一般的には冷間加工で行われる．

(2) 引抜き加工の基礎

引抜き加工における加工度は，断面減少率 (reduction of area) で表される．

断面減少率 R は式 (4.13) で表される．ここで，D_0, A_0 は，それぞれ引抜き前直径と断面積，D_1, A_1 は同様に引抜き後直径と断面積である．

$$R = \left\{1 - \left(\frac{D_1}{D_0}\right)^2\right\} \times 100 = \left(1 - \frac{A_1}{A_0}\right) \times 100 \, [\%] \tag{4.13}$$

材料がダイを 1 回通過して加工されることをパス (pass) と呼ぶ．引抜き加工では，1 回のパスで大きな断面減少率を得ることは，材料の引張強度の制限から不可能である．そのため，一般的には，複数回のパスが連続して行われる．各パスにおけるダイ寸法の組合せをパススケジュール (pass schedule) と呼んでいる．パススケジュールは，加工効率や加工精度を考慮して設定される．

引抜き加工における材料の変形機構を図 4.12 に示す．材料の中心部分は主として単純引張変形となり，ダイと材料との接触部付近では，それに摩擦抵抗とせん断変形が加わる．中心部の材料は表面付近に比べて先進する．引抜き加工後の結晶組織は，引抜き方向に伸ばされた繊維組織となり，引張強さと硬度が上昇する．

引抜き加工における引抜き力は，ダイ角度 (die-angle) α の影響を受ける．すなわち，α を小さくすると，材料とダイとの接触面積が増加するため摩擦応力が大きくなり，α を大きくすると，材料はダイとの接触部付近での せん断力が大きくなる．引抜き力を最小にする α は，一般的には 5°～10°付近に存在する．

引抜き加工時のダイ面圧は，入口部と出口部で最も高くなる．ダイ入口部でリング状に発生する摩耗をリング摩耗 (ring wear) と呼ぶ．

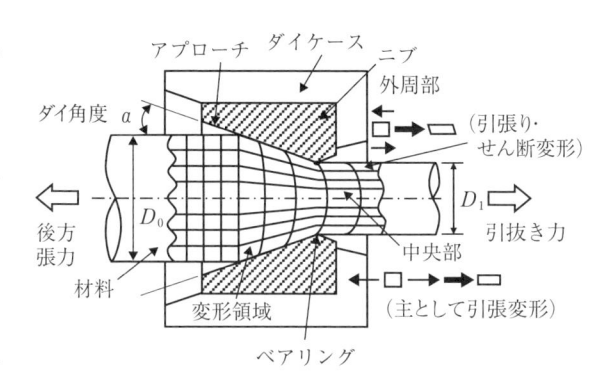

図 4.12 引抜き加工における材料の変形機構

4.4 部品の製造

4.4.1 せん断加工

(1) せん断加工とは

せん断加工 (shearing) は，はさみのように一対の刃を用いて，せん断力で材料を切断する加工法である．用途は大きく二つに分類できる．

一つは，板，棒，線および管などの素形材の切断であり，前節で述べた圧延加工，押出し加工および引抜き加工などの素形材の製造工程内や，本節で述べる部品製造内において行われる．この加工法には，図4.13(a)に示すように，シヤーを用いて板材を所定の長さに切断するシヤー切断〔シヤリング (shearing)〕，図(b)に示すような回転するスリッティングカッタによってコイル材を連続的に切断するスリッティング (slitting) などがある．

二つ目は，一般的には薄板から部品を製造するためのせん断加工であり，図(c)に示すような板から製品の輪郭を切り出す打抜き加工 (blanking)，および図(d)に示すような製品に穴をあける穴あけ加工 (punching) などがある．これらのせん断加工は，一般的に，プレス機械と金型を用いて，深絞り加工，

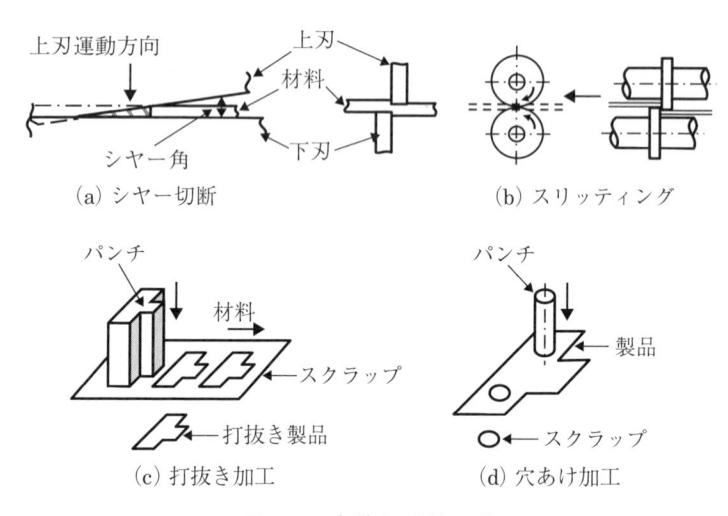

(a) シヤー切断
(b) スリッティング
(c) 打抜き加工
(d) 穴あけ加工

図4.13　各種せん断加工法

曲げ加工あるいは組立加工などの他の板材の成形加工法と組み合わせて実施されることが多い．これらのプレス機械と金型を用いる一連の加工をプレス加工（press working）あるいは板金加工（sheet metal working）と呼ぶ．このプレス加工は，自動車，航空機あるいは電気製品などのあらゆる機器の骨格部品などを高い再現性で大量に能率よく製造できる方法である．

（2）せん断加工の基礎

プレス機械と金型によるせん断加工は，図4.14に示すように，切れ刃となるパンチ（punch）とダイ（die）のほかに，ストリッパ（stripper）を用いる．ストリッパは，板押え力を加えて打抜き時に板材が跳ね上げるのを防止する役目と，打抜き後に板材をパンチから引き離す役目をする．

せん断加工における切り口面形成の原理を図4.15に示す．切り口面の形成状況は，パンチとダイ間のすきまに大きく依存する．このすきまをクリアランス（clearance）Cl と呼ぶ．図(a)は，

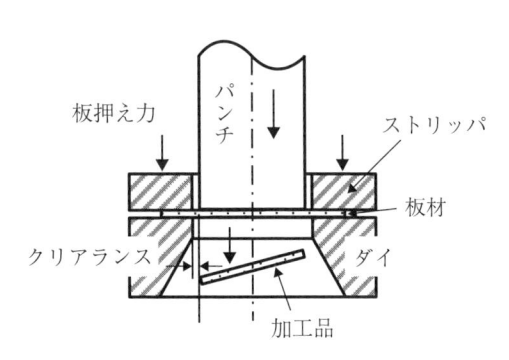

図4.14 プレスせん断加工法

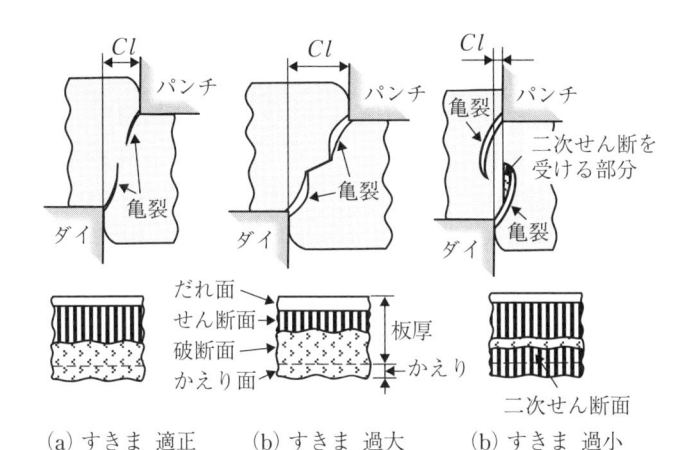

(a) すきま 適正　　(b) すきま 過大　　(b) すきま 過小

図4.15 せん断加工における切り口面形成の原理

適正クリアランスでせん断した場合のせん断加工機構と得られた切り口面であり，はじめに，パンチとダイは材料に食込みせん断変形させる．この段階で発生する切り口面は，だれ(shear droop)およびせん断面(burnished surface)である．だれは，せん断中に板表面に働く引張力により，材料が切り口面方向に引き込まれて発生する．せん断面は，せん断塑性変形により生成された面であり，平滑で板に対して垂直な切り口面である．材料の変形能が尽きると，パンチとダイのそれぞれの側面から亀裂(延性破壊)が発生し，それが連通して材料が分離される．延性破壊面は破断面(fractured surface)と呼ばれる．破断面は，凹凸が大きな切り口面である．かえり(burr)は，亀裂がパンチとダイの刃先から離れた側面から発生するため，工具側面側に位置していた材料の一部が突起状に残留したものである．

　図(b)はクリアランスが大きい場合であり，この場合，だれが大きくなり，せん断面の割合が減少する．また，亀裂が連通せず切り口面の直角度も悪くなる．一方，図(c)はクリアランスが小さい場合であり，亀裂方向が互いに内側に向き，せん断面の割合が急増し，二次せん断(secondary shearing)面が発生する場合がある．この切り口面は，だれが少なく，直角度も優れていることから，一見良好な切口面に見えるが，切口面内部にクラックが停留〔停留クラック(stationary crack)〕したり，工具摩耗が大きくなるなどの問題点がある．

　せん断荷重曲線は，一般的に図4.16のようになる．点Aにおいてパンチが材料に食い込み，点Bにかけてせん断力が大きくなる．ほぼ最大点の点Cにおいて亀裂が発生し，荷重が急激に低減して分離に至る．最大点の荷重はせん断荷重(shearing force)と呼ばれ，せん断荷重 P_m は，式(4.14)により概算することができる．

$$P_m = t l \tau_s \tag{4.14}$$

このとき，t は材料の板厚，l はせ

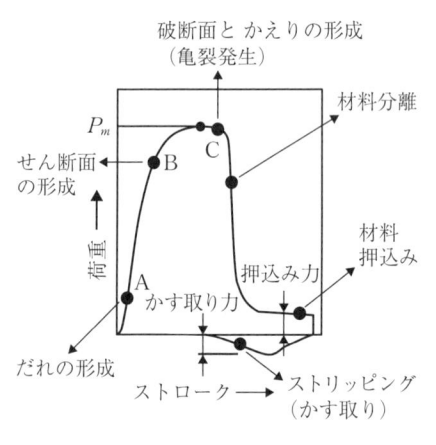

図4.16　せん断荷重曲線の例

ん断輪郭長さである．τ_s はせん断抵抗と呼ばれる値で，加工される材料の材質や硬さにより異なる．通常は，材料の引張強さの80％程度になる．

(3) 各種精密せん断加工法

平滑な切り口面を得るためのせん断加工法を 図 4.17 に示す．図 (a) はシェービング (shaving) と呼ばれる方法で，通常のせん断法による切り口面の凹凸を，次工程でパンチとダイにより削り取ることにより，平滑な切口面を得る加工法である．切削加工における切込みに相当するシェービング削り代が過大であったり材料の厚みが厚い場合には，うろこ状の破断面が発生したり，加工終期に破断面が発生する．適正な取り代の設定が必要となる．

図 (b) は，ファインブランキング〔精密打抜き (fineblanking)〕と呼ばれる せん断法で，材料を板押さえ力 (BHF) と逆押さえ力 (CF) とで拘束し，かつクリアランスを 0.02 mm 程度と小さくする．さらに，板押さえにはV形断面の環状突起を設けて材料に押し込み，せん断変形部に大きな圧縮応力を作用させることでクラックの発生を抑制し，全面平滑な切り口面を得るせん断法である．

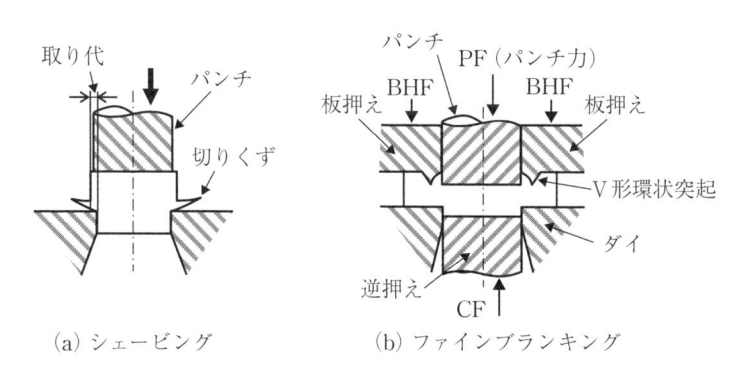

図 4.17 平滑な切り口面を得るためのせん断加工法

4.4.2 曲げ加工

(1) 曲げ加工とは

曲げ加工は，板，線および管に対して行われる．板の曲げ加工における基本形式の例を 図 4.18 に示す．プレス機械を用いてパンチとダイにより曲げ加工を行う方法を型曲げ (die bending) と呼ぶ．型曲げは，図 (a)〜(c) に示すよう

(a) V 曲げ (b) L 曲げ (c) U 曲げ

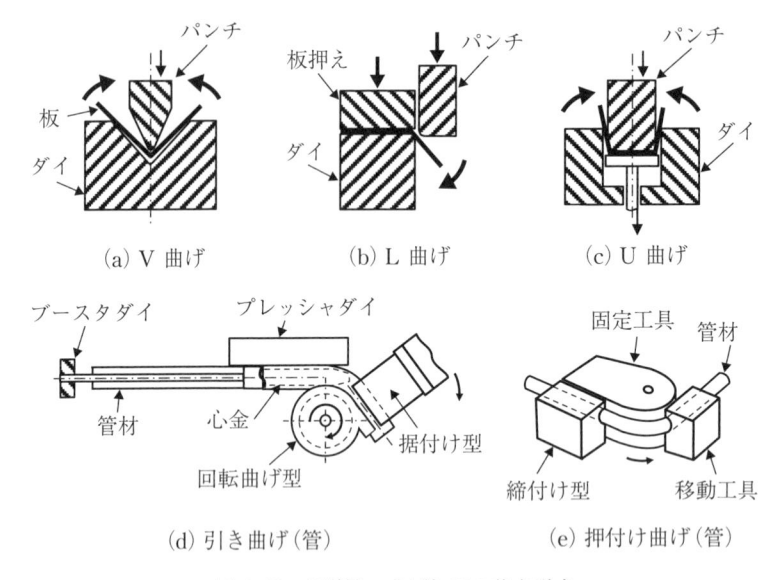

(d) 引き曲げ（管） (e) 押付け曲げ（管）

図 4.18 板（管）の曲げ加工の基本形式

に，曲げ形状によって，それぞれ V 曲げ（V-bending），L 曲げ（L-bending），U 曲げ（U-bending）などと呼ばれる．

図(d)および図(e)は，主として管の曲げに用いられる方法で，それぞれ引き曲げ（draw bending）は，回転曲げ型と締付け型とで管をはさみ，管を後方から押し付けながら曲げ加工する方法である．押付け曲げ（compression bending）は，移動工具により固定工具に管を押し付けながら曲げ加工を行う方法である．一般的には，パイプベンダと呼ばれる専用機械を用いて，曲げの位置，方向および角度を自動的に制御しながら，複雑に曲がった管部品を連続的に加工していく．

（2）曲げ加工の基礎

板に曲げ変形を加えると，図 4.19 に示すように，外側は引張応力が生じて伸び，内側は圧縮応力が生じて縮む．そして，中央付近では応力が発生せず，伸び縮みがない面ができ，これを中立面（neutral plane）と呼んでいる．中立面の外側では，材料は伸ばされて薄くなり，内側では縮んで厚くなる．

中立面での曲率半径を ρ とすると，この面から y だけ離れた曲率半径 r の面

に生じる円周方向ひずみ e は式(4.15)で与えられる.

$$e = \frac{r-\rho}{\rho} = \frac{y}{\rho} \quad (4.15)$$

円周方向の引張ひずみは板の外表面で最大となり，その値は板厚と曲率半径との比 t/r に比例して大きくなる. したがって，厚い板を小さい曲率半径に曲げる場合には，曲げの外側に割れが生じやすくなる. 割れなしに曲げることができる最小のパンチ先端半径を最小曲げ半径(minimum bending radius)と呼ぶ.

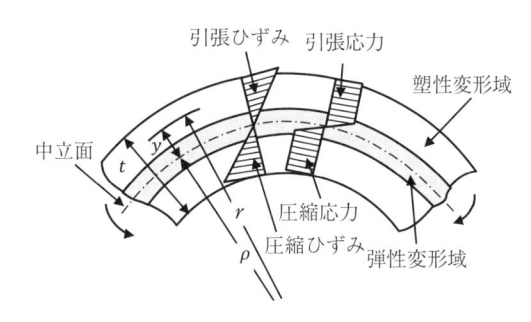

図 4.19 板厚断面内の応力とひずみ分布

所定の角度まで曲げた後に製品を型から取り出すと，曲げ角度がいくぶん大きくなる. この現象は，材料の弾性回復に起因するものであり，スプリングバック(springback)と呼ばれている. スプリングバックは製品精度に影響を与えるので，曲げ加工では特に重要である.

4.4.3 深絞り加工

(1) 深絞り加工とは

深絞り加工(deep drawing)は，図 4.20 に示すように，パンチにより直径 D_0 の薄板〔ブランク(blank)と呼ぶ〕をダイ穴内に絞り込み，ブランクの外径を縮めて直径 D_1 の底付の容器状製品を成形する加工法である. 深絞り加工は，自動車の車体であるドア，ルーフあるいはフェンダなどの大型部品の曲面成形や，ごく小さな水晶発振子などの電子部品のケー

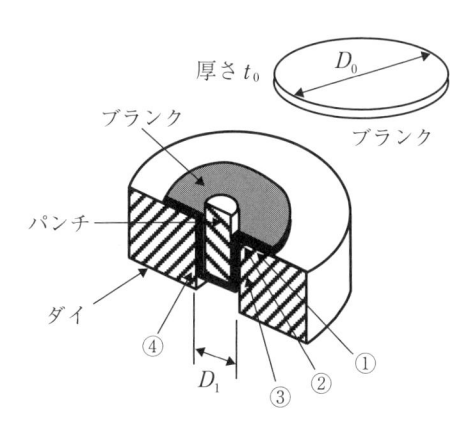

① フランジ部, ② ダイ肩部, ③ 側壁部
④ パンチ肩部

図 4.20 深絞り加工法

ス，電池ケースなど容器形状の加工に広く用いられる．これらの部品は，4.4.1項で述べたせん断加工の場合と同様に，プレス機械と専用金型により，深絞りのほかに，打抜きあるいは曲げ加工などと組み合わせて連続的に製造される．

一方，清涼飲料などに使われるアルミニウム缶は，継目がなく深い容器である．この容器は，深絞り加工と再絞り加工により成形された容器を専用機械により3段のしごき加工により連続的に製造される．このような飲料缶はDI缶と呼ばれる．

（2）深絞り加工の基礎

深絞り加工における材料の変形形態を図4.21に示す．ブランクは，パンチによりダイ孔に押し込まれていく．このとき，①部のフランジ部では，半径方向に引張力が，円周方向に圧縮力が作用する．それによって，板は円周方向に縮み，半径方向の伸び，板厚増加を生じる．フランジ部におけるこの変形を縮みフランジ変形（shrink flanging）と呼ぶ．この過程において，板厚や加工度に応じて，板が座屈してしわ（wrinkles）が発生する．深絞り加工においては，しわ押え板（blank holder）により板厚方向にしわ押え力（blank holding force）を作用させてしわの発生を抑制する．①部に働く加工抵抗は，板が変形する絞り抵抗としわ抑え力による摩擦抵抗となる．

②部のダイ肩部においては，板に半径方向に引張力が作用した状態で，円周方向に縮み変形と半径方向に曲げ変形を受けて板厚を減少させながら側壁部を形成していく．板は，ダイ肩部に押し付けられながら移動するため摩擦抵抗を受ける．

③部の側壁部では，フランジ部およびダイ肩部での絞り抵抗，摩擦抵抗および曲げ抵抗の総和を支える．したがって，半径方向に引張変形を受ける．

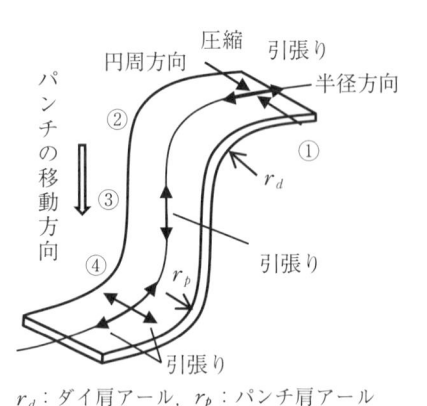

r_d：ダイ肩アール，r_p：パンチ肩アール

図4.21 深絞り加工における材料の変形形態

④部のパンチ肩部では，板はパンチ肩部に作用する半径方向の引張力と曲げ変形を受けて板厚が大きく減少する．このパンチ肩部において最も大きな板厚減少を示す．パンチ底部においては，中心から半径方向に引張力が作用して二軸引張変形状態となり板厚が減少する．

以上のことから，最も板厚が減少するパンチ肩部の耐力が成形の可否を決める要因となる．このことから，円筒容器を深絞り加工する場合の最大パンチ力 P_{max} は，おおよそ式(4.16)のように見当をつけることができる．このとき，d_p はパンチ直径，t_0 はブランク板厚，σ_B はブランクの引張強さである．

$$P_{max} \leq \pi d_p t_0 \sigma_B \tag{4.16}$$

深絞り加工の難易は，ブランク直径 D_0 とパンチ直径 d_p との比で表される．式(4.17)を絞り比(drawing ratio) z，および式(4.18)を絞り率(drawing rate) m と定義されている．

$$z = \frac{D_0}{d_p} \tag{4.17}$$

$$m = \frac{d_p}{D_0} \tag{4.18}$$

破断しないで，フランジ部を残さずに深絞りができる限界値を限界絞り比(limiting drawing ratio：LDR)と呼んでいる．限界絞り比は，特殊な条件を除き，通常の金属板材では1.6～2.2程度である．深絞り加工限界は，おおよそ容器肩部での破断，ないしはしわ発生により決まる．そのため，しわ押え荷重，パンチとダイの肩アール，ブランク形状，潤滑条件などが加工の成否に与える主な要因になる．

(3) 再絞り加工

限界絞り比が $z=2.0$ の場合，加工される円筒容器の深さ h は，パンチ直径のおおよそ3/4である．したがって，これよりもさらに深い容器を製作する場合には，1回の深絞り加工のみでは無理であり，図4.22に示すように，深絞り容器を再び絞るという操作を繰り返す．この加工を再絞り加工

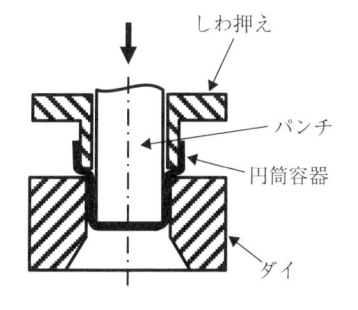

図4.22 再絞り加工

(redrawing) と呼ぶ.

再絞り加工の基本的考え方は，破断が生じないような安全な絞り比で再絞りを繰り返し，カップ底部のまだあまり変形していない部分を再絞りパンチ肩部に順次移行させていく．この方法により，パンチ肩部におけるひずみの集中を緩和することができ，その結果として深い容器の成形が可能となる．

（4）しごき加工

しごき加工 (ironing) は，図 4.23 に示すように，深絞りや再絞り加工によって得られた容器をパンチにかぶせ，これをクリアランスの小さいダイ穴に押し込むことにより，側壁の肉厚が薄くなり，その分だけ深さを増大させる加工である．ダイ側の摩擦を小さくし，パンチ側の摩擦を大きくすることが破断防止に有効である．しごき加工を施すと，壁厚が均一になって寸法精度が向上するとともに製品の表面粗さも向上する．

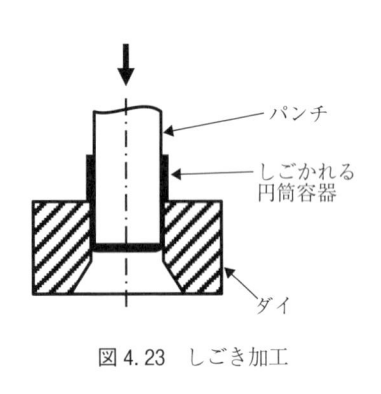

図 4.23　しごき加工

4.4.4　鍛造加工

（1）鍛造加工とは

鍛造加工は，金属の機械的性質が結晶構造に大きく依存し，それが塑性変形と温度により変化する性質を上手に利用して強度の高い機械部品を製造する技術である．鍛造加工の歴史は古く，金属の加工は鍛造から始まったといってもよい．いわゆる加熱した金属をハンマなどで叩いて成形する技術であり，この加工法は，自由鍛造 (open die forging) と呼ばれる．自由鍛造の例を図 4.24 に示す．図 (a)，(b) は古典的な鍛造法であり，図 (a) の据込みは，材料を長手方向に圧縮しながら断面を拡大する加工であり，図 (b) の伸ばしは材料を圧縮して長手方向や幅方向に伸ばしていく加工法である．図では，ハンマと金敷を用いているが，実際の部品生産では，これらは機械化されている．図 (c) は，丸ビレットの断面積を減少させて長さを増加させる方式で，図 (d) はリング状素材を圧縮する方法である．

(a) 据込み　(b) 伸ばし

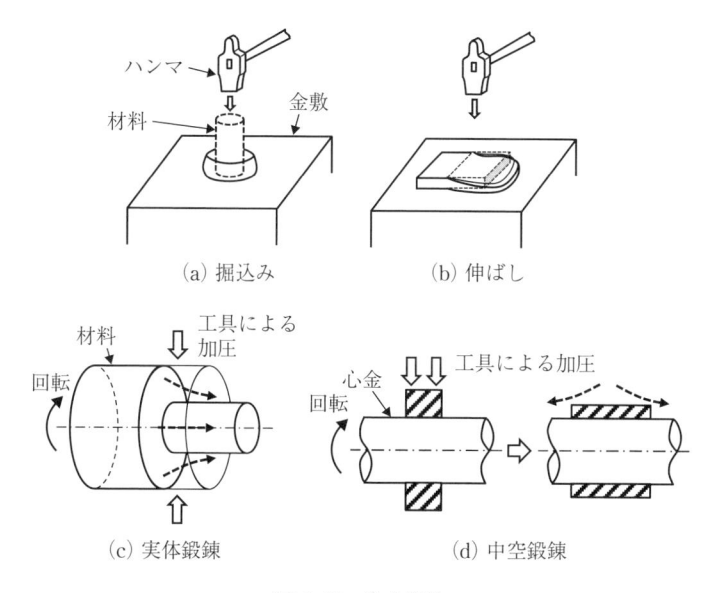

(c) 実体鍛錬　(d) 中空鍛錬

図 4.24　自由鍛造

鍛造の目的は，金属組織を微細化し健全にすることにあり，この操作を鍛錬(forging)と呼ぶ．鍛造により，材料が変形して流動し連続した繊維組織が形成される．この繊維組織を鍛流線(grain flow)と呼ぶ．鍛流線を上手に形成することにより，機械部品の引張強さ，伸び，絞り，衝撃値が顕著に向上する．

（2）鍛造加工の基礎

自由鍛造において，材料の鍛錬のため鍛造によって材料に与える変形量は，材質の改善に十分な量であるかの観点から決定しなければならない．変形の程度は鍛造比（鍛錬成形比：forging ratio）で表される．図 4.25 における実体鍛練において，円筒を半径方向に中心に向かって圧縮して材料を伸ばした場合の鍛造比 R は式(4.19)で表される．

$$R = \frac{A_0}{A_1} = \frac{L_1}{L_0} \tag{4.19}$$

鍛造比は材料の機械的特性の改善状況を見ながら決定される．実体鍛造においては，鍛造比は 2〜4 程度となる．

鍛造に必要な荷重 P は，式(4.20)により簡易的に見積もることができる．

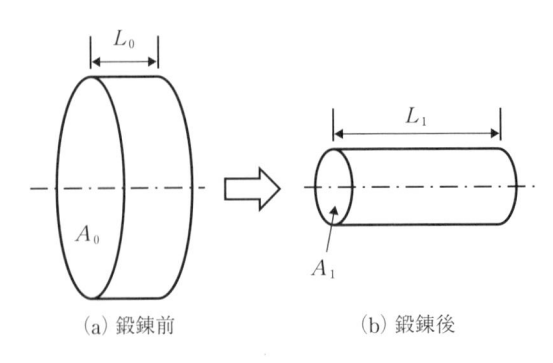

図 4.25 実体鍛錬における鍛造比

このとき，A は工具と材料との接触面の加工方向投影面積，Y_m は材料の平均変形抵抗，C は拘束係数で，素材・金型形状や摩擦による材料流動の拘束の度合を示す．

$$P = CAY_m \quad (4.20)$$

熱間鍛造の温度は，材料の変形抵抗は温度が高いほど小さくなるので，材料温度が高いほど小さな加工力で加工が行うことができる．ただし，温度が高すぎると，結晶粒が粗大化してしまい，材質が脆くなり，塑性加工によって元に戻せなくなる．鍛造を開始するときの温度を鍛造開始温度 (beginning temperature)，終了するときの温度を鍛造終了温度 (finishing temperature) と呼び，それらを鍛造温度 (forging temperature) と呼ぶ．鉄鋼材料の場合，鍛造開始温度を 1200〜1250℃ とし，鍛造終了温度を 800〜900℃ とする．一般的に，鍛造終了温度が再結晶温度付近になるようにする．終了温度が低すぎると，残留応力が残り内部割れが発生する．

熱間鍛造では，鍛造により結晶が変形して加工硬化するが，加工温度が再結晶温度以上に保持されているので，すぐに再結晶して軟化する．そのため，繰り返して鍛造ができる．繰り返して鍛造することで，結晶が少しずつ小さくなり，内部のひずみがとれて機械的性質が向上する．

一方，再結晶温度以下で行う塑性加工は冷間加工 (cold working) と呼び，この場合は，図 4.5 に示したように，加工により結晶粒を微細化および繊維組織化させ，高強度の部品を製造することができる．

(3) 型鍛造法の分類

代表的な型鍛造法を 図 4.26 に示す．図 (a) の密閉鍛造 (closed die forging) は，型から材料を流出させないで完全な充てんを図る方法である．最終インプレッション (impression：型の製品に相当する部分の形状) 体積が材料体積よりも大きければ型は未充てんとなり，逆であればインプレッション充てん後も

4.5 プレス機械　85

圧下して荷重が著しく増加する．図(b)の半密閉鍛造（バリ出し鍛造：closed die forging with flash）の成形過程は，材料が型に充てんされた後，余剰材料がバリ道を通りガッタに流出する．成形後，バリは せん断加工（トリミング）により除去される．また，バリ道を設けずに材料を自由に流動させるのが開放型鍛造である．図(c)の閉塞鍛造（enclosed forging）は，型を閉じ合わせた後に材料を閉じ込め，それを型とは

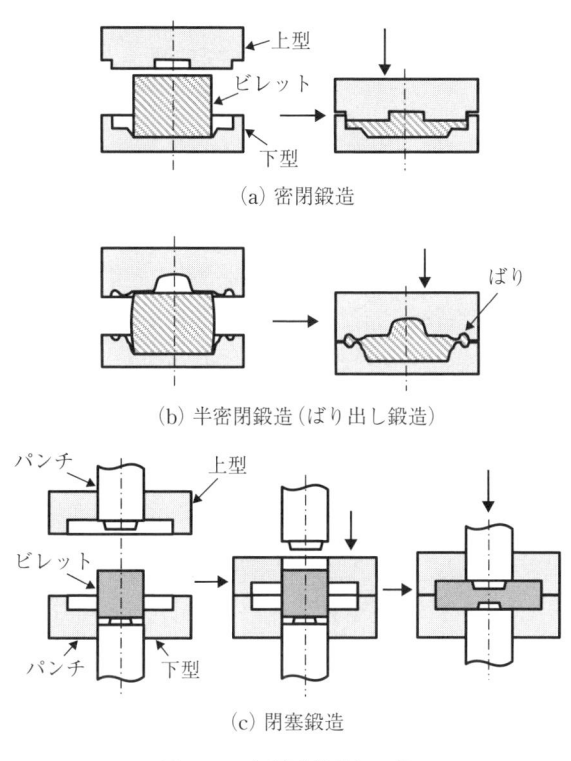

(a) 密閉鍛造

(b) 半密閉鍛造（ばり出し鍛造）

(c) 閉塞鍛造

図 4.26　各種型鍛造加工法

別に稼動する1個以上のパンチで加圧し，インプレッションを充てんさせる方法である．バリなし鍛造で，かつ負荷面積が限られているため，鍛造荷重は比較的小さい．

4.5 プレス機械

4.5.1 油圧プレスと機械プレス

　板材の曲げ，深絞り，打抜きなど成形や鍛造加工は形状が多種多様である．それらの加工には，一般的にプレス機械と金型が用いられる．

　プレス機械は，荷重の発生機構により，油圧などを使用する液圧（油圧）プレスと機械的な駆動力による機械プレスとに大別される．油圧プレスは，図

4.27(a)に示すように，油圧シリンダによりスライドを動作させる方式である．ストロークや加圧力の調整が可能である．スライド速度を一定にでき，与えた油圧以上の過負荷の心配もない．図ではシリンダが1本のみであるが，上下および内周と外周に分けるなどの複動形プレスもある．ただし，生産性においては機械プレスに劣る．

機械プレスには，広く一般に用いられている図4.27(b)のクランクプレス（crank press），鍛造に広く用いられている図(c)のナックルプレス（knuckle press），深絞りや押出しに適する図(d)のリンクプレス（linkage press）などがある．図に示すそれぞれの駆動機構によりトルク能力やスライド速度特性が異なるため，各成形法に適するプレスが選定される．トルク能力は，リンク，クランク，ナックルプレスの順序になる．

(a) 液圧プレス　　(b) クランクプレス

(c) ナックルプレス　　(d) リンクプレス

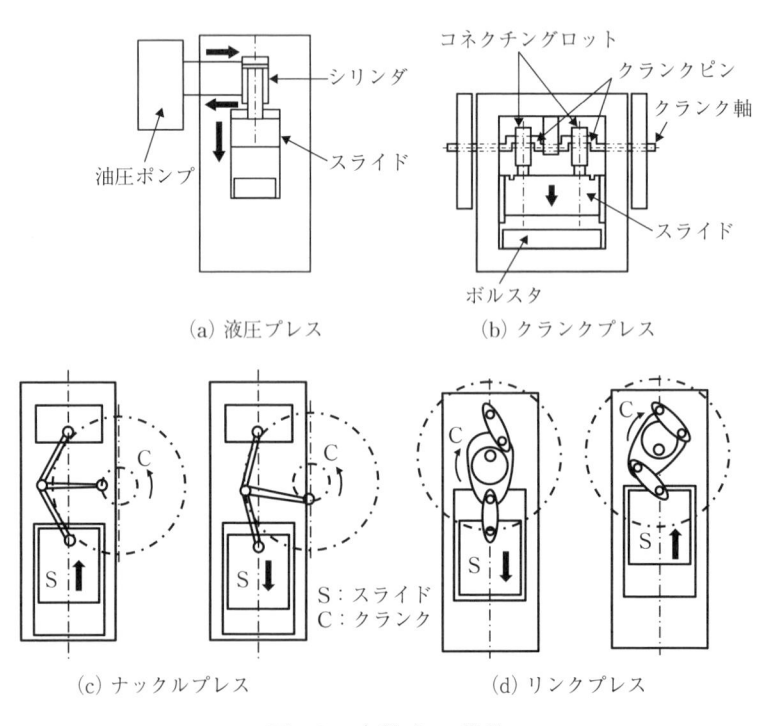

S：スライド
C：クランク

図4.27　各種プレス機械

4.5.2 サーボプレス

　機械プレスは，スライドの駆動機構により速度・運動特性が決まり，回転数の制御のみが可能である．それに対して，サーボプレス（servo press）は，図4.28 に示すように，機械プレスのモータ，フライホイール，クラッチの代わりに AC サーボモータを使用している．そのため，回転方向，速度，停止および回転角の任意設定が可能になる．図(a)は，メインギヤ・クランク方式で，機械プレスのスライダとクランク機構は生かし，さまざまな加工に適するスライドモーション（slide motion：位置決めや速度などのスライドの動作）を設定することができる．図(b)はボールねじによる直動方式であり，複数のサーボモータとボールねじを個別制御することにより，偏荷重によるスライドの傾きを調整して，精度の高い下死点精度を得ることができる．

　サーボプレスは，各種の成形に対して成形性，製品精度，生産性や金型寿命の向上，振動・騒音の低減などの利点が得られる．最も新しいプレスであり，能力 10 MN を超える大型のサーボプレスも開発され，プレス加工の新しい方向が期待されている．

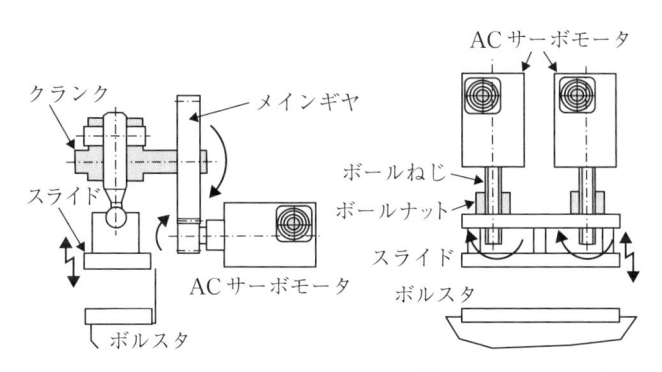

(a) メインギヤ・クランク駆動方式　　(b) ボールねじ直動方式

図 4.28　サーボプレス機械

第5章 溶接・熱処理

5.1 はじめに

溶接(welding)は，ボルトやリベットなどによる部材の機械的な接合方法と並んで，かつては金属を接合するための単なる一手段であった．しかし，現在では溶接技術が飛躍的に発展した結果，工業生産のあらゆる分野に浸透し，部材接合技術の主流の座を占めるに至っている．

溶接技術の利用は，IC (Integrated Circuit) クラスの微細なものから，自動車，鉄道車両，航空機，船舶，ビル建築，橋梁，化学プラント，圧力タンクなどの大きな構造物にまで，また身近なところでは，テレビ，ビデオ，冷蔵庫，パソコンなどに代表される家庭電化製品やOA機器にまで及んでいる．接合が可能な材種を見ても，軟鋼，高張力鋼，ステンレス鋼，鋳鋼などの鉄系合金をはじめ，アルミニウム，ニッケル，マグネシウム，銅，チタンなどの各非鉄金属やその合金，さらにはプラスチック，セラミックスなどの非金属にまで範囲を拡大しており，およそ工業材料が使用されているところには必ず何らかのかたちで溶接技術が関わっている．

5.2 溶接の概要

5.2.1 金属の接合方法

金属の接合には，以下に示す種々の方法が使われてきた．溶接は，比較的新しい方法である．

(a) かしめ：板の端部を互いに絡ませて，機械的に結合する．缶詰の巻き締めなど．
(b) ボルト締め：ボルトとナットあるいは板にねじ加工して結合する．
(c) リベット：前もって加工した孔にリベットを通し，先端をかしめて結合

する．
(d) 鍛接：加熱した部分を打撃して冶金的に結合する．日本刀の加工などで使われている．
(e) 接着：有機剤の硬化で結合する．航空機などで実用されており，今後の発達が期待されている．
(f) ろう付け：母材を溶融しないで，ろう材との合金化で結合する．電子部品に多用されている．はんだ付けが代表的な例である．
(g) 溶接：母材を溶融して結合する．金属構造物では，最も一般的な接合方法である．

5.2.2 溶接の利点と欠点

溶接継手を従来のリベット継手と比較すると，以下の利点と欠点がある．

(1) 溶接継手の利点
  ① 当て板が不要であるので，全体を軽くすることができる．

表5.1 主な溶接法の分類

融接	ガス溶接	酸素・アセチレン溶接	
		酸素・プロパン溶接	
	アーク溶接	被覆アーク溶接	
		MAG溶接	炭酸ガスアーク溶接
			混合ガスアーク溶接
		MIG溶接	
		TIG溶接	
		セルフシールドアーク溶接	
		サブマージアーク溶接	
		エレクトロガス溶接	
		プラズマ溶接	
		アークスタッド溶接	
		アークスポット溶接	
	その他	テルミット溶接	
		エレクトロスラグ溶接	
		電子ビーム溶接	
		レーザ溶接	
		レーザ・アークハイブリッド溶接	
圧接	抵抗溶接	スポット溶接	
		プロジェクション溶接	
		シーム溶接	
		アップセット溶接	
		フラッシュ溶接	
	摩擦溶接		
	摩擦かく拌接合(FSW)		
	爆発溶接(爆着)		
	超音波溶接		
	ガス圧接		
	パーカッション溶接		
	鍛接		
ろう付け	硬ろう付け(ブレージング)		
	軟ろう付け(はんだ付け)		

② 気体や液体を完全に封止できる．
③ リベットを貫通させる下孔加工が不要である．
④ リベット打ち時の大音響がない．

（2）溶接継手の欠点

① 溶接作業には高度な技量が必要であり，作業が技量資格所有者に限定される場合もある．
② 作業時の不注意や技量不足により，種々の溶接欠陥が発生する場合がある．
③ 溶接は鋼板の一部を急速加熱するために，溶接後の継手には変形や残留応力が発生する．

5.2.3 溶接法の分類

溶接法には多くの種類があるが，これを融接（被覆アーク溶接のように，母材を加熱溶融させて接合する方法），圧接（抵抗溶接のように，局部的に加熱し，圧力を加えて接合する方法），およびろう付け（母材そのものは溶融させず，母材より低い融点の合金を溶加材として用い，合金化を利用して接合する方法）の3種類に分類して表5.1に示す．

次節では，最も基本的な溶接法である被覆アーク溶接について説明する．

5.3　被覆アーク溶接

融接法のアーク溶接で最も歴史のある溶接法が被覆アーク溶接法（manual metal arc welding）である．アーク溶接法は，図5.1に示すように被覆剤（フ

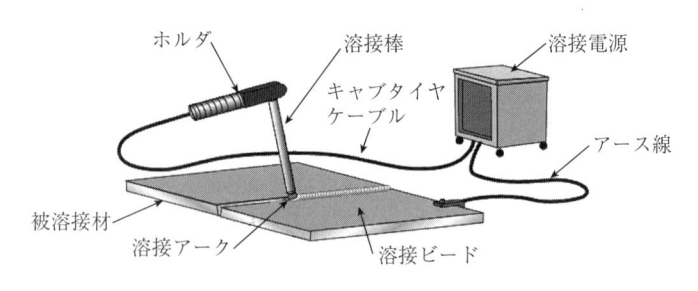

図5.1　被覆アーク溶接の構成

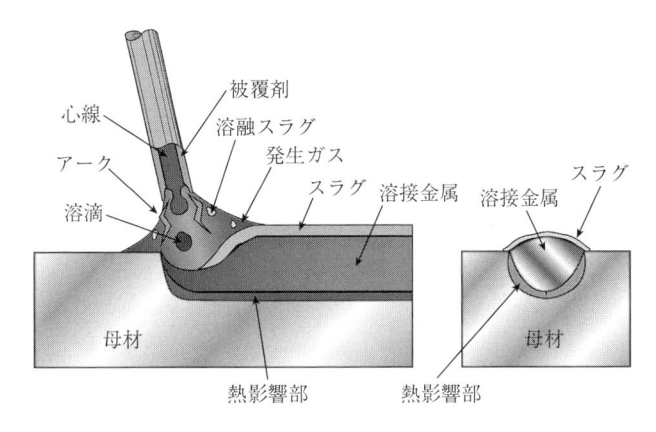

図5.2 被覆アーク溶接における施工状況と被覆材の役割

ラックス)を塗布した溶接棒と被溶接材の双方を交流または直流の電源に接続し，これらの間にアークを発生させて，その熱で溶接棒の心線と母材端面を溶融して被溶接材同士を接合する方法で，最も広く普及している溶接法である．

被覆アーク溶接棒の被覆剤は，アークを安定させるほかに図5.2に示すように，アーク熱で分解されて，シールドガスを発生してアークや溶融金属を大気から保護すると同時に，溶融スラグとなって溶接金属の表面を覆って酸化防止，合金成分添加，脱酸，脱窒などの役割を果たしている．

被覆アーク溶接は，一般に「手溶接」とも呼ばれる．これは，溶接棒が溶けるにつれてアーク長を調整することも，溶接線に沿ってアークを動かすことも，すべて手動で行うからである．被覆アーク溶接は，比較的安価な設備で，手軽に溶接作業を行うことができるので現場施工に適しているが，1本の溶接棒で溶接できる長さが短く，そのつどアークを再スタートしなければならないなど，溶接品質が溶接者の技量に大きく左右されやすい．

アーク溶接の主流は，各種の自動・半自動溶接法に移行しているのが実情であるが，いかに溶接が自動化されても，基本はあくまでも被覆アーク溶接である．

5.4 溶接法と金属材料

被接合材料に応じた溶接法を選択しない場合，溶接能率の低下や，溶接継手

表 5.2 各素材に対する溶接法

	被覆アーク溶接	ガス溶接	TIG溶接	MIG溶接	MAG溶接	セルフシールドガスアーク溶接	サブマージアーク溶接	エレクトロガス溶接	抵抗溶接	プラズマ溶接	電子ビーム溶接	レーザ溶接	ろう付け	FSW
低炭素鋼(軟鋼, TMPC鋼)	◎	◎	△	△	◎	◎	◎	◎	◎	◎	◎	◎	◎	−
高張力鋼	◎	○	○	○	◎	◎	◎	◎	◎	◎	◎	◎	○	○
ステンレス鋼	◎	○	◎	◎	◎	△	◎	○	◎	◎	◎	◎	○	△
鋳鉄	◎	○	○	○	△	−	−	−	△	−	○	○	◎	−
鋳鋼	◎	○	◎	○	◎	○	○	○	○	○	○	○	○	−
銅(合金)	◎	○	◎	○	−	−	−	−	○	○	○	○	◎	○
アルミニウム(合金)	△	△	◎	◎	−	−	−	−	○	○	○	◎	○	◎
ニッケル(合金)	○	○	◎	○	−	−	△	−	○	○	◎	○	◎	○
チタン(合金)	−	−	◎	○	−	−	−	−	○	○	◎	○	○	○
マグネシウム(合金)	−	○	◎	○	−	−	−	−	○	○	−	○	−	○

◎：利用頻度が高い，○：適用可能，△：適用可能であるが，ほとんど適用例がない，
−：適用できないか，ほとんど適用された例がない．

の品質を劣化させる場合があるので，慎重な配慮が必要である．表 5.2 に，主な金属材料と，それに適合する溶接方法との関係を一応の目安として示すが，適用可能でも高度な技量が必要な場合もある．

5.5 溶接部の冶金的特性

5.5.1 熱影響部のミクロ組織

熱影響部は，溶接入熱，溶接ボンド部からの距離に応じて冷却速度や最高加熱温度が連続的に変化するので，ミクロ組織，硬さなどがそれに応じて変化する．表 5.3 は，鋼の熱影響部のミクロ組織の特徴を加熱温度（最高到達温度）範囲ごとにまとめたものである．

表 5.3 炭素鋼の溶接部近傍の組織

名称		大凡の加熱温度範囲	組織の特徴
溶接金属		溶融温度以上	溶融凝固した領域
熱影響部（HAZ）	粗粒域	>1250℃	結晶粒が粗大化した領域．硬化しやすく，割れなどが生じる
	混粒域（中間粒域）	1250～1100℃	粗粒と細粒の中間で，性質もその中間程度
	細粒域	1110～900℃	再結晶により結晶粒が微細化．靱性などの機械的性質も良好
	二相域（球状パーライト域）	900～750℃	パーライトのみが一部変態または球状化．徐冷された場合は靱性良好であるが，急冷された場合は島状マルテンサイトを生じ，靱性が劣化する
	脆化域	750～200℃	析出およびひずみ時効により脆化する場合がある．光学顕微鏡で観察される結晶の様相は母材と同様で，特に変化なし
母材原質域		200℃～室温	熱影響を受けない母材部

5.5.2 熱影響部の硬さ

鋼の熱影響部における硬さの変化は，溶接部近傍が加熱，溶融，冷却される過程で生じるミクロ組織の変化に伴って生じる．図 5.3 は，500 MPa 級鋼の 1 パス溶接を行ったビード断面近傍のビッカース硬さ分布を示す．粗粒域の硬さは，マルテンサイトが生成するために著しく硬化している．この硬さのピーク値は，熱影響部の最高硬さ（HV_{max}）と呼ばれ，鋼の溶接性の重要な目安の一つである．

最高硬さに対する鋼成分の影響を知るために，式(5.1)で与えられる炭素当量（CE：Carbon Equivalent）が用いられている．炭素当量には種々の定義があるが，以下には国際溶接会議（IIW：International Institute of Welding）の定義式を示す．式中の元素記号は，その含有量を重量％で示したものである．C 量の影響が一番大きいが，マンガン（Mn），モリブデン（Mo），クロム（Cr）も硬化に対する影響が大きい．

$$CE = C + \frac{1}{6}Mn + \frac{1}{5}(Cr + Mo + V) + \frac{1}{15}(Ni + Cu) \quad (5.1)$$

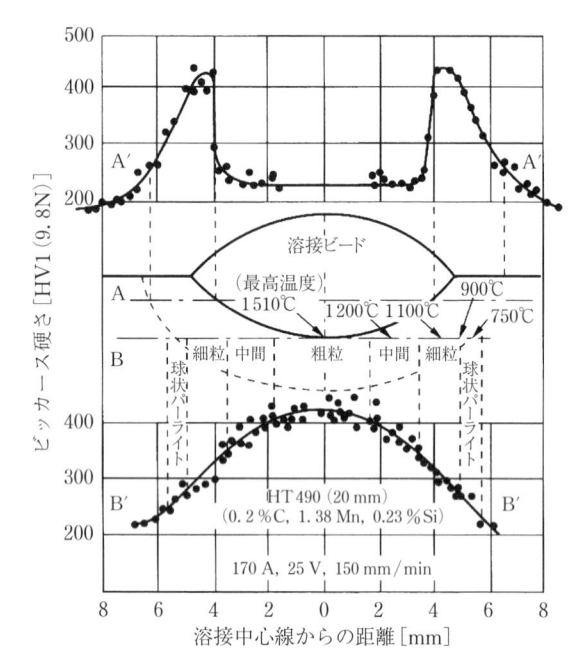

図 5.3 ビード溶接部の硬さ分布例[1]

5.6 溶接欠陥

5.6.1 ブローホール

溶接部は，アーク雰囲気中で溶接金属が高温に曝されるため，多量の酸素，窒素，水素などのガスを吸収する．ブローホールは，これらのガスが凝固前に表面まで浮き上がれず，溶接金属内に留まったものである．これらのガスのほかに，被溶接材料表面のペイント，さび，溶接部の急冷もブローホール発生の要因となる．

5.6.2 溶接割れ

溶接割れを大別すると，
① 溶接施工時の割れ〔高温割れ (hot crack)，低温割れ (cold crack) など〕

5.6 溶接欠陥　95

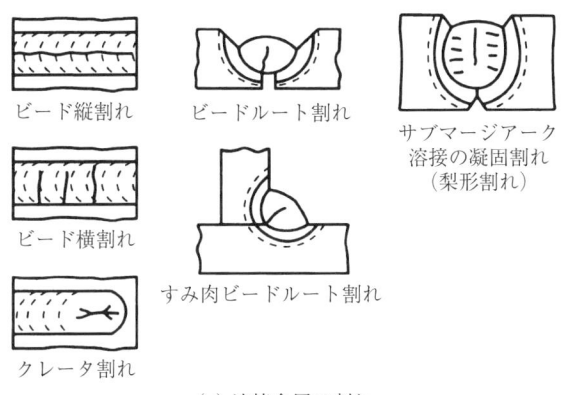

(a) 溶接金属の割れ

ビード溶接および突合わせ溶接の低温割れ

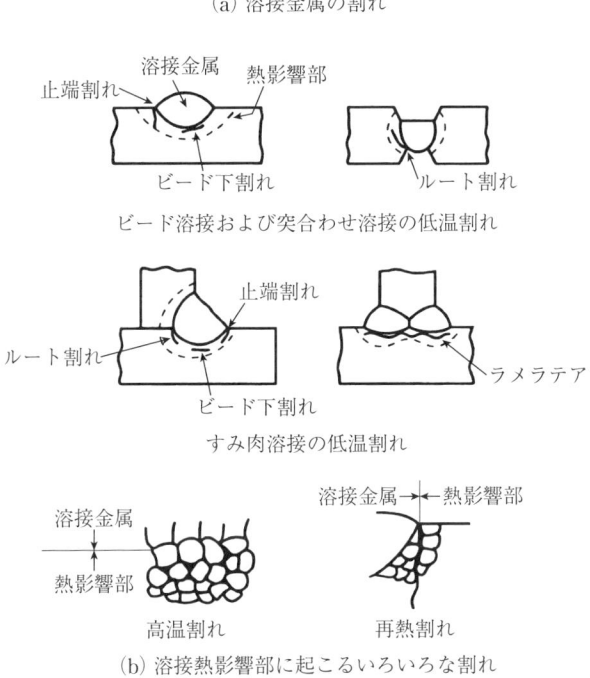

すみ肉溶接の低温割れ

(b) 溶接熱影響部に起こるいろいろな割れ

図 5.4　溶接割れの例[2]

② 溶接後熱処理時の割れ〔再熱割れ (reheat crack)〕
③ 使用中に溶接部に発生する割れ

がある．溶接金属に生じる割れの代表例を図 5.4 に示す．

（1）高温割れ

溶接直後に発生し，粒界に析出する低融点不純物が主因で生じる．硫黄(S)，りん(P)，炭素(C)，けい素(Si)，ニッケル(Ni)などが割れを促進する元素として知られている．図5.5(a)に示すクレータ割れは典型的な高温割れであり，ほかに梨形ビード割れやビード縦割れがある．

（2）低温割れ

溶接部が約300℃以下になって発生するもので，鋼材溶接部の溶接金属において溶接完了後から，おおむね72時間後までに発生する水素割れの一種である．低温割れ発生の主要因として，以下の三つが挙げられる．
① 溶接熱影響部の硬化組織の存在
② 溶接部に残留する水素
③ 溶接部の拘束応力，残留応力

（3）その他の溶接割れ

ラメラテア(lamellar tear)は，鋼板の層状介在物が原因で板厚方向にはく離状に生じる熱影響部割れである．鋼材中のS量を減らすことが防止に有効である．

再熱割れは，溶接後熱処理などで一定の温度範囲に保持する過程で粗大化した熱影響部粒界から生じる割れで，止端部の応力集中にも影響される．

5.6.3 溶接割れ防止の基本的考え方

（1）高温割れ

- 鋼材および溶接材料のP, Sなどの不純物を極力少なくする．
- ビードの溶込み形状を適正化する．例えば，梨形割れはビード幅がビード高さに比べて過小な場合に生じる．
- 板厚，開先形状，ルート間隔などを調整し，過大な拘束応力の発生を防ぐ．
- 溶接電流，電圧，速度，予熱条件，運棒法を適正化する．
- 凝固組織の調整，特にクレータや棒の継目処理に注意する．

（2）低温割れ

鋼の場合は，水素に起因する遅れ割れへの対策が重要なので，その防止対策を紹介する．

- 強度の増大に伴い，微量の水素でも割れに影響するから，できる限り水素の残留を抑える．
- 溶接入熱を増し，予熱温度を高めることで冷却速度の減少を図る．また，溶接直後に溶接部を温める(直後熱処理)ことは，熱影響部の組織改善と水素の拡散放出の効果を生み，割れ防止に役立つ．
- 一般に，板厚が大きいほど，また継手形状が複雑になるほど拘束応力が増大し，割れが生じやすくなる．これを緩和するため，継手部の収縮をなるべく妨げないことが有用である．

5.7 溶接残留応力と溶接変形

5.7.1 溶接残留応力の発生と分布

　溶接部は，アークなどの熱源により局部的に急速に加熱され，その後，周囲への熱伝導などにより冷却される．加熱されるところが溶接線に沿った狭い領域のため，その領域が加熱時には膨張する一方，周辺の加熱されない領域がこの膨張を拘束する結果，圧縮されて塑性ひずみを生じる．その後，冷却時には逆の挙動が生じるため，溶接完了(冷却まで含む)後には，溶接線に沿った大きな引張残留応力が生じる．残留応力 (residual stress) は，溶接構造物の疲労強度 (fatigue strength) や脆性破壊 (brittle fracture)，座屈 (buckling) などに大きな影響を及ぼす．

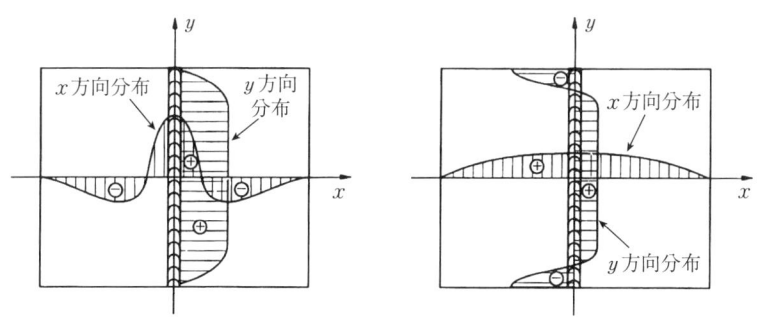

(a) σ_y(溶接線方向の応力)の分布　　(b) σ_x(溶接線に直角方向の応力)の分布

図 5.5　広幅の板中央を溶接した場合の溶接残留応力分布[3)]

広い板(一辺 500 mm 以上)の中央部を溶接した場合の残留応力分布を模式的に 図5.5 に示す．溶接線方向の残留応力は，通常鋼の場合，ビード近傍で母材の降伏応力にほぼ等しいレベルの引張応力が生じ，その両側ではこれと釣り合う圧縮応力が生じる．溶接線直角方向の応力は中央部に引張残留応力が，両端部には圧縮残留応力が生じる．

5.7.2 残留応力が部材の強度に及ぼす影響

(1) 静的強さに及ぼす影響

軟鋼や低合金鋼のように延性に富む材料では，溶接部の引張試験などの静的試験での破壊は塑性変形後に起きるため，残留応力の影響はないといえる．

(2) 疲労強度に及ぼす影響

疲労破壊は，残留応力の影響を受ける．残留応力は，疲労亀裂の発生よりも亀裂進展に対する影響が大きい．

(3) 脆性破壊に及ぼす影響

脆性破壊が発生する条件がそろっているときには，脆性破壊に対する残留応力の影響が認められる．残留応力の除去処理を行うことで脆性破壊が防止できると考えるのは危険であり，靱性の優れた鋼材を使用し，かつ鋭い切欠きを除去するなど，本質的な対策を施す必要がある．

(4) 座屈と応力腐食割れに及ぼす影響

残留応力，特に圧縮残留応力は，構造物の座屈を起こしやすい．鋼の冷間加工，または引張残留応力の存在は，応力腐食割れを一般に促進する．

5.7.3 残留応力の除去

残留応力の除去には，溶接部を加熱する方法と機械的に処理(局部的に降伏させる)する方法がある．特に，重要な方法は熱処理によるもので，溶接後熱処理(PWHT：Post Weld Heat Treatment)と呼ばれている．

残留応力が分布する溶接部を適当な高温に保持すると，残留応力がほとんど消失する．その程度は，温度が高いほど，また保持時間が長いほど著しい．軟鋼では 600℃，低合金鋼では 680℃ 以上で，板厚 25 mm 当たり 1 時間保持して，その後，徐冷するのが通常の方法である．普通は，大型の加熱炉に入れて

均一に加熱する．

溶接後熱処理は，残留応力の除去ばかりでなく，熱影響部硬化層の軟化と延性(えんせい)の回復，溶接部の水素の放出などに効果がある．

5.7.4 溶接変形

溶接熱影響による不均一な膨張と収縮の結果，図5.6に示すような変形が生じる．一般には，これらの組合せとしての変形が生じている．溶接変形は，溶接入熱，部材寸法・形状，外的な拘束条件などの影響を受ける．

（1）横収縮

図5.6(a)に示すような溶接線直角方向の収縮は横収縮(transverse shrinkage)と呼ばれ，溶接構造の工作精度確保の観点から問題となる変形である．

（2）縦収縮

溶接線方向の収縮である縦収縮(longitudinal shrinkage)は，横収縮に比べるとかなり小さいが，造船や橋梁などでは溶接長が長い場合，縦収縮は無視できない値となる．

(a) 横収縮　　(b) 縦収縮　　(c) 縦曲がり変形

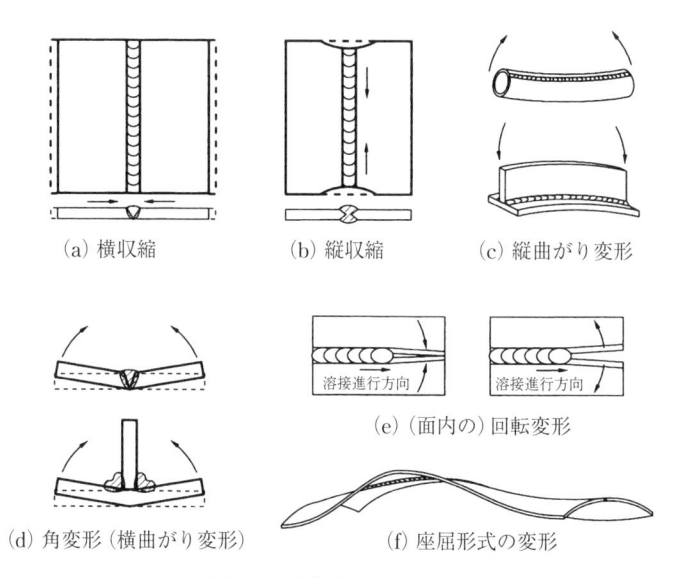

(d) 角変形（横曲がり変形）　　(e) （面内の）回転変形　　(f) 座屈形式の変形

図5.6　溶接変形の分類[4)]

（3）縦曲がり変形

縦曲がり変形(longitudinal deformation)は，縦収縮の中心が溶接継手横断面内の中立軸からずれている場合に生じる．すみ肉溶接により製作されるT形断面はりや単シーム溶接管で問題となる変形である．

（4）角変形

溶接工学では「横曲がり変形」と呼ばれるが，一般に「角変形(angular distortion)」と呼ばれることが多い．厚板の突合せ溶接では，板表裏面で溶接順序による拘束の程度の違いや溶着量の違いにより，収縮量が非対称となり，角変形が発生する．

板にビード溶接したときの角変形量は，入熱量の増加に伴い大きくなるが，ある入熱値においてピーク値を示し，それ以上の入熱では逆に小さくなる．一般に，(多層盛り)すみ肉溶接の角変形は，層数にほぼ正比例して増大する．角変形の大きさは溶接入熱に関するパラメータ $Q_{net}/h^2 [J/mm^3]$ [5] の関数として与えられることが理論的に指摘されており，実験結果もこれを支持している．横収縮についても，同じパラメータで整理できる[5]．

（5）回転変形

回転変形は，溶接施工中に，開先が開いたり閉じたりする変形である．造船分野では，サブマージアーク溶接による板継ぎ作業の際に，この変形が問題となることが知られている．サブマージアーク溶接のような大入熱溶接の際には，ルート間隔が拡大する方向に回転するため，溶接終端部に割れが発生する場合がある．

（6）変形の予防

溶接変形に影響する因子は，溶接入熱，予熱温度，板厚と継手形状，拘束，溶接順序，溶接方法などであり，これらを制御することにより溶接変形を予防できる．

突合せ溶接およびすみ肉溶接の場合，あらかじめ溶接部材に逆方向に角変形を付与した状態で溶接すると，最終的に角変形をほぼゼロにすることができる(逆ひずみ法)．また，一度生じた変形を矯正するには，プレスやローラなどによる機械的方法，あるいは局部加熱急冷法(点加熱または線状加熱)がある．

5.8 熱切断法

工業的に構造部材の切断に使用される方法は多岐にわたるが，ここでは代表的な3種類の熱切断法について概説する．

5.8.1 ガス切断

ガス切断(gas cutting)は，炭素鋼の切断など，熱切断の中で工業的に最も多く使用されている．ガス切断の最大の特徴は，切断部を溶融するのに必要な熱エネルギーを切断部自身の酸化反応熱によりまかなうところにある．予熱炎と呼ばれるガス炎で切断開始部を発火温度（約900℃）に加熱し，ここへ酸素ガスを噴出して母材を燃焼（激しい酸化現象）しながら切断する．

母材を予熱するための燃料ガスとしては，アセチレン，プロパン，プロピレン，エチレン，ブタン（およびこれらを適切に混合したガス）が使用される．近年では，水素ガス（水素52％，酸素26％およびプロパン22％の混合ガス）の利用により著しい切断品質向上が図られたと報告されている[6]．

ガス切断では切断部が高温になり，熱膨張や冷却時の熱収縮を生じるため，種々の塑性変形を生じるが，これはすべての熱切断に共通する現象である．また，切断面近傍では熱影響のため，合金元素量・組成や硬さなども変化する．

5.8.2 プラズマ切断

プラズマ切断(plasma cutting)は，ノズルによりアークを拘束して高温化するとともに，エネルギー（プラズマ）を切断局部に集中することで材料を溶融し，高速のガス気流でそれを除去して切断する方法である．

プラズマ切断は，ガス切断と異なり，被切断材の炭素量や合金成分などによる制約はなく，鋳鋼やステンレス鋼はもとより，アルミニウムなどの非鉄金属にも適用できる．また，ガス切断に比べて熱影響部や切断溝幅は狭く，高速の切断も可能である．

5.8.3 レーザ切断

レーザ光をレンズまたはミラーにより局部的に集光すると，その光エネルギ

ーが母材に吸収され，切断部の温度が局部的に上昇し，溶融に至る．溶融部に高圧のアシストガスを吹き付けて融液を吹き飛ばすと，狭い溝幅で極めて高精度に切断できる．ガス切断やプラズマ切断など，他の切断法には不向きな薄板切断や二次加工を要する微細な形状でも，レーザ切断(laser cutting)では高速・高精度かつ高品質で施工できる．

レーザ切断は，レーザ発振出力にその能力が大きく依存するため，主に薄板の精密な高速切断に使用されている．

5.9 熱処理

熱処理(heat treatment)とは，金属材料加工の一手法であり，加熱・冷却処理を施すことで素材の硬度や性質を利用目的に応じて変化させることである．

本節では，熱処理技術の理解に必要な基礎知識としての鉄-炭素系平衡状態図について概説するとともに，鋼に対して主に適用されている熱処理手法について紹介する．

5.9.1 鉄-炭素系合金の平衡状態図

炭素鋼の平衡状態図(Fe-C系状態図)を図5.7に示す．平衡状態図とは，長時間かけて平衡状態に達した状態変化を縦軸-温度，横軸-元素濃度で示したものであり，この場合は横軸に炭素量(重量%)をとっている．

Fe-C系状態図によれば，炭素鋼には溶融鉄(液相)，δ鉄(δ相)，オーステナイト(γ相)，フェライト(α相)およびセメンタイト(炭化鉄：Fe_3C)の5種類の相が存在する．鋼に含有される最大炭素量が0.02%以下は「鉄」，0.02〜2.11%を「鋼」，2.11%を超えると「鋳鉄」と称される．

図5.7に沿って，鉄鋼材の冷却に伴う相変態について説明する．

(1) 純鉄の場合

溶融している純鉄を徐冷すると，1538℃で体心立方格子の結晶構造を有するδ鉄に凝固する．その後冷却が進むと，1394℃において面心立方格子の構造を有するオーステナイトに変化し，さらに冷却が進むと912℃において再び体心立方格子の構造を有するフェライトに変化する．オーステナイトとフェライトの結晶構造を比較すると，オーステナイトにはC, N, HなどFeより大き

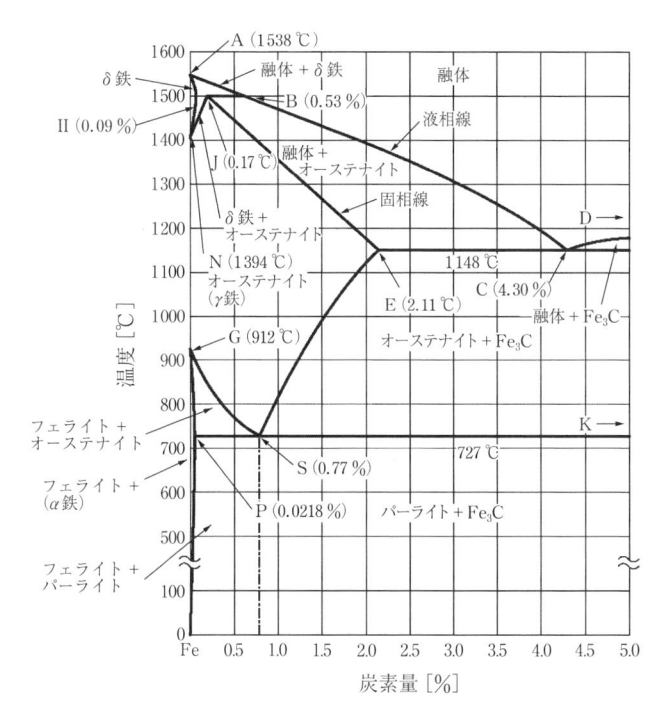

図 5.7　炭素鋼の平衡状態図[7]

さが小さい原子(浸入型原子)が Fe の結晶構造に入り込む余地がフェライトより大きい．したがって，オーステナイトは C を最大 2.0 % 近くまで固溶できるが，フェライトは 0.02 % までしか固溶できない．

（2）炭素鋼の徐冷時

　純鉄と異なり，鋼は C を含有した合金であることから，変態はある温度幅を有して開始・終了する．図 5.7 の曲線 GS（C が 0.77 % 以下，温度が 912 ℃ 以下の領域）は，冷却時にオーステナイトからフェライトへの相変態が始まる温度を表す．この曲線は A_3 線と称される．オーステナイトが C の固溶度が低いフェライトに変態するには，オーステナイト相から C を析出する必要がある．A_3 線を下回る温度状態になると，オーステナイトとフェライトの二相状態となり，温度低下が進むとフェライトの体積率が増加するため，残留しているオーステナイト相にフェライトへの変態により排出された C が蓄積する．

さらに温度が低下し，図5.7の水平線PSK (727℃)に達すると，C濃度が高くなった残留オーステナイトはパーライトと称される非常に薄い板状のフェライトとセメンタイトが交互に積層した状態を有する相に変態し，フェライトとパーライトの二相状態に至って変態が終了する．なお，水平線PSKはA_1線と称される．C量が0.25％以下の鋼では，その組織は，一般にフェライトとパーライトの二相状態である．鋼のC量が増すと，パーライト組織の体積率が上昇し，C量が0.77％（図5.7中の点S）に達すると，100％パーライトとなる．

オーステナイトからフェライトおよびパーライトへの変態はCの拡散を伴う現象であるが，実際の鋼の変態ではCの拡散にある程度の時間を要するため，平衡状態図に示された温度よりも低い温度で変態が開始する．一方，昇温時には，A_1線より高い温度でパーライトからオーステナイトへの変態が始まり，A_3線より高い温度でフェライトからオーステナイトへの変態が完了する．このように鋼の変態温度は冷却時と昇温時で異なるので，A_1, A_3に添え字c, rを付けて，A_{c1}（昇温時にフェライト・パーライトからオーステナイトへの変態を開始する温度），A_{c3}（昇温時にフェライトからオーステナイトへの変態を完了する温度），A_{r3}（冷却時にオーステナイトからフェライトの析出が開始する温度），A_{r1}（冷却時にオーステナイトからフェライトへの変態が完了し，パーライト変態を開始する温度）と区別して表現されるのが一般的である．

（3）炭素鋼の急冷時

冷却速度の増加に伴いCの拡散速度が相変態の速度に追いつけなくなるため，相変態が遅れ，変態温度が低下する．冷却速度がある限界を超えると，オーステナイトからCを排出できず結晶内部にCが閉じ込められたままフェライトに変態しようとするが，フェライトの結晶は内部に閉じ込められたCの存在に影響され，一方向に伸長した体心立方構造となる．この結晶は，マルテンサイトと称される．マルテンサイトは，結晶格子にひずみを受けた状態であり，非常に硬く，もろい結晶であるため，適切な熱処理を施すことが望ましい．

5.9.2 鋼の熱処理

鋼に対する各種熱処理の概要を表5.4に示す．各処理のうち，特に基本となるものについて後述する．熱処理に関する詳細は専門書[8]を参照していただきたい．

(1) 焼なまし

焼きなまし（annealing）には，完全焼なまし（A_{c3}温度以上で加熱し，その後徐冷することで結晶組織を調整），拡散焼なまし（A_{c3}温度より相当高い温度で加熱し，その後徐冷することで成分偏析を均一化），球状焼なまし（A_{c1}温度付近で長時間加熱し，その後徐冷することでセメンタイトを球状化）に加え，

表5.4 鋼に対する主な熱処理手法

処理名称	処理の目的
焼なまし（焼鈍）	加工硬化による内部ひずみを除去して組織を軟化させ，延性を向上させる
焼ならし（焼準）	組織の結晶を均一に微細化させ，機械的性質の改善や切削性を向上させる
焼入れ	材料を硬化させ，素材の耐摩耗性・引張強さや疲労強度の向上を目的とする
焼戻し	焼入れ後に不安定な組織になった材料の靱性の回復や組織の安定を図る
表面硬化処理	表面のみを硬化させ，内部の靱性は保持させることで，柔軟性に富む材料にする．硬化させる方法に応じて複数の方法がある ● 火炎焼入れ，高周波焼入れ，電子ビーム焼入れ，レーザ焼入れ： 　高温の炎，高周波の電磁波による電磁誘導，電子ビーム照射，レーザ照射などにより，表面を加熱させることで材料の表面層を硬化させる方法 ● 浸炭： 　金属表面層に炭素を添加することで表面層を硬化させる方法．種々の方法で炭素を添加したのち，焼入れ・焼戻し処理を行うことで意図する表面層の硬化を実現する ● 窒化： 　窒化物形成元素を含む鋼をNH_3またはN_2を含んだ雰囲気中に暴露し，オーステナイト温度以下の温度域で加熱することで，表面近傍にN_2を浸透させ硬化させる

5.6.3項に示したPWHT（A_{c1}温度以下で加熱し，その後徐冷）がある．

（2）焼ならし

A_{c3}温度より30〜50℃高い温度で加熱後に空冷する．加熱過程でA_{c1}温度を超えると，結晶粒界やパーライトからオーステナイトが多数発生，温度上昇に伴い成長しA_{c3}温度直上で微細なオーステナイト単相組織となる．徐冷時のフェライトへの変態で生成される結晶粒径は，変態前のオーステナイトの結晶粒径に依存するので，焼ならし（normalizing）によりフェライト粒径は微細化され，この結果，鋼の機械的性質の改善や切削性が向上する．

（3）焼入れと焼戻し

A_{c3}温度より30〜50℃高い温度に加熱して組織を完全にオーステナイト化した後に急冷し，マルテンサイトを生成させる処理が焼入れ（quenching）である．焼入れたままのマルテンサイトは，5.9.1（3）項で述べたようにひずみを生じているため，硬くてもろい．この内部ひずみを除去するため，一部のCを排出させ微細なセメンタイトとしてマトリックス（地）に分散させることで，硬くてもろいマルテンサイト組織に靱性を付与する熱処理が焼戻し（tempering）である．焼戻しにより新たな相変態が生じてしまうと期待する効果を得られないため，焼戻し温度はA_{c1}温度以下（安全側の設定としてA_{c1}温度より50℃以下）とする必要がある．

参考文献

1) 溶接学会編：新版 溶接・接合技術入門，産報出版（2008）p.94.
2) 溶接学会編：新版 溶接・接合技術特論，産報出版（2005）p.141.
3) 溶接学会編：新版 溶接・接合技術特論，産報出版（2005）p.241.
4) 溶接学会編：新版 溶接・接合技術特論，産報出版（2005）p.244.
5) 佐藤邦彦・寺崎俊夫：「構造用材料の溶接変形におよぼす溶接諸条件の影響」，溶接学会誌，Vo.45, No.4（1976）p.302.
6) 宮崎建雄ほか：「造船における水素ガス切断の評価事例」，KANRIN（日本船舶海洋工学会誌），No.22（2009）p.2.
7) 溶接学会・日本溶接協会編：溶接・接合技術総論（2015）p.108.
8) 例えば，日本熱処理技術協会編：はじめて学ぶ熱処理技術，日刊工業新聞社（2005）.

第6章 切削加工

6.1 切削加工

切削加工は，刃物が材料の一部を切りくずとして除去しながら所定の寸法に成形し仕上げる加工法である．切削作業では，刃物を「工具(tool)」，または「切削工具」と呼び，削られる材料を「被削材(workpiece)」と呼んでいる．この加工法は，古くから多くの部品の製造技術として適用されてきたものであり，他の加工法に比べて単位体積当たりの除去効率が高い．被削材に対して工具が一度に除去する厚さを「切込み」と呼んでいるが，工具を被削材に切り込ませて相対運動を起こすことで材料の一部が削られる．このように，切削は機械的に材料を除去する簡単な加工原理であり，加工する形状の制御が容易なため，その作業様式は多岐にわたっている．

本章では，まず，一般的に実施されている各種切削作業について述べる．次に，切削に関する基礎的な理論を説明する．最後に，切削における最近の実践的な展開として，超精密・微細切削とエコマシニングについて解説する．

6.2 切削加工法

旋削は，図6.1に示すように被削材を回転させ，工具を軸方向および半径方向に送ることで材料の外周，端面，内面を仕上げる．この作業は，被削材を回転させるため，主に円筒またはそれに準ずる形状の部品加工に利用される．一般的な円筒部品では，工具が所定の切込みで被削材を切削しているため，工具の先端部より除去された材料の一部，すなわち「切りくず(chip)」が連続的に生成する．しかし，被削材が偏心，または溝などを有する場合は，切削中に材料を削らずに空転する時間が生じるために，切りくずは分断される．前者は「連続切削」，後者は「断続切削」と呼ばれている．

フライス切削では，図6.2(a)のように，主に材料表面を平面に加工する．

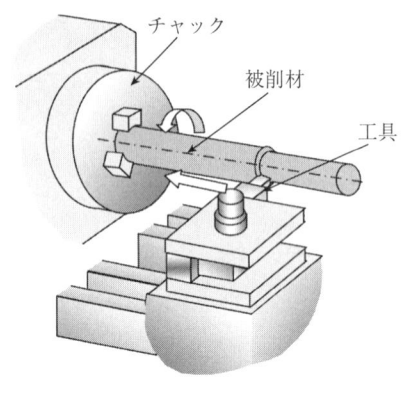

図 6.1　旋削

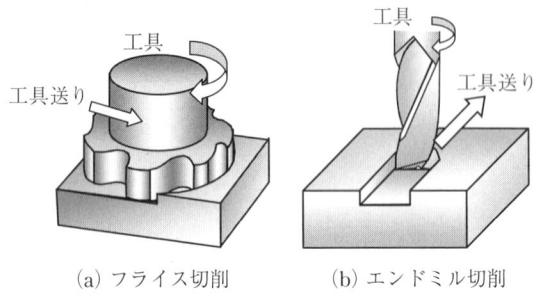

図 6.2　フライス・エンドミル切削
(a) フライス切削
(b) エンドミル切削

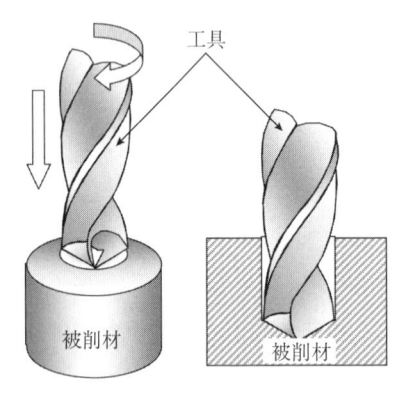

図 6.3　ドリル切削

前述の旋削は，被削材の回転と工具の並進運動の組合せによる切削様式であるが，フライス切削は工具の回転と工具または被削材の並進運動を組み合わせて材料を除去する．回転する工具は，一般的に大径で，複数の切れ刃が装着されている．この切削作業では，単位時間当たりにできるだけ多くの材料を除去することが要求されており，切れ刃数を増やして生産性を向上させている．

図 6.2(b) に示すエンドミル切削は，フライスと同様に複数の切れ刃を有する工具が回転し，溝，材料の側面，曲面などの形状を加工する．多種かつ複雑な加工形状に応じて，工具の直径は小径から大径まであり，工具の形状も，例えばスクエアエンドミル，ラジアスエンドミル，ボールエンドミル，ラフィングエンドミルなどが使用されている．エンドミル切削は，金型の製作などに適用されるため，生産性とともに仕上げの寸法精度や粗さに対する要求が厳しい．

ドリル切削では，図 6.3 のように回転する工具を工具軸方向に送ること

で穴を加工する．産業製品の多くは，部品組立においてねじによる機械的な接合が多いため，穴加工の需要は極めて高い．工具も，穴径に応じて用意されている．工具の回転と並進運動を組み合わせたドリル切削では，穴の内面にらせん状の切削痕が残る．そのため，仕上げ面に厳しい平滑性が要求される場合は，図6.4(a)に示すようなリーマによる仕上げ加工が併用される．また，穴内面にねじの山と谷を成形するためには，図(b)のようにねじの形状に応じたタップが使用される．リーマやタップは，いずれもドリルによる穴加工の後工程で実施される．

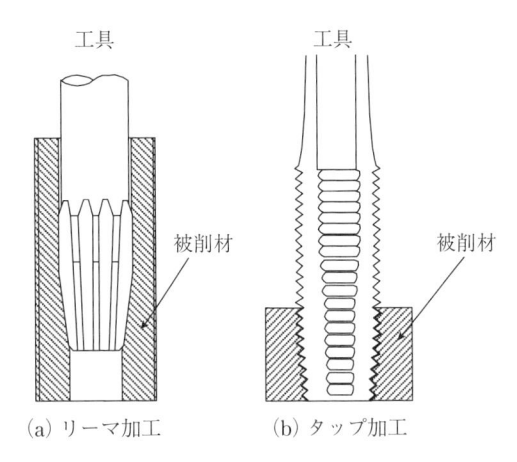

(a) リーマ加工　　(b) タップ加工

図6.4　穴内面仕上げ切削

材料の面加工としては，前述のフライス切削のほかに，図6.5に示す平削りと形削りがある．平削りは図(a)のように工具を固定して被削材を往復運動させるものであり，形削りは図(b)のように被削材を固定して工具を往復運動させるものである．形削りは，工具を片持ちで固定しているために，機械剛性の観点から加工できる範囲は狭く，比較的小さな被削材を切削する．一方，

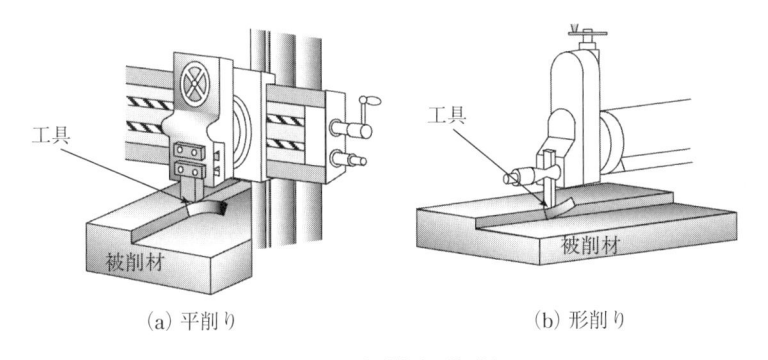

(a) 平削り　　(b) 形削り

図6.5　平面仕上げ切削

110　第6章　切削加工

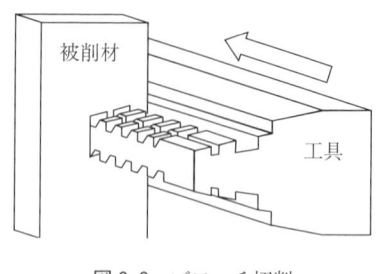

図6.6　ブローチ切削

平削りは工具をコラムに固定して被削材が運動するため，被削材の大きさによらず剛性が高いことから，大型の被削材を加工できる．

被削材を固定し工具の直進運動で加工する様式として，図6.6のようなブローチ切削がある．この切削様式は，工具を材料に貫通させながら複雑形状の断面を有する溝を加工する．工具には，最終的な仕上げ形状に基づいて複数の切れ刃が成形されており，軸方向に対して切れ刃の高さが徐々に高くなっている．そして，工具を切れ刃高さの低いほうから被削材に食い込ませ，それぞれの切れ刃高さの差分だけ切込みを増加させながら材料を除去して最終的な形状を得る．

図6.7は，ギヤ切削である．歯車は機械要素部品としては不可欠なものであるため，ギヤ切削様式は図のように多くの方法がある．図(a)は，ラックカッタによるギヤ切削であり，工具は図の垂直方向に往復運動をしながらゆっくりと回転し，これと接触する被削材の円筒面に歯を成形する．図(b)は，ピニオンカッタが上下運動しながら回転し，接触する被削材に歯車形状を成形する．図(c)は，ホブによる歯車の切削である．工具の円筒側面には成形する歯車形状に応じて切れ刃が付いており，工具の回転と被削材の回転によって歯車

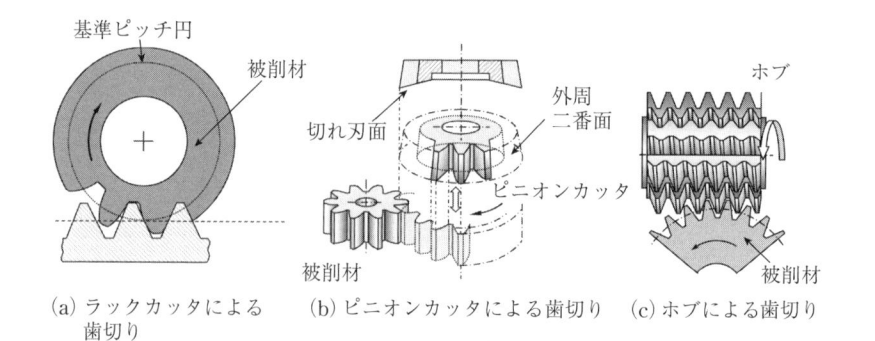

(a) ラックカッタによる歯切り　(b) ピニオンカッタによる歯切り　(c) ホブによる歯切り

図6.7　歯切り加工

が加工される．

6.3 切削における理論的背景

切削作業において仕上げられる製品や部品の良し悪しは，加工精度，仕上げ面粗さ，加工変質層によって評価される．これらは，切削条件や工具の形状によって制御されるため，それらと上記の評価項目との関係を明らかにする必要がある．切削では，材料を除去するための力，すなわち切削力（cutting force）が発生する．

一般に，金属のように変形に大きな力が必要となる材料を削ると，材料の変形に伴う熱や，工具と切りくずの間に摩擦熱が発生する．さらに，切削時間が長くなると，切れ刃が擦り減って切れ味が低下する．切れ刃の擦り減る現象は「工具摩耗（tool wear）」と呼ばれているが，切削過程における力学的および熱的な現象は切れ刃の摩耗とともに変化し，それが製品・部品の仕上がりに影響する．

本節では，切削抵抗，切削温度，工具摩耗に対する理論的な背景を解説し，加工精度，仕上げ面粗さ，加工変質層と関連づける．

6.3.1 切削機構と切削抵抗

6.2 節で述べたように，切削作業には多くの様式があるが，ここでは基礎的な機構を示すために，図 6.8 (a) のような二次元切削（orthogonal cutting）を対象とする[*1]．二次元切削では，直線状の切れ刃を切削方向に対して直角に配置し，その切れ刃が材料に対して所定の厚さで切り込んだ状態で運動することで，材料の一部を除去し，切りくずを生成する．切れ刃が 1 回の送りで削りとる厚さを「切削厚さ（uncut chip thickness）」または「切込み」と呼び，その幅を「切削幅（cutting width）」と呼ぶ．また，材料に対して，単位時間当たりに切れ刃が移動する距離を「切削速度（cutting velocity または cutting speed）」と呼ぶ．したがって，切削時には切れ刃は，切削厚さ，切削幅，切削速度の積に相当する体積の材料を除去する．

[*1]：学術雑誌などの文献ではすくい角を α としているものが多いが，本書では工具緒言の呼びと記号は JIS B 0170 に従う．

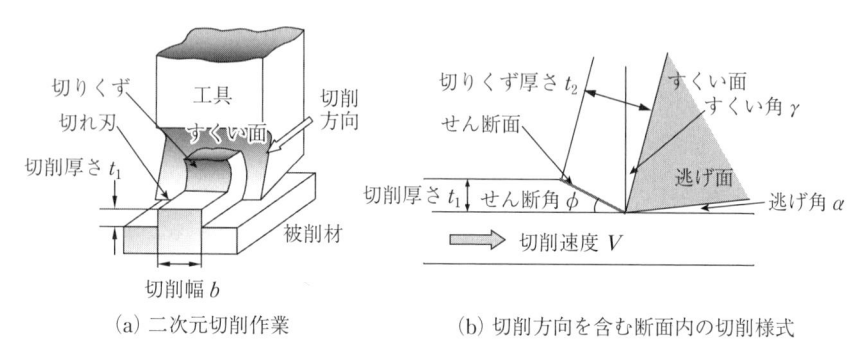

(a) 二次元切削作業　　(b) 切削方向を含む断面内の切削様式

図6.8　二次元切削

　この切削様式を切削方向を含む面内で示すと，図6.8(b)のようになる．この図における工具，被削材，切りくずは，図(a)の切削幅方向(紙面に対して垂直方向)のどの断面をとっても同じであり，材料の変形は，この平面内で生じている．したがって，この二次元切削は平面ひずみ状態となっている．なお，図の切削様式は理想的な場合を示したものであり，実際には切削する側面で材料が幅方向に広がる．ここでは，理想的な場合に対して，以下の議論を進める．

　図6.8(b)において，工具が切削に関与する面には，切りくずを生成し，これと接触する「すくい面(rake face)」と，被削材の仕上げ面に対して傾いた「逃げ面(flank face)」がある．すくい角(rake angle)は，仕上げ面の法線方向に対するすくい面の傾きであり，図では切削方向に対して右側に傾けると正のすくい角，左側に傾けると負のすくい角として与えられる．逃げ角(clearance angle)は，仕上げ面に対して逃げ面がなす角度で与えられる．

　切削では，材料の一部が切れ刃によって切りくずとして除去されるが，その変形領域では，図6.9のようにせん断変形が生じている．せん断変形が生じる面(図中 AB を含む面)を「せん断面(shear plane)」と呼び，切削方向となす角度がせん断角(shear angle)である．せん断変形前の切削厚さ t_1 の材料は，せん断変形後に厚さ t_2 の切りくずとなる．そこで，せん断角 ϕ は切れ刃のすくい角を γ とすると，以下の式で与えられる．

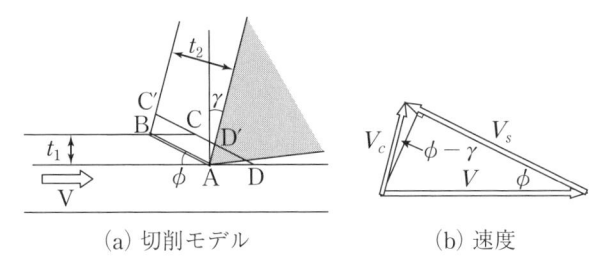

6.3 切削における理論的背景　113

(a) 切削モデル　　　(b) 速度

図 6.9　二次元切削モデル

$$\tan\phi = \frac{(t_1/t_2)\cos\gamma}{1-(t_1/t_2)\sin\gamma} = \frac{r_c \cos\gamma}{1-r_c \sin\gamma} \tag{6.1}$$

ここで，r_c は次式であり切削比 (cutting ratio) と呼ばれている．通常の切削では，切りくず厚さ t_2 は切削厚さ t_1 より大きくなるため，切削比は 1 より小さい．

$$r_c = \frac{t_1}{t_2} \tag{6.2}$$

したがって，切削後に切りくずの厚さを測定することでせん断角 ϕ が得られ，図の切削モデルができる．そして，切削速度，切りくず速度 (chip flow velocity) V_c，せん断速度 (shear velocity) V_s は図 6.9(b) の関係となり，U_c と V_s は次式で与えられる．

$$V_c = \frac{\sin\phi}{\cos(\phi-\gamma)}V = r_c V \tag{6.3}$$

$$V_s = V_c \sin(\phi-\gamma) + V\cos\phi = \frac{\cos\gamma}{\cos(\phi-\gamma)}V \tag{6.4}$$

二次元切削における切削抵抗は，例えば旋盤において，図 6.10 のようにして測定できる．ディスク形の被削材に対して，被削面と平行な切れ刃を有する工具を被削材の半径方向に送ることで二次元切削ができる[*2]．このときのディスクの幅が切削幅 b，1 回転当たりの工具の送りが切削厚さ t_1，被削材の外周

---

*2：被削材の回転数が一定の場合は，被削材の直径の変化に対して切削速度が変わる．最近では，NC 工作機械の機能の一つである周速一定の制御によって切れ刃が切削する被削材の直径値の変化に対して回転数を変化させ，切削速度が一定となる切削試験が可能である．

114　第6章　切削加工

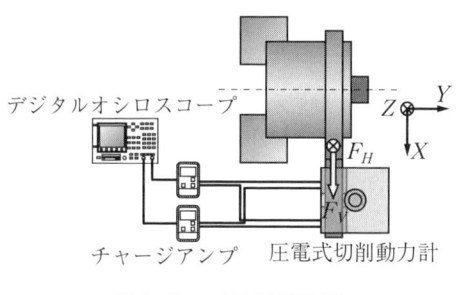

図 6.10　二次元切削試験

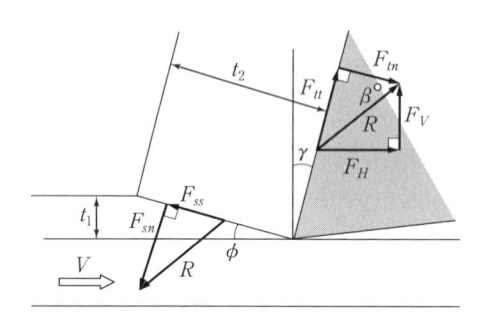

図 6.11　二次元切削における切削力

の接線方向の速度(周速)が切削速度 V であり，この試験で生成した切りくず厚さが t_2 となる．したがって，工具のすくい角を用いて式(6.1)によりせん断角 ϕ が得られる．切削抵抗は，図のように圧電式切削動力計により被削材の接線方向の力 F_H と半径方向の力 F_V を測定する．この切削動力計には，圧電素子の一つである水晶が内蔵されており，切削時の工具の微小な変位を感度よく測定し，切削抵抗に関連づけている．ここで，F_V は図 6.11 における切削方向の力で「主分力(principal force)」と呼ばれ，F_H はこれに対して垂直方向の力として「背分力(thrust force)」と呼ばれる．これらの合力が切削抵抗(resultant cutting force) R である．工具側に負荷する切削抵抗として測定された力は，せん断面には逆向きに働いており，幾何学的な関係から，次式のようにせん断面上のせん断力 F_{ss} と垂直力 F_{sn} に分解できる．

$$F_{ss} = F_H \cos\phi - F_V \sin\phi, \quad F_{sn} = F_H \sin\phi + F_V \cos\phi \tag{6.5}$$

なお，せん断面の面積 A_s は，切削幅 b，切削厚さ t_1，せん断角 ϕ によって次式で与えられる．

$$A_s = \frac{b\,t_1}{\sin\phi} \tag{6.6}$$

したがって，せん断面に働くせん断応力 τ_s と垂直応力 σ_s は，

$$\left.\begin{array}{l}\tau_s = \dfrac{F_{ss}}{A_s} = \dfrac{(F_H \cos\phi - F_V \sin\phi)\sin\phi}{b\,t_1} \\[2mm] \sigma_s = \dfrac{F_{sn}}{A_s} = \dfrac{(F_H \sin\phi + F_V \cos\phi)\sin\phi}{b\,t_1}\end{array}\right\} \qquad (6.7)$$

一方,切れ刃のすくい面に働く力について,切削抵抗 R はすくい面に平行に働く成分 F_{tt} と垂直に働く成分 F_{tn} に分解できる.

$$F_{tt} = F_H \sin\gamma + F_V \cos\gamma, \qquad F_{tn} = F_H \cos\gamma - F_V \sin\gamma \qquad (6.8)$$

したがって,工具面の摩擦係数 μ,または摩擦角 (friction angle) β は,

$$\mu = \tan\beta = \frac{F_{tt}}{F_{tn}} = \frac{F_V + F_H \tan\gamma}{F_H - F_V \tan\gamma} \qquad (6.9)$$

二次元切削モデルにおける力学的な特性は,式 (6.1),式 (6.7),式 (6.9) のせん断角 ϕ,せん断面せん断応力 (shear stress on shear plane) τ_s,摩擦角 β で与えられる.このように,切削試験によって切削モデルを推定できるが,せん断角,せん断面せん断応力,摩擦角を事前にデータベースとして用意できれば,次式のように切削抵抗 R を推定できる.

$$R = \frac{\tau_s b\, t_1}{\sin\phi \cos(\phi + \beta - \gamma)} \qquad (6.10)$$

さらに,これに基づいて,主分力 F_H および背分力 F_V は次式で与えられる.

$$F_H = \frac{\tau_s b\, t_1 \cos(\beta - \gamma)}{\sin\phi \cos(\phi + \beta - \gamma)}, \qquad F_V = \frac{\tau_s b\, t_1 \sin(\beta - \gamma)}{\sin\phi \cos(\phi + \beta - \gamma)} \qquad (6.11)$$

ここで,せん断面せん断応力は,切削条件による変化はあるものの,一般には材料の変形特性に大きく依存し,この値が大きいほど材料の変形抵抗が高く削りにくい.一方,摩擦角 β は切りくずと工具の界面における摩擦特性を示すものであり,工具表面の材料[*3]と被削材との親和性などの影響を受ける.これを踏まえれば,せん断面せん断応力 τ_s は材料試験によって,また摩擦角 β は摩擦試験によってある程度の精度で推定できる.一方,せん断角の推定につい

---

*3:最近は,表面に硬質材料や低摩擦材料を蒸着したコーテッド工具が使用されている.これらの工具は,表面の材質は母材と異なるため,「工具表面の材料」という表現にしている.

ては多くのモデルが提案されている．例えば，M. E. Merchant は，せん断面は切削抵抗が最も小さくなる方向に生じるとしてせん断角を推定している[1]．すなわち，せん断面せん断応力を材料特性として与えられる定数とし，また摩擦角がせん断角に依存しないと仮定すれば，式(6.10)において$\partial R/\partial \phi = 0$となるせん断角$\phi$のときに切削抵抗が最小となる．したがって，せん断角は，摩擦角βとすくい角γによって次式で与えられる．

$$\phi = \frac{\pi}{4} + \frac{\gamma}{2} - \frac{\beta}{2} \tag{6.12}$$

しかしながら，この式がすべての工具や材料に適用できないため，そのほかにも多くのモデルが提案されている．最近では，有限要素法による切削シミュレーションによって，切りくずの生成過程を塑性力学的に解析し，せん断角を数値解析で推定できるようになった．

6.3.2 三次元切削における切削抵抗

図6.12(a)に示す旋削作業(「外周長手旋削」と呼ばれる)では，被削材を左側のチャックで保持して回転させる．一方，工具は半径方向に切込みを与え，回転する被削材の軸方向に送られる．旋削で用いられる工具は，図(b)[*4]のように副切れ刃(前切れ刃)と主切れ刃(横切れ刃)を有し，材料は両方の切れ刃で同時に切削されるため，図6.8のように二次元的変形様式にならず，図6.13のような切りくず生成過程となる．すなわち，切削方向に切断した面内における工具，切りくず，被削材の幾何学的関係は，切込み方向によって異なることから，三次元的な変形様式となっている．このような三次元切削では複雑な変形機構となるため，切削力は簡易的に切削面積に基づいて次式で見積もる場合が多い．

$$P = a\,p_s \tag{6.13}$$

ここで，aは切削面積であり，図6.12のような旋削では，切込みと送りから計算される．p_sは，単位面積当たりの切削力として比切削抵抗と呼ばれている．Kronenbergは，この比切削抵抗を次式のように示している[2]．

[*4]：図6.12(b)はJIS B 0170に基づく．慣用として使用されている呼び方を括弧内に示す．

$$p_s = \frac{c_K}{\sqrt[\varepsilon_K]{a}}$$

(6.14)

ただし，c_K と ε_K は定数であり，材料，工具，切削条件の組合せによって与えられる．

6.2節で述べたフライス，エンドミル，ドリル，ギヤ切削は，切削面積が切れ刃と被削材の位置関係によって切込みが変化する非定常過程であり，これを解析しながら式(6.13)に基づいて切削力の時間変化を解析できる．しかし，比切削抵抗は工具の形状や切削条件によって変化するため，そのデータベースの構築や修正には労力が必要となる．そこで，このような三次元的な切りくず生成過程を二次元切削の重ね合わせとして考え，二次元切削のモデル式から切削力を計算する手法[3]もある．

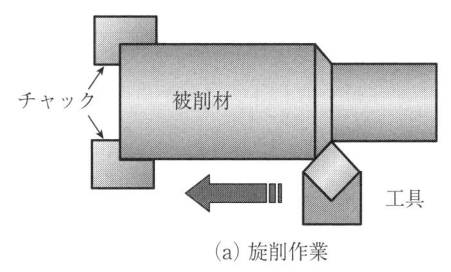

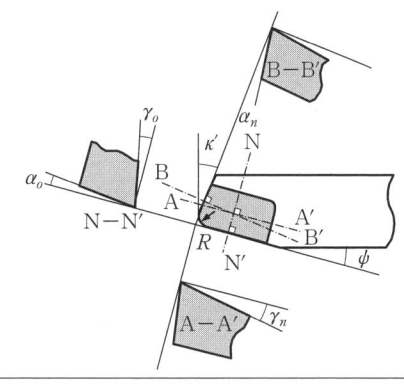

(a) 旋削作業

α_n：直角逃げ角(前逃げ角)　　ϕ：アプローチ角(横切れ刃角)
α_o：垂直逃げ角(横逃げ角)　　R：コーナ(ノーズ)半径
γ_n：直角すくい角(平行上すくい角)
γ_o：垂直すくい角(垂直横すくい角)
κ'：副切込み角(前切れ刃角)

(b) 工具形状

図6.12　旋削加工

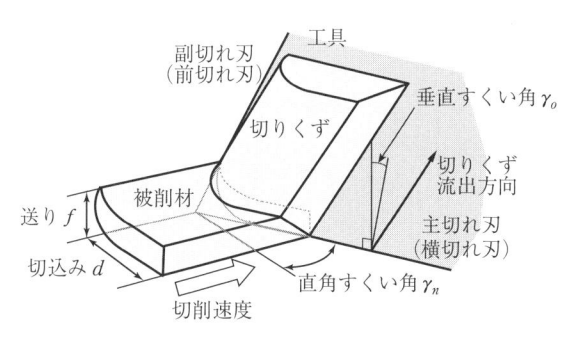

図6.13　旋削過程における切りくず生成

なお，材料は切れ刃の先端で切りくずと仕上げ面に分離されるが，そこでの塑性流動や刃先の丸みの影響によって切れ刃の稜線に力が加わる．切込みの大きな切削では，この力は切りくず生成の力に比べると小さいため，切削力は式(6.13)のように近似できるが，切込みの小さい切削では相対的に大きくなり，後述の6.4節のように切れ刃稜線にかかる力を考慮して切削力を評価すべきである．

6.3.3 切削温度

切削により材料が変形し切りくずとなる動力は，次式で示される．

$$U = F_H V \tag{6.15}$$

ただし，F_H は切削方向に働く主分力，V は切削速度である．この力学的なエネルギーのほとんどは，せん断面における材料の塑性仕事と，工具と切りくずの界面における摩擦仕事に消費される[4]．また，後述のように工具が摩耗して逃げ面の一部が仕上げ面に接触すると，その界面における摩擦仕事にも消費される．これらの位置では，消費されたエネルギーに応じて切削熱が発生し，切削温度(cutting temperature)が上がる．

図6.14は，代表的な切削温度の測定方法である．図(a)は，古くから多用されている熱電対法である．熱電対(thermocouple)は異種金属の接合界面における温度上昇を測定するが，図では工具と被削材が熱電対を構成し，両者の接触点，すなわち切削領域における温度上昇を測定する．この方法では，切削領域全体の平均的な温度上昇を測定するものである[4]．一方，工具面における温度分布は，図(b)のようにして測定する[5]．この方法は，材料(切りくず)と接触し熱電対となる金属を工具内部に埋め込んで温度上昇を測定するものである．この場合，材料と埋め込まれた金属が熱電対となり，その接触点における温度上昇を測定する．したがって，その接触点の位置をずらしながら測定を繰り返すことにより，工具面の温度分布が測定できる．図(c)は，赤外線写真によって切削温度を推定した例である[6]．なお，最近では放射温度計を使用して非接触で温度変化を測定している例も多い．

切削熱により材料および工具の温度が上昇すれば，それらが熱膨張する．その結果，加工精度が低下し，表層部には熱応力や残留応力が生じる．また，工

6.3 切削における理論的背景

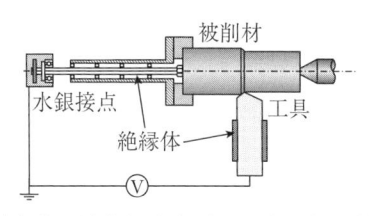

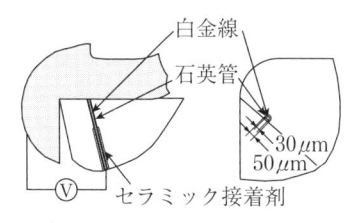

(a) 熱電対法（切削領域の平均温度測定）

(b) 熱電対法（温度分布測定）

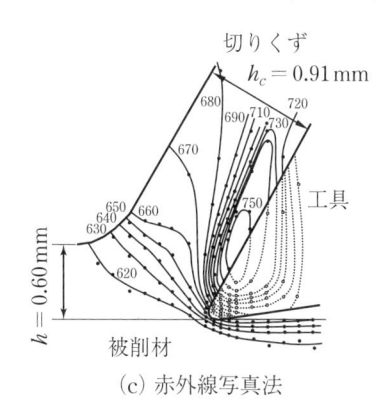

(c) 赤外線写真法

図 6.14 切削温度の測定法

具の温度上昇は，工具の熱膨張のほかに後述の工具摩耗の進行を早める．このように，切削温度の上昇は製品の仕上がりや工具の寿命に影響するため，切削条件に対する切削温度の解析が必要となる．

ここでは，図 6.15 に示す二次元切削について，Loewen-Shaw による解析方法[7]を説明する．このモデルは，切削速度 V，切削幅 b，切込み t_1 で，材料はせん断角 ϕ で傾いたせん断面で変形し，切りくずを生成する．切れ刃の逃げ面

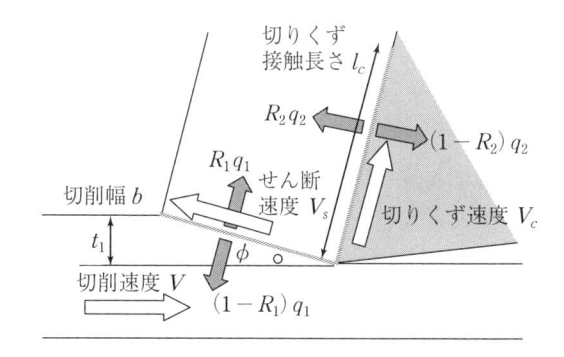

図 6.15 切削温度の解析

に摩耗がなく鋭利な場合，切削による発熱源はせん断面と工具すくい面の切りくず接触領域である．力学的エネルギーがすべて熱エネルギーに変換すると仮定すれば，せん断面における発熱強さはせん断仕事に基づいて与えられ，すくい面のそれは摩擦仕事によって与えられる．

このモデルにおいて，せん断面のおける単位時間，単位面積当たりの発熱強さ q_1 は，次式で与えられる．

$$q_1 = \frac{F_{ss} V_s}{b t_1 \operatorname{cosec} \phi} \tag{6.16}$$

ただし，F_{ss} はせん断面におけるせん断力，V_s はせん断速度である．ここで，せん断面における発熱の一部が切りくずに伝わり，ほかは被削材に伝わる．そこで，切りくずに伝わる熱流入割合を R_1 とすれば，被削材への流入割合は $(1-R_1)$ として与えられる．切りくず側に伝わる熱からせん断面の平均温度 $\bar{\theta}_s$ を推定すると，

$$\bar{\theta}_s = R_1 q_1 \frac{t_1 b \operatorname{cosec} \phi}{J V t_1 b \rho c} + \theta_0 \tag{6.17}$$

ただし，ρ, c は切りくずの密度と比熱であり，J は熱の仕事当量である．なお，θ_0 は室温である．一方，被削材側に伝わる熱については，せん断面の長さ $t_1 \operatorname{cosec} \phi$ に相当する幅の帯状熱源がせん断角 ϕ で傾いたせん断面上を速度 V_s で移動する移動熱源と等価であるとし，このモデルに対して Jaeger の移動熱源の伝熱理論式[8]を適用してせん断面の温度 $\bar{\theta}_s$ を次式で得る．

$$\left.\begin{array}{l} \bar{\theta}_s = \dfrac{0.752(1-R_1) q_1 t_1 \operatorname{cosec} \phi}{2 k_w \sqrt{L_1}} + \theta_0 \\ L_1 = \dfrac{V_s t_1 \operatorname{cosec} \phi}{4 K_1}, \quad K_1 = \dfrac{k_w}{\rho_w c_w} \end{array}\right\} \tag{6.18}$$

ただし，k_w, ρ_w, c_w は被削材の熱伝導率，密度，比熱である．式(6.17)と式(6.18)によって得られる温度は，せん断面の平均温度であり，両者を等値して次式で熱流入割合 R_1 を得る．

6.3 切削における理論的背景

$$\left.\begin{array}{l}R_1 = \dfrac{1}{1+0.664\,\gamma_c/\sqrt{L_1}} = \dfrac{1}{1+1.328\sqrt{K_1\gamma_c/V\,t_1}} \\ \gamma_c = \dfrac{V_s}{V\sin\phi}\end{array}\right\} \quad (6.19)$$

得られた R_1 を式 (6.17) または式 (6.18) に代入することで，せん断面の温度が得られる．なお，熱物性値は温度によって変化するため，上述の解析は，せん断面の温度を仮定して式 (6.17) と式 (6.18) により温度計算し，仮定した温度と計算値が一致するまでの温度の修正を繰り返す．

次に，工具すくい面の摩擦による発熱強さ q_2 を次式で得る．

$$q_2 = \dfrac{F_{tt}V_c}{l_c b} \quad (6.20)$$

ただし，F_{tt} と V_c は工具面の摩擦力と切りくず速度であり，l_c は切りくず接触長さである．せん断面における温度解析と同様に，摩擦仕事に相当する発熱のうち，切りくず側には割合 R_2 で，工具側には割合 $1-R_2$ で熱が流入すると考える．切りくず側に伝わる熱からすくい面の温度を推定する場合，切りくず接触長さ l_c に相当する幅の帯状熱源が速度 V_c で移動するものとし，Jaeger の移動熱源の理論式によって，すくい面の温度 $\bar{\theta}_t$ を次式で得る．

$$\bar{\theta}_t = \bar{\theta}_s + \dfrac{0.752\,R_2 q_2 l_c}{2k_c\sqrt{L_2}}, \quad L_2 = \dfrac{V_c l_c}{4K_2}, \quad K_2 = \dfrac{k_c}{\rho_c c_c} \quad (6.21)$$

ただし，k_c, ρ_c, c_c は切りくずの熱伝導率，密度，比熱である．一方，工具側に伝わる熱は，熱源は幅 b，長さ l_c の静止熱源として理論式を適用し，次式ですくい面の温度 $\bar{\theta}_t$ を次式で得る．

$$\bar{\theta}_t = \dfrac{(1-R_2)\,q_2 l_c}{k_t}\bar{A} + \theta_0 \quad (6.22)$$

ただし，k_t は工具の熱伝導率，$\bar{A}$ は (b/l_c) に対して，図 6.16 に示す値で与えられる．式 (6.21) と式 (6.22) によって得られる温度はすくい面の平均温度であるため，両者を等値して次式で熱流入割合 R_2 を得る．

$$R_2 = \dfrac{q_2(l_c\bar{A}/k_t) - \bar{\theta}_s + \theta_0}{q_2(l_c\bar{A}/k_t) + q_2(0.376\,l_c/k_c\sqrt{L_2})} \quad (6.23)$$

得られた R_2 を式 (6.21) または式 (6.22) に代入し，すくい面の温度を得る．

(a) 熱源の形状

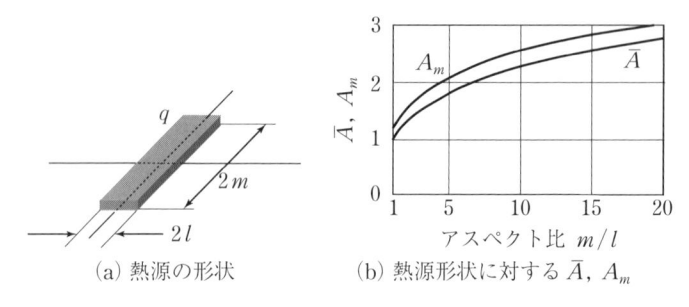

(b) 熱源形状に対する $\bar{A}, A_m$

図 6.16 静止熱源

切りくずや工具の熱物性値は温度に依存するため，前述のせん断面の解析と同様に，反復計算により温度を決定する．

以上のように，せん断面やすくい面の温度を解析的に計算できるが，近年では，計算機性能の発達に伴い，数値解析により工具，切りくず，被削材内部において図 6.17 のような切削温度分布を得ることが可能となった．これは，鋼を常用切削条件で切削したときの切削温度分布である．図のように，すくい面の最高温度の位置は切れ刃先端部から少し離れた位置にある．また，せん断面における発熱のほとんどは切りくずの温度上昇に寄与し，被削材側への熱流入割合が小さい．

切削条件に対する切削温度の傾向は，切削エネルギーから説明できる．すなわち，式 (6.15) において切削速度が高くなるほど切削動力が増加し，力学的エネルギーとともに発熱強さも大きくなるため，切削温度が上昇する．また，送りや切込みが大きくなると切削力が増加するため，エネルギーが大きくなり，切削温度が高くなる．

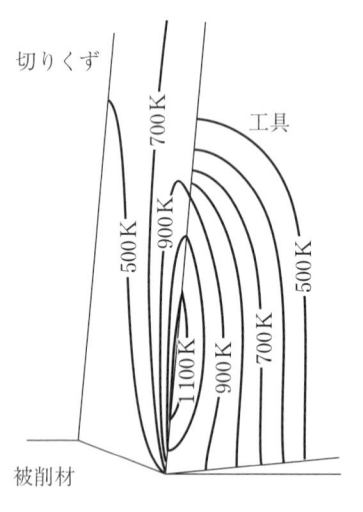

図 6.17 切削温度分布の解析例

6.3.4 切削工具

　工具材質に要求される機能は耐摩耗性と耐欠損性であり，被削材より高い硬度が要求される．工具材質としては，古くは工具鋼が使用され，その後，高速度鋼が使用された．これらの材料は，焼入れ(quenching)によって硬度を上げて工具として使用したものである．そのため，切削速度が高くなると工具の温度が上がって硬度が低下し，工具として機能しなくなる．その後，高温でも強度が低下せず，高い切削速度でも使用可能な超硬合金材料が開発された．これは，炭化タングステン(WC)を主成分としコバルト(Co)を添加して焼き固めた〔焼結(sintering)〕ものである．さらに，これに炭化チタン(TiC)や炭化タンタル(TaC)を添加し，高温での耐摩耗性を向上させたものも開発された．セラミック工具は，酸化アルミニウム(Al_2O_3)を主成分として焼結したものであり，超硬合金よりも硬くて耐摩耗性に優れている．最近では，立方晶窒化ほう素のcBN工具の利用も増え，工具の高硬度化が進んでいる．ダイヤモンドは，これらの材料よりもさらに硬度が高いが，鋼の切削には適用できない．

　このように，硬度の高い切削工具は耐摩耗性に優れているが，その反面で欠損が生じやすい．すなわち，耐摩耗性と耐欠損性は相反する関係にある．最近では，超硬合金工具の表面にセラミックスなどの薄膜を蒸着したコーテッド工具が開発され，その利用が増えている．コーティングの方法には，化学蒸着法(CVD：Chemical Vapor Deposition)と物理蒸着法(PVD：Physical Vapor Deposition)がある．工具は耐摩耗性と耐欠損性が要求されるが，コーテッド工具は，これらの機能が要求される場所が違うことに着目して開発されたものである．すなわち，摩耗は工具表面で生じる現象であるため表面を硬い材質にし，欠損は工具自体の強度に関係するため母材を靭性の高い材質にするように設計されたものである．

6.3.5 工具摩耗

　工具は，切削時間とともに，図6.18のように仕上げ面または切りくずと接触している箇所が擦り減る，すなわち摩耗(wear)という現象が生じる．切りくずと接触するすくい面は，摩耗の進行により図のようにくぼんだ形状とな

る．この摩耗は「すくい面摩耗」，または「クレータ摩耗(crater wear)」と呼ばれている．すくい面摩耗の大きさは，摩耗した領域におけるくぼみの深さで評価するため，表面粗さ計を用いてその深さを測定する．最近では，非接触の測定機器により三次元的に形状を観察し，最深部の測定が可能となっている．一方，仕上げ面と接触する工具の側面，すなわち逃げ面側にも摩耗が生じるが，これを「逃げ面摩耗(flank wear)」と呼んでいる．逃げ面摩耗は，顕微鏡で摩耗部分を観察しながら切れ刃稜線からの摩耗領域の幅を測定し，これによって摩耗の規模を評価する．また，逃げ面の切削領域と非切削領域の境界部は，刃先側よりも摩耗の進行が速くなる．この摩耗は「境界摩耗」と呼ばれており，加工雰囲気や前加工による被削材の加工硬化の影響によって摩耗が大きくなる．

図 6.19 は，切削時間に対するすくい面摩耗と逃げ面摩耗の進行を模式的に示したものである．すくい面摩耗は，摩耗が進行しても工具面上の応力や温度が大きく変化しないため，摩耗深さは切削時間とともに線形的に増加する．一方，逃げ面摩耗の進行には，切削初期に摩耗の進行が速い初期摩耗過程，緩や

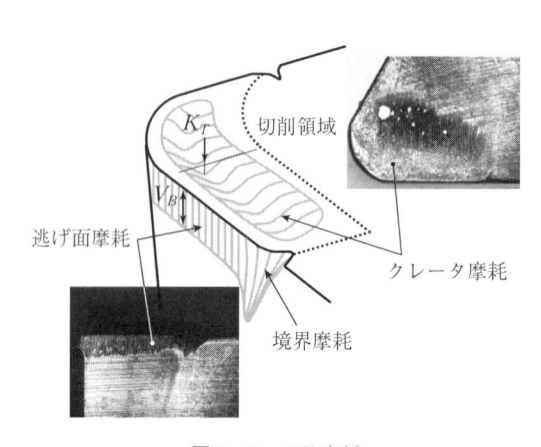

図 6.18 工具摩耗

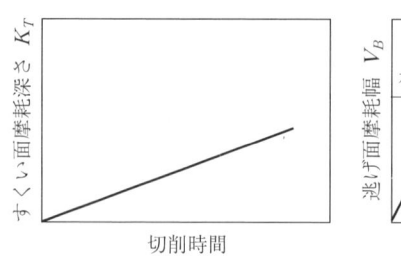

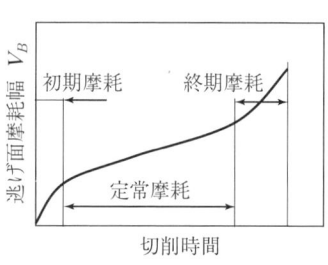

図 6.19 工具摩耗の進行

かに摩耗が進行する定常摩耗過程，切削終期に摩耗の進行が速くなる終期摩耗過程がある．

工具は被削材と接触して相対的に運動しているため，工具がどのような材質であっても摩耗は進行する．摩耗が過大になれば，加工精度，仕上げ面粗さ，加工変質層に影響を及ぼすため，摩耗がある一定の規模になった段階で工具を交換する．ここで，「寿命判定基準」として，図 6.20 (a) のように工具として使用できる最大のすくい面摩耗深さを K_{TC}，逃げ面摩耗幅を V_{BC} とすれば，これに至るまでの時間が「工具寿命」となる．工具摩耗は，切削速度が高くなると切削温度が上昇するために，その進行が速くなる．そのため，切削速度が増加すると工具寿命が短くなる．一般に，切削速度 V と工具寿命 T の両者の対数は，図 (b) のように線形的な関係になり，切削速度と工具寿命は以下の式で関係づけられる．

$$VT^n = C \tag{6.24}$$

ただし，n と C は定数であり，被削材と工具の組合せによって与えられる．

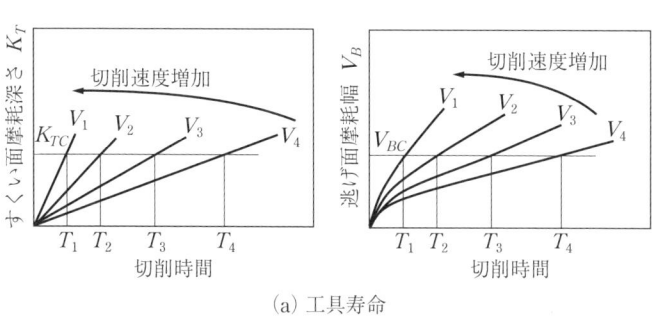

(a) 工具寿命

(b) 工具寿命と切削速度との関係

図 6.20　工具摩耗過程と工具寿命

式 (6.24) は工具寿命に対して切削速度を関連づけるものであるが，切削条件としては，さらに切込み d や送り f に対しても，ξ, δ, ζ, n, C のパラメータによって，次式のように関連づけることができる．

$$V^\xi f^\delta d^\zeta T^n = C \tag{6.25}$$

式 (6.24) や式 (6.25) は，いずれも切削条件と工具寿命との関係を示したものであるが，式中のパラメータは工具形状や寿命判定基準に依存する．したがって，これらの関係式を多種多様な切削作業に対して用意することは難しい．通常，摩耗現象は，接触面における応力と温度に依存するものであり，それらの物理的な因子と摩耗とを関連づけることも可能である．例えば，摩耗面の単位面積当たりにおいて，擦過距離 dL 当たりの摩耗体積 dW/dL は，接触界面における応力 σ と温度 θ に対して次式で与えられる[9]．

$$\frac{dW}{\sigma dL} = C\exp\left(\frac{-\lambda}{\theta}\right) \tag{6.26}$$

ただし，C と λ は被削材と工具材の組合せによって与えられる定数である．したがって，工具面上の応力および温度分布から，式 (6.26) に基づいて摩耗速度を解析することも可能である．

6.3.6 加工精度

加工精度は，工作機械の運動特性，工具や被削材の保持精度に起因する幾何学的な誤差と，切削中の切削力，切削温度，工具摩耗の状況に起因する誤差に依存する．

幾何学的な誤差要因としては，

(1) 工作機械の運動精度

工作機械の各軸の運動における幾何学的な誤差．駆動時の制御系における応答特性に起因する工具経路の誤差．

(2) 工作機械の熱変位

運転時における工作機械のモータおよび主軸系と，テーブル駆動系から発生する熱によって工作機械が熱変形し，精度が低下する．

(3) 被削材・工具の保持誤差

被削材や工具の取付け誤差．エンドミルやドリルのような回転工具を使用す

る作業では，主軸の回転中心と工具の回転中心が一致せずに振れ回りを起こし，誤差の原因となる．

一方，切削過程に起因する誤差は，以下のようにまとめられる．

(1) 力学的誤差

切削力による工作機械，被削材，工具の変位．

(2) 熱的誤差

切削熱による被削材および工具の熱変形．冷却水の温度上昇，切りくずの熱による工作機械や被削材の熱変形．

(3) 工具摩耗

切れ刃の摩耗により所定の切込みが得られないことに起因する誤差．摩耗に伴う切削力の増加による力学的誤差，切削温度上昇に伴う熱的誤差．

以上の切削過程における要因に対しては，前項まで述べてきた切削力，切削温度，工具摩耗を解析的に推定できれば，加工誤差をある程度の精度で予測できる．したがって，各加工部位で加工誤差を予測し，予想された誤差に応じて工具経路を変更することで精度の高い加工が可能となる[10]．

6.3.7 仕上げ面粗さ

仕上げ面粗さに関する要因としては，幾何学的粗さと材料の挙動に起因する粗さがある．また，加工中の振動が表面粗さにも影響するため，機械，工具，被削材の剛性や減衰性については，十分な配慮が必要である．

図 6.12(a) のような旋削では，被削材の回転と工具の送りによって，加工面には図 6.21(a) のような凹凸が残り，それが幾何学的な粗さとなる．また，仕上げ面は副切れ刃（前切れ刃）の形状によって制御されるため，図 (b) のように，こ

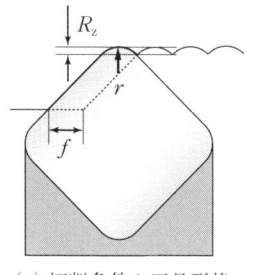

(a) 切削条件や工具形状による粗さ

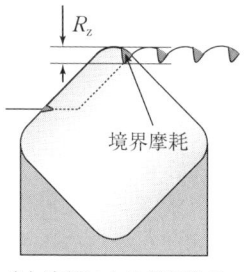

(b) 摩耗による幾何学的粗さ

図 6.21 旋削作業における幾何学的粗さ

の領域における摩耗が仕上げ面粗さに影響する．したがって，最大高さ粗さ R_Z は工具形状と工具摩耗によって次式で与えられる．

$$R_Z = (V_B' - V_B)\tan\alpha + \frac{f^2}{8(R - V_B\tan\alpha)} + \frac{V_B'^2 - V_B^2}{D} \qquad (6.27)$$

ただし，R と α は工具のコーナ半径と副切れ刃（前切れ刃）の逃げ角，f は被削材1回転当たりの送り，D は被削材の直径，V_B, V_B' は副切れ刃（前切れ刃）の逃げ面摩耗幅と境界摩耗幅である．

　材料の挙動が仕上げ面に及ぼす現象には，構成刃先の発生と非切削領域への塑性変形がある．構成刃先は，素材から切りくずになる変形領域で硬化した材料が工具面に付着し，切れ刃のように作用する．この構成刃先は，切削速度が比較的低速で切削温度が低い場合に発生する．構成刃先が工具面に安定して付着していれば，工具面に覆うため工具摩耗が減ることが期待できる．しかし，構成刃先は，図 6.22 (a) のように発生，成長，分離，脱落の過程を繰り返す．そのため，切込みが一定にならず，また構成刃先が仕上げ面に残留することもあるため，仕上げ面粗さが悪化する．構成刃先は，特定の温度領域で生成するため，その生成温度以上になる切削条件を選定することで抑制できる．すなわち，一般的には切削速度を高くすることで構成刃先を消失させる．また，切削油剤を使用して構成刃先が工具面に付着することを防止することも可能である．

　非切削領域への塑性変形とは，通常，「バリ」や「かえり」と呼ばれており，図 6.22 (b) のように切削領域の外側に材料が逃げる現象である．外周長手旋削

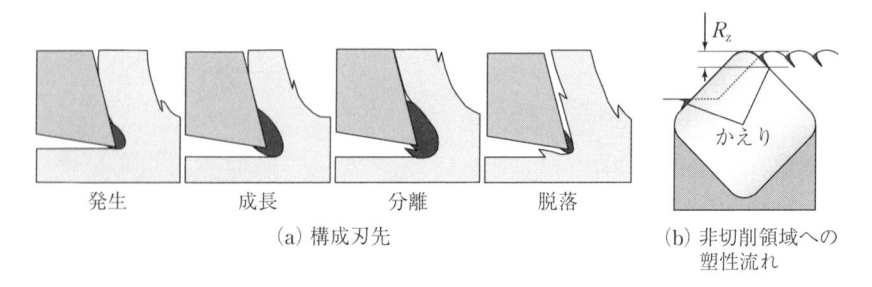

図 6.22　材料の挙動に起因する仕上げ面粗さ

の場合，工作物の送り方向に発生する塑性変形は，その後の送りによって除去されるが，副切れ刃(前切れ刃)側に発生する塑性変形は仕上げ面粗さに影響する．ドリルやエンドミルの切削において，塑性変形による仕上げ面の悪化は，材料の縁部に発生するバリがあり，バリ取りの後工程が必要となる．

6.4 超精密・微細切削

6.4.1 微小切込みにおける材料変形

切削過程において切込みが小さいと，切りくずが生成せずに表面だけが変形する．したがって，切込みの小さい切削過程では，図 6.23 のように材料の変形モードが変化する．このように，微細切削では切りくずを生成するための最小の切込み，すなわち「最小切取り厚さ(minimum chip thickness)」を考慮しなければならない．

この最小切取り厚さは切れ刃先端部の形状や材料特性に依存するが，切込みが最小切取り厚さよりも小さい場合，図(a)のように切れ刃が材料を押し込むだけで切りくずは生成されない．切込みが最小切取り厚さより大きくなると，図(b)のように切りくずが生成する．超精密切削や微細切削では，切りくずを生成する最小切込みの存在が全体の切削除去厚さに対して相対的に大きくなるため，加工精度の制御が難しくなる．

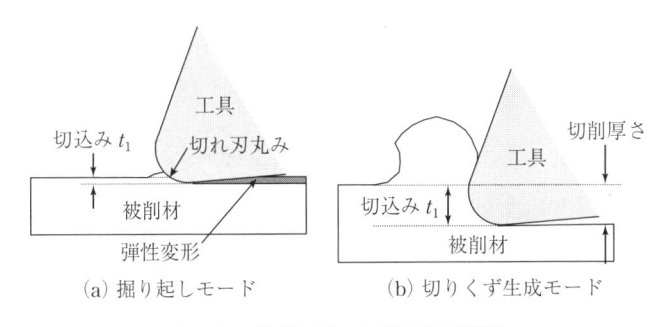

図 6.23 微細切削における変形機構
(a) 掘り起しモード
(b) 切りくず生成モード

6.4.2 微細切削における切削力

微細切削における材料の変形挙動は，切込みに対する切削力の変化にも反映される．6.3.2項で示した切削抵抗式では，切削力は切りくず生成に関与する力成分として，切削面積と比切削抵抗の関数で示している．一方，超精密・微細切削では工具先端部近傍の塑性流れによって，刃先にかかる力が相対的に大きくなる．例えば，切込み t_1，切削幅 b の二次元切削の場合，切削力は一般的に次式で示される．

$$F = p_p b + p_s t_1 b \tag{6.28}$$

この式の第1項が刃先にかかる押込み力成分であり，p_p は単位切削幅当たりの押込み力である．第2項は切りくず生成による力成分で，p_s は単位切削面積当たりの切りくず生成力である．この式より，切込み t_1 が大きい切削では相対的に第2項が第1項に比べて大きくなるため，近似的には，次式で切削力を見積もれる．

$$F \cong p_s t_1 b \tag{6.29}$$

6.3.2項における切削抵抗の式 (6.13) は，このように切込みの大きい範囲で適用できるものである．一方，切込み t_1 が小さくなると第1項の大きさが変わらないが，第2項が小さくなるため，第1項が切削力に寄与する効果が相対的に大きくなる．そのため，微細な切込みにおける切削力は，式 (6.28) で考えなければならない．さらに，切りくずを生成する最小切込みより小さい切込みでは，次式のように第1項のみの成分で力を見積もることになる．

$$F = p_p b \tag{6.30}$$

6.4.3 超精密・微細切削における工具およびその取付け

加工精度は工具の取付け精度に依存するが，超精密・微細切削では，工具の成形精度も重要となる．すなわち，ミクロンオーダからサブミクロンオーダの加工において，形状精度が同じオーダで成形されている工具では，加工精度の制御が不可能である．工具は研削によって成形されているのが一般的であるが，研削による切れ刃稜線の凹凸が加工精度に影響する．また，最近では微細工具でもコーティング処理をされることが多くなっているが，コーティング材

6.4 超精密・微細切削　131

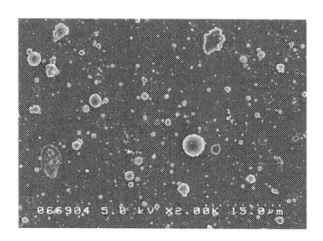

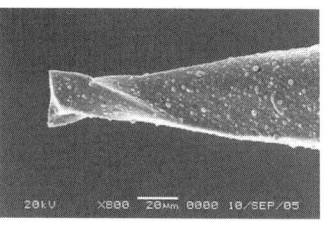

(a) 通常のコーティング処理

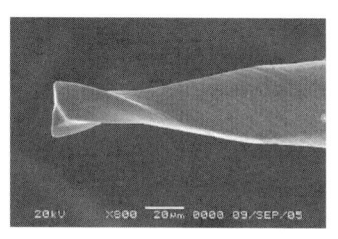

(b) ナノコーティング処理

図 6.24　微小径エンドミルのコーティング処理〔提供：日立ツール(株)〕

料の粒子も十分に小さいことが要求されている．図 6.24 は，通常のコーティング処理とナノレベルの粒子によるコーティング処理の工具であり，微細加工では後者の工具が必要となる．

工具の取付けで特に問題となるのは，エンドミルやドリルの切れ刃の振れである．工具がいかに精度よく成形されていても，工作機械の主軸の回転中心と工具の中心がずれていると各切れ刃の回転半径が異なるため，精度のよい加工ができない．複数の切れ刃を有する工具では，各切れ刃が均等に材料を除去しなければならないが，切れ刃に振れがあるとそれぞれの切れ刃の除去量が異なる．図

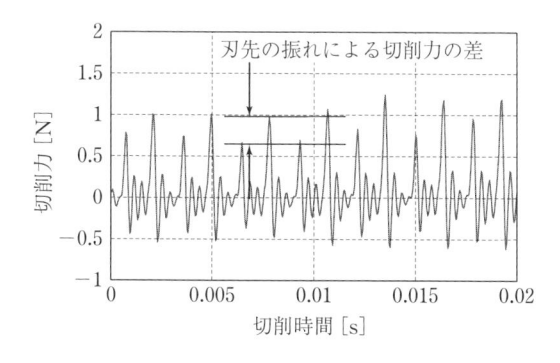

図 6.25　工具の振れがある場合の切削力

6.25 は，2枚の切れ刃を有する直径 0.4 mm のエンドミルの切削力を測定した例であるが，切れ刃の振れによってそれぞれの回転半径が異なり，両者に負荷する力も異なっている．この振れによって，切れ刃の運動が理想的な軌跡とならず仕上げ面粗さが悪くなる．また，切れ刃の負荷が異なるため，それぞれの切れ刃の摩耗も不均一となり，工具寿命にも影響する．なお，エンドミルやドリルの回転半径の違いは，取付けによる静的な振れだけでなく，回転中の切削力によって工具がたわみ，切れ刃の回転半径が変動する．このような動的な振れは通常の切削作業でも生じるが，特に，微小径工具は剛性が低いため，工具の変位に対する配慮が必要である．

6.4.4 微細切削における材料の結晶が及ぼす影響

微細切削では，加工サイズとともに要求される加工精度も厳しくなり，その要求精度が 10 μm 以下になることも少なくない．一方，通常の金属材料の結晶粒は 10 μm からそれ以上の大きさであるため，その結晶粒のばらつきが加工精度に及ぼす影響が相対的に大きくなる．すなわち，微細切削では，結晶粒の大きさや方向の変化によって切削抵抗が変動し，精度や仕上げ面が悪化する[11]．

図 6.26(a) は，平均粒径 10 μm の結晶を有するステンレス鋼の組織である．最近では，材料開発技術の進歩とともに，図 (b) のように結晶を平均粒径 1.5 μm に微粒化することが可能となっている．

(a) 標準材料 (b) 微細結晶粒材料

図 6.26 ステンレス鋼の結晶組織

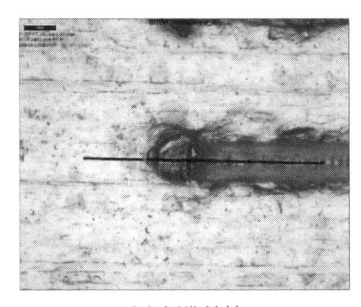

(a) 標準材料 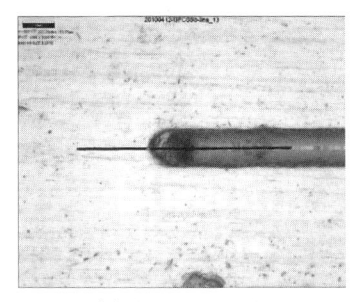 (b) 微細結晶粒材料

図 6.27　仕上げ面に対する結晶粒径の効果

　図 6.27 は，これらの結晶粒径の異なるステンレス鋼に対し，先端角 60°の三角形状のすくい面を有するダイヤモンド工具で，切込み 13 μm で平削りをしたときの仕上げ面を比較したものである．図(a)は平均粒径 10 μm の結晶を有する被削材の仕上げ面，図(b)は平均粒径 1.5 μm の被削材における仕上げ面である．溝の稜線に着目すると，結晶粒が小さい材料では溝幅が一様であり，良好な仕上げ面が得られている．このように微細切削では，結晶の大きさが仕上げ面や加工精度に及ぼす影響が無視できない．

6.5　エコマシニング

6.5.1　切削加工における環境対応技術の背景

　環境に対する社会的なニーズとともに，製造技術においても多くの技術課題が挙げられている．これらは，工場における省エネ，省資源，産業廃棄物に関わるものなど多岐にわたっており，機械加工では「エコマシニング(ecological machining)」として，消費電力削減技術や環境負荷低減技術が開発されている[12]．

　切削加工における省エネは，工作機械のみならず，高精度の機械加工のために温度制御された恒温室や，塵や埃の量を制御したクリーンルームのような工作機械を設置している環境制御に関わる消費電力などの低減に対する技術が必要とされている．工作機械の消費電力としては，切削油剤を供給するクーラン

トおよび油空圧ユニットなどの周辺装置に対する割合が大きく,工具や被削材の主軸回転や送り軸の駆動に対する割合が相対的に低い.したがって,工作機械の消費電力削減に対する切削力の低減効果は小さい.一方,消費電力の割合が大きいクーラント技術に関する省エネ効果はかなり期待できる.例えば,クーラントを使用しない切削作業では,切削油剤供給に係わる消費電力を削減するため,大幅な省エネ効果につながる.

一方,機械加工における環境負荷低減に対しては,切削油剤の成分とその使用量に関する技術がある.切削工具の摩耗は,工具面の温度を低下させることで抑制でき,これまでの切削作業では切削油剤を十分に供給して刃先の温度を下げていた.しかし最近では,環境対応の観点から,油剤の化学成分に対する制限や,その廃液処理に関わる環境負荷低減の要求も強まり,切削油剤の使用量が制限されるようになっている.

6.5.2 切削油剤とその処理技術

エコマシニングには,省エネに対する物理的な側面と環境負荷物質の使用制限に対する化学的な側面を有している.既に述べたように,切削加工における省エネと環境負荷低減に対しては,切削油剤に関する改善効果が期待できる.

切削油剤には,潤滑,冷却,耐溶着,切りくず排出の機能がある.

(1) 潤滑機能

工具面の潤滑性を向上させて摩擦力を低下させ,切削温度を下げる.その結果,すくい面摩耗や逃げ面摩耗が抑制され,工具寿命が改善される.

(2) 冷却機能

切削領域に切削油剤を供給して切削熱を油剤側に逃がし,切削温度を下げて工具摩耗を抑制する.また,加工点における材料および工具の温度上昇を抑制することで熱膨張による加工誤差を抑制する.

(3) 耐溶着機能

構成刃先や刃先の溶着物は不安定な切削状態を誘発することが多く,その結果,仕上げ面品位を低下させることになる.切削油剤を工具と切りくずの界面に介在させることで,工具面における材料の付着物を抑制する.

（4）切りくず排出機能

切削油剤を加工点に供給しながら切りくずを加工領域から排出させる．例えば，穴加工においては，切りくずを穴の内部で詰まらせないようにすることで切りくずの擦過により穴内面の仕上げ面の劣化，工具の折損を防止できる．

2000年に改正されたJIS K 2241によれば，切削油剤は表6.1のように分類される．不水溶性切削油剤は，主に潤滑性向上のために原液で使用し，水溶性切削油剤は冷却効果を図るために，水に希釈して使用する．従来の切削油剤に含まれている化学物質の中には環境負荷の高いものもあったため，例えば，難削加工材や非鉄系材料の加工に効果的であった塩素系極圧添加剤を含む切削油剤が近年では使用できなくなっている．

油剤の廃液に関する処理としては，分離・回収技術，集塵技術，浄化技術がある．分離回収技術としては，切りくずと油剤の混合物を分離し回収するものであり，その方法には機械的なものから，化学的・磁気的な作用を利用したものもある．集塵技術では，加工時粉状のくずを集塵する技術である．浄化技術

表6.1 切削油剤（JIS K 2241）

不水溶性切削油剤	不活性タイプ	JIS N1種（混成タイプ）：鉱油および/または脂肪油からなり，極圧添加剤を含まないもの
		JIS N2種（不活性タイプ）：N1種の組成を主成分とし，極圧添加剤を含むもの（銅板腐食が150℃で2未満のもの）
		JIS N3種（中活性タイプ）：N1種の組成を主成分とし，極圧添加剤を含むもの（硫黄系極圧添加剤を必須とし，銅板腐食が100℃で2以下，150℃で2以上のもの）
	JIS N4種（活性タイプ）：N1種の組成を主成分とし，極圧添加剤を含むもの（硫黄系極圧添加剤を必須とし，銅板腐食が100℃で3以上のもの）	
水溶性切削油剤	JIS A1種（エマルジョン形）：鉱油や脂肪油など，水に溶けない成分と界面活性剤からなり，水に加えて希釈すると外観が乳白色になるもの	
	JIS A2種（ソリュブル形）：界面活性剤など水に溶ける成分単独，または水に溶ける成分と鉱油や脂肪油など，水に溶けない成分からなり，水に加えて希釈すると外観が半透明ないし透明になるもの	
	JIS A3種（ケミカルソリューション形）：水に溶ける成分からなり，水に加えて希釈すると外観が透明になるもの	

は，切削油，冷却油などの貯蔵タンクの洗浄に関するものである．いずれも切削に関する付帯的な技術であり，エコマシニングにおいてはこれらに対する配慮も必要である．

6.5.3 油剤供給量の低減

切削油剤の制限により，油剤供給量を必要最小限にする技術としてセミドライ加工がある．通常，MQL (Minimal Quantity Lubrication) と呼ばれ，加工領域に極微量潤滑油をミスト状に供給する．供給の方法には，工具の側面からノズルによって切削油剤を供給する外部供給方式と，工具内部の切削油剤供給用の穴を利用し，工作機械の主軸内部から切削油剤を供給する内部供給方式がある．切削油剤として成形油と水を混合した油膜付水滴を供給すると，油が潤滑作用に，水が冷却効果に寄与する．

切削油剤をまったく使用しない切削はドライ加工[13]と呼ばれ，工具の冷却や潤滑技術としては，セミドライよりも難しくなる．通常は，エアブローによる冷却方式となるが，さらに低温の空気を供給する「冷風加工」もある．最近では，液体窒素を供給する冷却方法もあるが，これらは切削点における温度を下げるのみであり，潤滑効果は期待できない．そのため，工具表面に対して潤滑性を持たせる必要がある．また最近では，潤滑性を有する薄膜材料を工具にコーティングしたものもあるが，ドライ加工においては，これらの工具材質の選定に対して十分な配慮が必要である．

従来の大量に供給されていた切削油剤は，冷却，潤滑のほかに，切りくずの制御にも役立っていた．しかし，切削油剤を十分に使用できないドライやセミドライ加工では，切りくずの制御が難しく，適切な切削条件のもとで切りくずの流れを管理しなければならない．

切削作業は，古くから製造技術として適用されてきた機械加工法であり，他の加工法に比べて効率的で精度の制御が容易な点が特長である．最近では，環境および省資源の観点から，できる限り切削せずに最終製品に仕上げる技術も開発されつつある．しかし，依然として産業界における切削のニーズは高く，自動車や航空機の製造技術では不可欠な加工となっている．そのため，経済的

な切削工程を考えることは製造におけるコスト競争において重要な課題である．しかし，生産立ち上げ期間の短縮に対する要求が強まる中で，多くの切削試験による切削条件や工具の選定を試行錯誤的に実施することが困難な状況にある．

　本章では，そのような観点から切削現象の物理的な背景とその因果関係を示した．切削現象に対する基本的な考え方としては，切削力あるいは切削エネルギーに基づいて切削温度と工具摩耗を推定し，さらに加工精度や仕上げ面に関連づけることである．今後，開発される新材料に対して切削工程を設計する場合も，基本的には同じ考え方で，よりよい切削条件や工具を選定できるものと期待する．

参 考 文 献

1) M. E. Merchant : "Mechanics of the Metal Cutting Process. II. Plasticity Conditions in Orthogonal Cutting", Journal of applied physics, Vol. 16 (1945) p. 318.
2) M. Kronenberg : Grundzüge der Zerspanungslehre (1954).
3) E. Usui, A. Hirota and M. Masuko : "Analytical Prediction of Three Dimensional Cutting Process–Part 1 Basic Cutting Model and Energy Approach", Transactions of the ASME, Journal of Engineering for Industry, Vol. 100 (1978) p. 222.
4) M. C. Shaw : Metal Cutting Principles, Oxford University Press (1960).
5) E. Usui, T. Shirakashi and T. Kitagawa : "Analytical Prediction of Three Dimensional Cutting Process-Part 3 Cutting Temperature and Crater Wear of Carbide Tool", Transactions of the ASME, Journal of Engineering for Industry, Vol. 100 (1978) p. 236.
6) Boothroyd : "Photographic Technique for the Determination of Metal Cutting Temperatures", British Journal of Applied Physics, Vol. 12 (1961) p. 238.
7) E. G. Loewen and M. C. Shaw : "On the Analysis of Cutting-tool Temperature", Transactions of the ASME, Vol. 76 (1954) p. 217.
8) J. C. Jaeger : "Moving Sources of Heat and the Temperature at Sliding Contacts", Proceedings of the Royal Society of New South Wales, Vol. 76 (1942) p. 203.
9) E. Usui, T. Shirakashi and T. Kitagawa : "Analytical Prediction of Tool Wear", Wear, Vol. 100 (1984) p. 129.
10) 松村　隆・石井章宏・臼井英治：「一般円筒形状部品の旋削作業における加工精度補償システム」，日本機械学会論文集(C編)，Vol. 65, No. 640 (1999) p. 4876.
11) T. Komatsu, T. Matsumura and S. Torizuka : "Effect of Grain Size in Stainless Steel on Cutting Performance in Micro-Scale Cutting", International Journal of Automation Technology, Vol. 5, No. 3 (2011) p. 334.
12) 平成16年特許流通支援チャート―機械14「エコマシニング」，独立行政法人工業所有権情報・研修館® (2005).
13) 松原十三生：「環境対応加工技術の現状と課題」，精密工学会誌, Vol. 68, No. 7 (2002) p. 885.

第7章　固定砥粒加工

7.1　固定砥粒加工とその原理

　固定砥粒加工法(bonded-abrasive machining)は，切れ刃となる微小な高硬度の粒子である砥粒(abrasive grain)を結合剤(bonding material)によって互いに固定あるいは基材に付着させた工具を用いる除去加工法であり，精密機械部品や光学部品，電子部品，医療部品などの仕上げ工程に多く採用されている．さらに，工作機械ならびに砥粒工具の進展により，超精密加工法としても採用されている．本章では，固定砥粒加工法を研削加工(grinding)，切断加工(cutting-off)，研磨加工(abrasive finishing)に分類して説明する．

　固定砥粒加工を行うためには，砥石(砥粒工具)を工作物に切り込ませる必要があり，その方法によって強制切込み加工(controlled depth machining)と圧力切込み加工(controlled force machining)に大別される．強制切込み加工は，図7.1のように工作機械の切込み機構によって工具を設定する切込み深さだけ強制的に切り込み，工作機械の運動機構によって工具と工作物との間の相対運動をさせて加工するものであり，研削加工のほとんどがこれに該当する．したがって，強制切込み加工では，加工量は切込み量によって定まり，一般的に加工能率は高いものの砥石(砥粒工具)および工作物の運動精度が工作機械の静的および動的精度に支配されるため，加工精度は工作機械の精度を上回ることにはならない．このように，強制切込み加工において工作機械の精度に工作物の精度が支配されることを母性原則(copying principle)という．

　一方，圧力切込み加工は，図

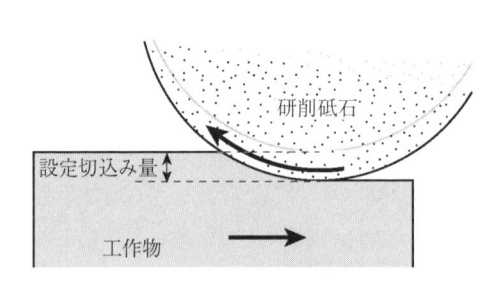

図7.1　強制切込み加工(母性原則)

7.2のように加工のために必要な工具の切込みを所定の加圧力により与えるものであり，砥石および研磨布紙による研磨加工に加えて，固定砥粒ワイヤ工具による切断加工ならびに一部の研削加工がこれに該当する．この場合，工具あるいは工作物は比較的フレキシブルに支持されることが多く，工具は加工されている面に浮かんだような状態，すなわち浮動状態で加工面自体に案内され，加工精度は相対運動を与え

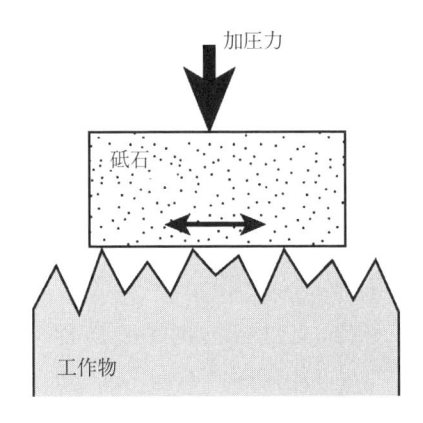

図7.2 圧力切込み加工（浮動原理）

る工作機械の運動精度ではなく，加工されている面自体の精度によって決定される．これを浮動原理（floating principle）という．したがって，加工面の精度が加工の進行に伴って向上すれば工具の案内精度も向上し，これによってさらに加工面の精度が向上するように，圧力切込み加工における精度は，加工条件が適切であれば，使用する工作機械の精度を超えることができる．圧力切込み加工では，個々の砥粒切れ刃がそれらに作用する微小な力に相当するだけ工作物に切り込むが，一般的にその深さは非常に小さく，加工量自体も小さいため，品質を重視する場合に用いられる．

7.2 研削加工

　研削加工は，高硬度の砥粒を結合剤でディスク状あるいはカップ状に固めた研削砥石（grinding wheel）を工具とし，それを高速度で回転させながら工作物に干渉させ，両者に相対運動を与えることによって，工作物を切りくずとして削り取る加工法である．通常の研削加工では砥石に数十ミクロン以下，超精密研削（ultraprecision grinding）ではサブミクロン以下の切込み量を与え，工具との接触面における多数の砥粒切れ刃が同時に工作物を削るため，その加工単位は非常に小さい．これによって，表面粗さの小さい高品位な仕上げ面を得ることができる．

　研削加工は，多くの精密部品や金型などの仕上げ工程に採用されており，特

に焼入れ処理や浸炭処理，窒化処理により表面層を硬化した金属材料やガラス，セラミックスなどの硬脆材料など，切削加工では高能率な加工が困難な材料の加工法として研削加工は不可欠である．また，ゴム材料などの弾性材料の精密加工にも用いられ，その利用は多岐にわたる．

7.2.1 研削方式

(1) 円筒研削

円筒の外面を研削する方法が円筒研削 (cylindrical grinding) で，工作物を両センタまたはチャックで保持して回転させながら研削砥石によって加工を行う．円筒研削の方式は，図7.3のように砥石に切込み運動だけを与えることによって，研削するプランジ研削 (plunge grinding) と工作物の一端あるいは両端で所定の切込みを与え砥石幅方向の送り運動を与えて研削するトラバース研削 (traverse grinding) に大別される．

プランジ研削方式では，円筒外面のみならず任意の母線形状を有する回転体の外面を，その逆の形状に成形した研削砥石 (総形砥石) を用いて研削〔総形研削 (form grinding)〕することもできる．また，工作物軸に対して砥石軸に角度を持たせることにより，テーパ形状の面や工作物回転軸に垂直な面を円筒外面と同時に研削〔アンギュラ研削 (angular grinding)〕することもできる．

トラバース研削方式では，一般に工作物に送り運動を与えるが，工作物が大きく重い場合や作業空間に制限のある場合には砥石に送り運動を与える．トラ

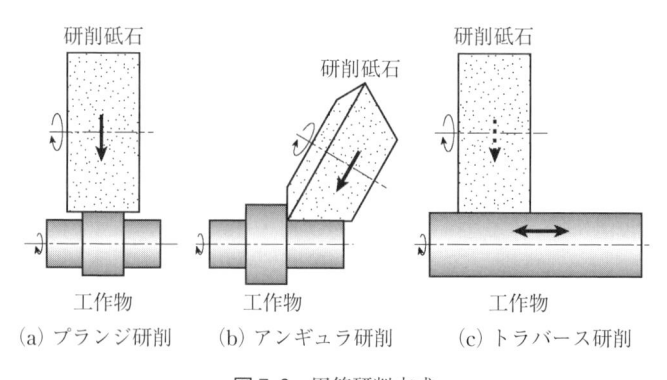

(a) プランジ研削　(b) アンギュラ研削　(c) トラバース研削

図7.3　円筒研削方式

7.2 研削加工

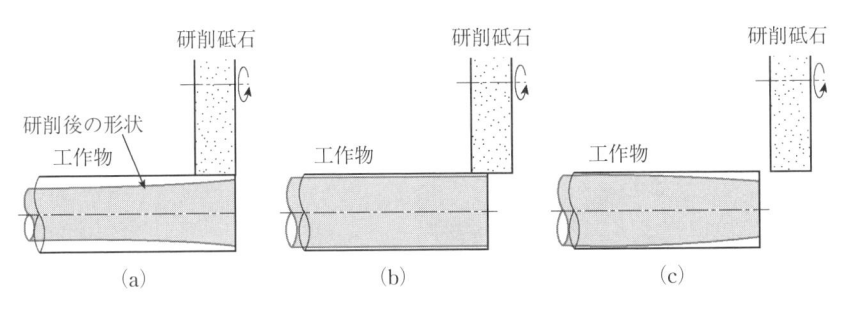

図7.4 トラバース研削の切込み位置

バース研削での砥石の切込みは，図7.4(b)のように研削砥石の一部が工作物上にある場合に与えるとよいとされる．図(a)では切込み時に砥石の逃げが大きくなるため工作物の端が太くなり，図(c)では砥石の接触後，送り運動とともに砥石の逃げが大きくなるため，工作物の端が細くなる．工作物1回転当たりの砥石送り量は，研削では研削砥石幅の2/3～4/5程度，仕上げ研削では1/2～2/3程度が適当である．

強制切込み加工である円筒研削は，砥石を設定量だけ切り込んでも，砥石の摩耗，砥石軸や工作物支持部の変位などのために，加工量は設定した砥石切込み量とは一致しない[1]．さらに，砥石も摩耗することから，特に量産加工においては，図7.5に示す定寸装置を用いて工作物径を監視しながら研削され，設定寸法に達した時点で研削を終了することによって，工作物の寸法がミクロンレベルで管理される．さらに近年では，寸法誤差発生の一要因である研削熱による工作物の熱変形も考慮し，さらに高い加工精度を実現する円筒研削技術も開発されている[2]．また，工作物径

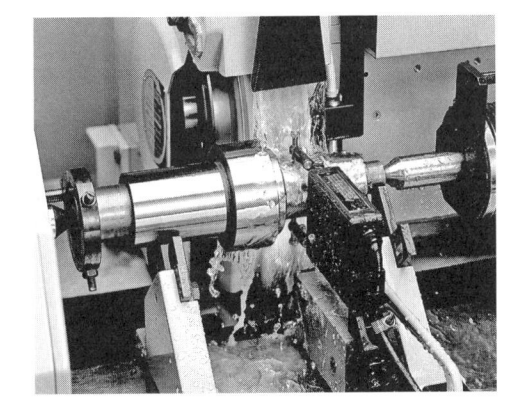

図7.5 定寸装置〔提供：(株)シギヤ精機製作所〕

図7.6 ポリゴンピン研削〔提供：(株)シギヤ精機製作所〕

に対して比較的長い軸形状の工作物を研削する場合は，旋盤作業と同様に振止め(rest)が用いられる．

また，研削盤(grinding machine または grinder)のNC(Numerical Control：数値制御)技術の発展により，円筒研削法を応用したクランク軸研削(crankshaft grinding)やカム研削(cam grinding)といった高度な加工法も実用化されている．カム研削では，カムのCAD(Computer Aided Design：コンピュータ支援設計)データをもとにCNC(Computer Numerical Control：コンピュータ数値制御)カム研削盤の加工プログラムを作成し，カム生産の高能率化が図られる．さらに，カム研削における研削砥石の切込み運動と工作物の回転運動を高速かつ高度に制御[3]することによって，円筒形の工作物から任意の多角柱形状に研削するのがポリゴンピン研削(polygon grinding)である．その研削の様子を図7.6に示す．この研削法は連続した加工となるため，一般的な平面研削方式よりも非常に高能率であり，研削方向がポリゴンピンの軸に対して直角となることを特徴とする．

(2) 平面研削

研削によって平面をつくり出す方法が平面研削(surface grinding)であり，平面研削盤のテーブルに工作物を固定し，回転する砥石を切り込ませてテーブルに送り運動を与えて加工が行われ，高精度な金型や半導体ウェハ，光学素子の生産にも用いられる．平面研削は，研削砥石の円周面を用いるか，端面を用いるかによって，また工作物に与える運動が往復運動であるか，回転運動であるかによって図7.7に示す四つの基本形に分類することができる．研削砥石の円周面を用いる図(a)および図(b)では，研削砥石の幅に対して研削領域の幅が大きい場合，砥石幅方向に連続的もしくは断続的な送り運動を与えてト

7.2 研削加工　143

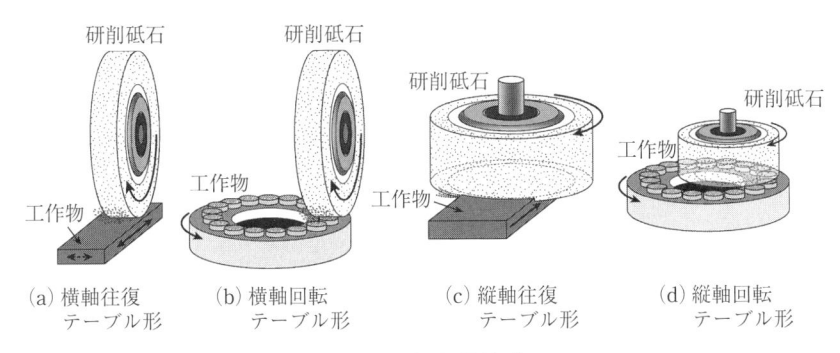

(a) 横軸往復
テーブル形

(b) 横軸回転
テーブル形

(c) 縦軸往復
テーブル形

(d) 縦軸回転
テーブル形

図7.7　平面研削方式

ラバース研削を行う．これに対して，砥石幅方向に送り運動を与えない方式をプランジ研削といい，（1）項の円筒研削の場合と同じ定義である．研削砥石の円周面を用いる場合は，1個の砥粒切れ刃が工作物と接触する長さは小さいのに対して，研削砥石の端面を用いる場合には砥粒切れ刃が工作物と接触する長さは大きい．したがって，研削

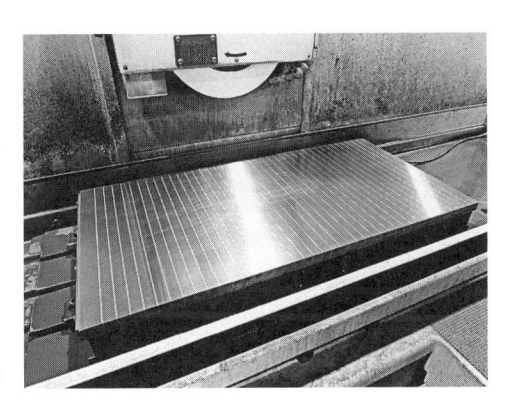

図7.8　電磁チャック

砥石の端面を用いる場合が円周面を用いる場合よりも高能率であるが，研削熱の発生が大きくなる．工作物が回転運動する場合は，回転テーブルの中心部と外周部で工作物速度が異なるため，加工能率や仕上げ面粗さなどの加工結果に影響が及ぼされることもある．

　平面研削では，工作物が鋼などの磁性体の場合，電磁チャック(図7.8)によりテーブル上に固定されることが多い．工作物が非磁性体の場合や，磁性体であっても十分な磁力を作用させることができない場合は，バキュームチャックや冷凍チャックなどが用いられる．

（3）内面研削

　穴の内面を研削する方法が内面研削 (internal grinding) であり，図7.9に示

(a) 普通形　　　(b) プラネタリ形

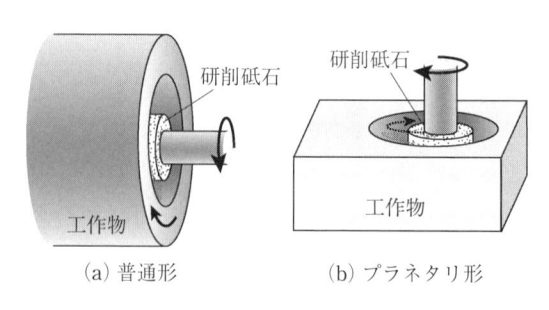

図7.9　内面研削方式

すように，回転する工作物の穴に砥石を挿入し，工作物軸に垂直に切込みを与える方式〔図(a)〕と，研削砥石が工作物に対して遊星運動しながら切り込む方式〔図(b)〕に大別される．一般的には，工作物の外形と穴が同心であることが多く，図(a)の方法が用いられるが，工作物の形状および寸法の点から工作物の穴を中心として回転させることが困難な場合は，図(b)の方法が用いられる．また，研削する穴の長さが研削砥石の幅より大きい場合は，研削砥石に軸方向の送り運動（トラバース運動）を与える．内面研削では，この送り運動をオシレーション（oscillation [motion]）と呼ぶこともある．内面研削では，砥石径が比較的小さいため，十分な研削速度を得るためには砥石軸を高回転させる必要があり，内面研削盤の砥石ヘッドには高周波モータやエアタービン方式が採用され，数万rpm以上の回転速度で駆動される．また，砥石径が小さいことに伴って砥石軸が細く剛性が小さいため，研削抵抗によって砥石軸がたわみ，研削される穴の径が砥石の入口側から奥になるに従って若干小さくなるテーパ形状に研削される傾向にある[4]．これが問題となる場合には，研削終了前に砥石を切込み方向とは逆にわずかに後退〔リトラクション運動（retraction [motion]）〕させ，砥石軸のたわみを解放させて仕上げ研削すれば，内面のテーパ形状は軽減される[5]．

（4）センタレス研削

センタレス研削（centerless grinding）は，工作物をセンタやチャックなどで主軸に取り付けて研削するのではなく，図7.10のように円筒形の工作物の外周を支えて研削する方法である．すなわち，工作物の中心を研削盤上で定める

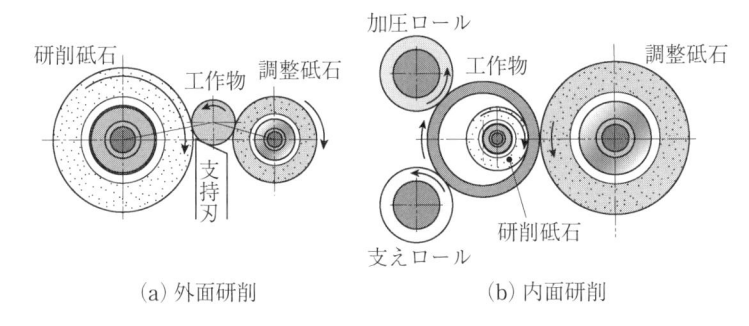

図7.10 センタレス研削方式

ことなく研削することが，この研削法の名称の所以である．したがって，センタレス研削作業では工作物の着脱を速やかに実施することができ，量産加工に適する．

センタレス円筒研削では，図(a)のように研削砥石，調整砥石および支持刃の三つで工作物を位置決めし，研削砥石を通常の研削作業と同様に高速回転させ，ラバー結合剤などでつくられた弾性を有する調整砥石を低速で回転させる．基本的には，（１）項の円筒研削と同様の工作物形状に研削するが，回転する研削砥石との接触によって工作物に回転が与えられ，研削砥石と連れ回ろうとする工作物に調整砥石でブレーキをかけながら研削するため，円筒研削であっても下向き研削である．また，図(b)に示すセンタレス内面研削の場合も同様である．

図(a)の円筒研削の支持刃は調整砥石側に傾斜しており，工作物を支持するとともに，工作物と調整砥石との間に工作物の研削時の回転に必要な摩擦力を生じさせる．この場合，両砥石の中心から工作物中心までの高さと支持刃の傾斜角度が加工精度に影響するため，適正に設定しなければならない．両砥石中心と工作物中心が同じ高さにある場合，工作物は等径ひずみ円形状に加工されることがある[6]ため，通常，工作物の中心は両砥石の中心より高い位置になるように設定し，その高さは工作物径の1/3〜1/2程度とする．なお，比較的小径の工作物の場合は，工作物の安定を図るため工作物の中心を両砥石の中心より下に設定する場合もある．

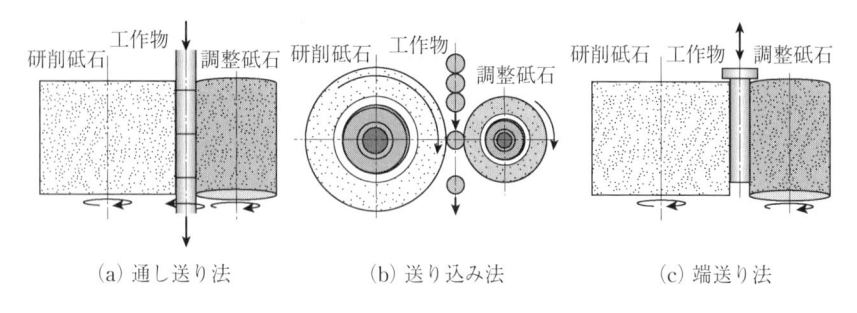

(a) 通し送り法　　　　(b) 送り込み法　　　　(c) 端送り法

図 7.11　工作物の送り込み方法

センタレス円筒研削においては，図 7.11 のような方法で工作物の送り込みが行われる．図 (a) の通し送り法では，調整砥石の軸を研削砥石の軸に対してわずかに傾けることによって工作物に送り運動が与えられる．

(5) 工具研削

バイト，ドリル，フライスカッタ，エンドミル，ホブなどの切削工具や，その刃面を研削することを総称して工具研削 (tool grinding) という．刃物および工具は，その形状や大きさも多種多様であり，それぞれに応じた加工箇所を有するため，加工は万能工具研削盤と呼ばれる一般的な工具研削盤，もしくはそれぞれの刃物または工具によって異なる専用の工具研削盤を用いて行われることが多い．工具材料は非常に硬いため，ダイヤモンド砥石を用いることが多い．図 7.12 は，フライスカッタの逃げ面およびすくい面の研削例である．

また，工具研削盤においても NC 化が進んでおり，主軸に取り付けられた工

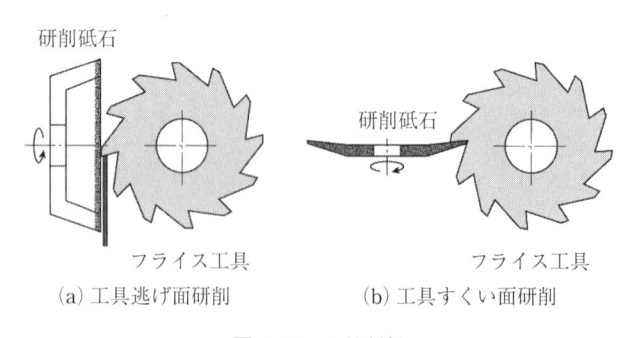

(a) 工具逃げ面研削　　　　(b) 工具すくい面研削

図 7.12　工具研削

具の角度割出しや砥石台の位置決めおよび各軸の運動制御によって，高精度な工具や微細な工具も高い能率で研削される．近年では，6軸制御機能が搭載されたCNC工具研削盤も開発されている．

（6）特殊研削

ねじ研削（thread grinding），歯車研削（gear grinding），輪郭研削（profile grinding），自由研削（free hand grinding）などを総称して特殊研削という．ねじ研削は，バイトによるねじ山の切削と同様に，一つのねじ山形状に成形した総形砥石をねじのねじれ角に合わせて傾斜させ，工作物のねじのリードと同じだけ工作物1回転当たりのトラバース送りを与えながらねじ溝の表面を研削するものであり，おねじばかりでなく，大径のめねじにも適用できる．

歯車研削は，歯形形状に沿うように成形した研削砥石を歯幅方向に往復動させることによって歯面の一つひとつを間欠的に研削する方式〔図7.13(a)〕と，ホブ切りと同様にねじ状に成形した砥石を回転させ，これに同期させて工作物の歯車を回転させながら切込みを与える方式〔図(b)〕がある．歯車の形状によって研削方式に制限はあるが，後者の方式では高能率に歯車研削を行うことができる．

輪郭研削は，さまざまな複雑形状に工作物を成形する研削法である．一般には，輪郭研削盤という専用機を用いて，総形砥石あるいは縁をとがらせたディスク状の研削砥石によって作業される．特に後者の砥石を用いる場合は，砥石

(a) ラック形〔提供：安田工業（株）〕　　(b) ウォーム形〔提供：REISHAUER AG社〕

図7.13　歯車研削

が工作物を順次研削している部分を拡大投影し，作業者がこれを見ながら所定の形状になるように砥石を前後して研削を行う．また，近年では縦軸あるいは横軸のCNC研削盤を用いて工作物を所定の輪郭形状に研削することも多くなっている．

自由研削は，床上グラインダ，ディスクグラインダ，ハンドグラインダなど種々の専用機械や器具を用いて手作業で行われる．一般に，粒度の粗いレジノイド砥石やビトリファイド砥石を用いて，バリ取りや黒皮むき，きず取りなどの目的で行われるため，寸法精度や表面粗さよりも能率を重視する粗研削である．

7.2.2 研削砥石

研削砥石は，研削加工における工具であり，砥粒を互いに結合材で固めることによって所定の回転体の形状にしたものである．研削砥石の例を図7.14に示す．その組織は，図7.15に示すように砥粒，結合剤，気孔により構成され，これらが研削砥石の3要素である．研削中は，研削砥石の表面に数多く存在する砥粒の一つひとつが切れ刃となって工作物を削り，結合剤はそれらの砥粒同士を結合させ保持する役目を担い，気孔は研削により生成された切りくずや砥石のくずを逃がし排出させることを助ける．研削砥石は，以下に示すその形状，寸法ならびに砥石の組織により極めて多くの種類が存在し，基本的に

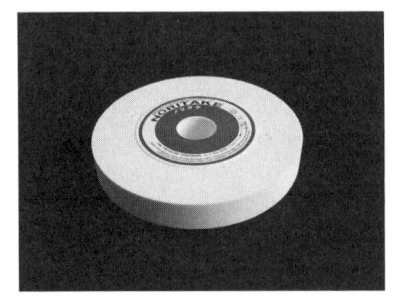

(a) 普通砥石　　(b) 研削砥石・超砥粒砥石〔提供：(株)アライドダイヤモンド〕

図7.14　研削砥石

一品一様で受注生産される．

（1）砥石構成要素

研削砥石は，上述の3要素から構成され，その研削性能は以下の5要因(砥粒の種類，粒度，結合剤，結合度，組織)に大きく影響されるので，工作物の材質や要求する加工精度など，その用途に応じて最適な研削砥石を選択することが重要である．

図7.15 研削砥石の組織

① 砥粒の種類

砥粒は，研削砥石の切れ刃として作用するので，その硬さ，靱性，化学的成分，結晶組織および形状が直接研削性能に影響する．研削砥石に用いられる砥粒は，そのほとんどが人造砥粒であり，一般砥粒と超砥粒に大別される．表7.1に，その種類を示す．

一般砥粒は，アルミナ(Al_2O_3)系砥粒と炭化けい素(SiC)系砥粒に区分されている．アルミナ系砥粒は，高硬度の酸化アルミニウム Al_2O_3 を主成分とするもので，主に鉄鋼材料の研削に用いられる．A砥粒(regular fused alumina)は，ボーキサイトを電気炉で溶融凝固した暗褐色の結晶であり，さらに電気炉で純度を高めたものがWA砥粒(white fused alumina)で白色の結晶である．WA砥粒はA砥粒よりも硬いがやや

表7.1 砥粒の種類

区分	区分	種類	材質
一般砥粒	アルミナ系砥粒	A	褐色アルミナ質
		WA	白色アルミナ質
		PA	淡紅色アルミナ質
		HA	解砕形アルミナ質
		AZ	アルミナジルコニア質
	炭化けい素系砥粒	C	黒色炭化けい素質
		GC	緑色炭化けい素質
超砥粒	ダイヤモンド砥粒	SD	合成ダイヤモンド
		SDC	金属被覆合成ダイヤモンド
	CBN砥粒	BN	立方晶窒化ほう素
		BNC	金属被覆立方晶窒化ほう素

靱性に劣る．AZ砥粒は，アルミナにジルコニア質原料を加えて溶融凝固させた結晶であり，その他のアルミナ系砥粒に比べて，硬さは小さいものの靱性が向上する．炭化けい素系砥粒は，アルミナ系砥粒より硬い炭化けい素(SiC)を主成分とするもので，一般に鋳鉄あるいは非鉄金属材料の研削に用いられる．C砥粒(black silicon carbide)は，けい石，けい砂およびコークスを電気炉で反応生成した黒色の結晶であり，GC砥粒(green silicon carbide)は，C砥粒よりも純度を高めた緑色の結晶である．

また，超砥粒(superabrasive)にはダイヤモンド砥粒とcBN砥粒がある．ダイヤモンド砥粒には天然のものもあるが，ほとんどが超高温高圧下で合成した人造のものである．極めて高硬度で，高い熱伝導性を有するが，高温環境で酸化や拡散が激しくなることから，鉄系材料の研削にはほとんど用いられず，主にガラスやシリコン，ファインセラミックスなどの高硬度材料の研削に用いられる．人造ダイヤモンド砥粒をSDで表記し，レジノイド結合剤との密着性を高めるため，砥粒表面にニッケル(Ni)や銅(Cu)などのコーティングを施したものをSDCで表記する．また，人造ダイヤモンド砥粒は，合成の際の条件によって砥粒の形状，破砕性などが異なり，砥粒メーカー独自でさらに細かく分類されている．

cBN砥粒は，超高温高圧環境下で人工的に合成される立方晶の窒化ほう素(BN)である．硬度はダイヤモンドに劣るが，耐熱性・化学的安定性に優れるため，表面硬化処理した鉄鋼材料や金型材料の研削に利用される．cBN砥粒についても，合成した状態の砥粒をBN，砥粒表面にNiやチタン(Ti)などのコーティングを施したものをBNCで表記する．また，ダイヤモンド砥粒と同様に，合成時の条件による砥粒の形状，破砕性などによって砥粒メーカー独自で分類される．

② 粒　　度

砥粒の大きさの指標を粒度(grain size)といい，砥粒のふるい分けに使用されるふるいの番号で表される．粒度の大きい砥粒ほど粒径は小さい．**表7.2**に，研削砥石に用いられる砥粒の粒度を示す．粒度#240以上の砥粒はふるい分けすることが不可能であり，沈降試験法により分級される．個々の砥粒は不均一な複雑形状であるため，図7.16のように同一の粒度のものでも大きさ

7.2 研削加工　151

表7.2　粒度の分類と表記

分類	粒度
粗粒	F 4, F 5, F 6, F 7, F 8, F 10, F 12, F 14, F 16, F 20, F 22, F 24, F 30, F 36, F 40, F 46, F 54, F 60, F 70, F 80, F 90, F 100, F 120, F 150, F 180, F 220
微粉	#240, #280, #320, #360, #400, #500, #600, #700, #800, #1000, #1200, #1500, #2000, #2500, #3000

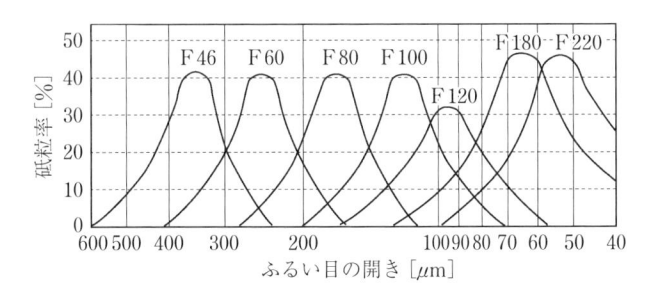

図7.16　砥粒の大きさの分布

は完全に同一にはならず，かなり広い範囲に分布する．

③ 結 合 剤

結合剤 (bonding material) は，切れ刃となる個々の砥粒を保持し，お互いをつなぎ留めることで砥石を形づくることを役目とする．結合剤の種類，強度によって砥粒の保持される特性が異なり，研削砥石の特性も変化する．表7.3に，主な結合剤とJISに定められた記号を示す．一般砥石の結合剤としては，ビトリファイド結合剤およびレジノイド結合剤が，また超砥粒砥石の結合剤としては，表中のゴム結合剤を除いたものが全般的によく用いられる．

ビトリファイド結合剤 (vitrified bond：記号V) は，粘土，長石などの窯業材料の粉末を1100℃前後で焼成することによって磁器質化させ砥粒同士を結合させたものである．ビトリファイド結合剤は，弾性係数がかなり大きく，砥粒の保持力が比較的大きいことに加えて，その配合によって

表7.3　結合剤の種類と記号

結合剤	記号
ビトリファイド	V
レジノイド	B
ゴム	R
メタル	M
電着	P

結合度，気孔率を広範囲に変化させることができる．また，研削液の影響を受けず，経時変化がなく品質が安定している．そのため，一般砥石，超砥粒砥石を問わず，かなりのものがビトリファイド砥石である．

レジノイド結合剤（resinoid bond：記号 B）は，熱硬化性樹脂（フェノール樹脂やメラミン樹脂など）の粉末を主体としたもので，砥粒に混入したものを約180℃でプレス成形することにより砥石がつくられる．ビトリファイド砥石よりも靱性が大きく，高速研削，重研削，切断，自由研削用の砥石として用いられる．また，ビトリファイド砥石よりも弾性にも富むため，超砥粒砥石では研削面の品質を重要視する場合にレジノイド砥石が用いられる場合もある．なお，熱硬化性樹脂であるため，経時変化の点で弱点を有する．

ゴム結合剤（rubber bond：記号 R）は，主に合成ゴム，生ゴムを主体とするものであり，加硫処理によってゴムの硬度を変化させて砥粒を結合させるものである．ゴム砥石は，レジノイド砥石よりもさらに弾性に富んでおり，センタレス研削の調整砥石や切断砥石に採用されるほかに，鏡面加工にも用いられる．なお，耐熱性に乏しいため，湿式での使用が前提である．

メタル結合剤（metal bond：記号 M）は，主に超砥粒砥石に用いられるもので，ブロンズ系あるいは鉄系の金属粉末を主体としたもので，数百℃で焼結することによって砥粒が保持される．一般的なメタルボンド砥石は，上記の金属粉末を砥粒と混合し，プレス成形したものを電気炉で焼結して製作される．これに対し，金属粉末のペーストを砥石の台金に薄く塗布し，その上から砥粒を付着させたものを真空炉で焼結して製作するものもある．これを単層メタルボンド砥石と称し，後述の電着砥石と砥石構造は同様であるが，砥粒率や砥粒の突出し高さを容易に変化させることができる特長を有する[7]．メタル結合剤は，砥粒の保持力が非常に大きいため，砥粒の脱落が少なく砥石の寿命が長いのが特長である．ガラスやファインセラミックスなどの硬脆材料や石材などの加工にも多く利用される．

電着（plating：記号 P）による砥石は，電気めっき法を用いて，Ni や Cu などを砥石の台金表面に析出させることによって砥粒を保持させるものである．電着による砥粒層は1層である．電着砥石は，製作が比較的容易で，総形砥石の製作にも簡単に対応することができる．また，多種多様な小径の軸付砥石の

製作にも柔軟に対応することができる．その対象は超砥粒砥石で，主な用途はメタルボンド砥石と同様である．また近年では，ダイヤモンドワイヤ工具の生産において，ピアノ線にダイヤモンド砥粒を固定する方法としても利用されている．

④ 結合度

結合度(grade)は，結合剤の砥粒保持結合強さを表す尺度であり，研削中の砥粒切れ刃に研削抵抗が作用することに伴う砥粒の脱落などの挙動特性と密接に関係する．砥粒が砥石表面から容易に脱落する砥石を結合度の低い砥石(軟らかい砥石)といい，逆に砥粒が砥石表面から脱落しにくいものを結合度の高い砥石(硬い砥石)という．このことを表7.4に示すアルファベットで表し，Aに近いほど結合度は低く，逆にZに近いほど結合度は高い．結合度の判定には，JIS R 6240-2008に規格されている大越式試験法，ロックウェル式試験法，ソニック式試験法が用いられる．ソニック式試験法は，音波で砥石を加振する際の固有振動数から結合度を判定するものである．結合度は，ある程度幅を持った尺度で，同じ結合度の砥石でも，その範囲内で砥石の硬さが若干異なる場合がある．

結合度の高すぎる砥石を選定すると，目つぶれ(glazing：砥粒切れ刃が摩滅し続けても砥石表面に残留し，砥石の切れ味が低下した状態)や目づまり(loading：切りくずが砥石表面に凝着して砥石の切れ味が低下した状態)が発生し，研削面品質の劣化につながる．逆に，結合度の低すぎる場合は，目こぼれ(breaking：砥粒が必要以上に脱落する状態)が発生し，加工精度や能率を損ねることにつながる．

表7.4 砥石の結合度

結合度
A, B, C, D, E, F, G, H, I, J, K, L, M, N, O, P, Q, R, S, T, U, V, W, X, Y, Z 軟らかい ←　　　　　　　　　　　　　　　　　　→ 硬い

⑤ 組織(集中度)

砥石の組織(structure)とは，一般砥石において砥石の組織に含まれる砥粒

の容積の割合(砥粒率)を表す指標であり，表7.5に示すように，砥粒率[8)]に応じ0から14までの数値で表示される．一般的な研削では，7程度の組織の砥石が用いられる．

一方，超砥粒砥石では，砥粒層に含まれる超砥粒の割合は集中度(concentration)で表示され，$4.4\,\mathrm{ct/cm^3}$の場合を集中度100としている〔$1\,\mathrm{ct}$(カラット)$=0.2\,\mathrm{gf}$〕．集中度100の砥石には，体積割合で約25％のダイヤモンド砥粒が含まれており，一般的には集中度75〜100の超砥粒砥石が多く用いられる．なお，電着砥石など単層の砥石には，集中度の定義はない．

(2) 砥石の形状

研削砥石の形状は，研削方式や使用する研削盤に応じて多種多様なものがある．JISでは，標準的な形状として21種類が号を付した番号で規定されている．そのうちの代表的なものを図7.17に示す．なお，超砥粒砥石は一般砥石と異なり，砥石作業面に数mm程度の厚さで砥粒層が存在するのみで，金属あるいは一般砥石によって形成されたコアに砥粒層が接着固定される．また，砥石作業面の断面形状についても，JISでは縁形としてアルファベットによる表記とともに規定されている．図7.18に主な縁形を示す．このほかにも，ウェハなどの研削に用いられる小型の砥石片(セ

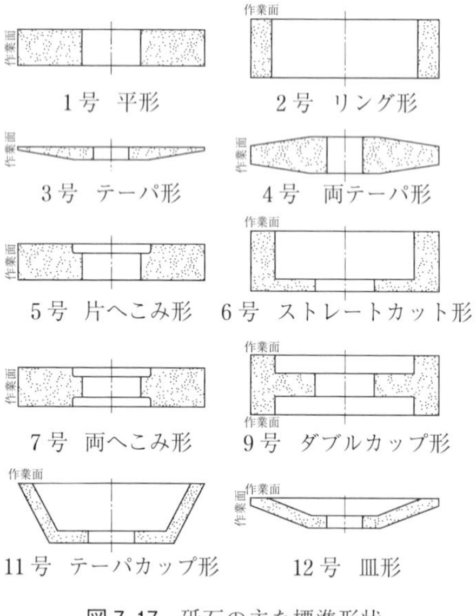

表7.5 砥石の組織

組織	砥粒率[％]	許容差[％]
0	62	
1	60	
2	58	
3	56	
4	54	
5	52	
6	50	
7	48	±1.5
8	46	
9	44	
10	42	
11	40	
12	38	
13	36	
14	34	

図7.17 砥石の主な標準形状

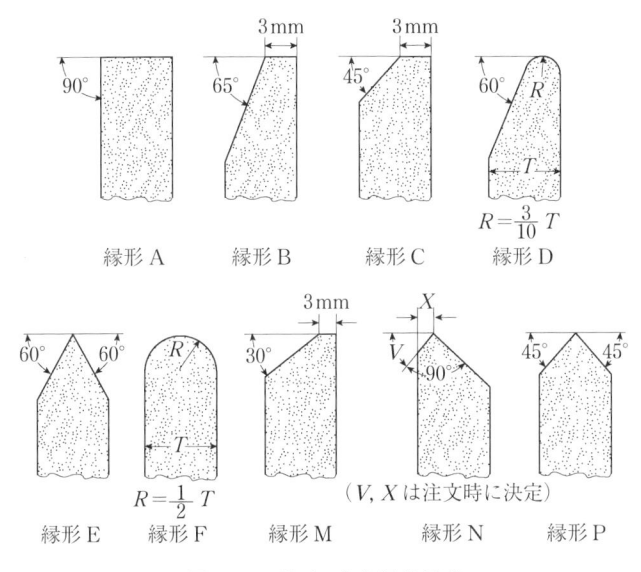

図 7.18 砥石の主な標準縁形

グメント)を台金に取り付けた砥石(図 7.19)や,型彫りなどに用いられる小形の軸付き砥石がある.

上記の砥石形状および縁形に加えて,砥石の寸法によって研削砥石の形状寸法は決定される.砥石の寸法は,(直径)×(厚さ)×(穴の内径)を mm で表示する.研削砥石の形状寸法は,使用する研削盤ならびに装着する砥石ホルダに適合したものでなくてはならない.

図 7.19 セグメント形砥石〔提供:(株)アライドダイヤモンド〕

研削砥石の製作に当たっては,上記の砥石の 5 要因,寸法形状に加えて,最高使用周速度を決定する必要がある.最高使用周速度は,その砥石の使用に当たって必ず遵守しなければならないもので,これを超えて使用する場合は,砥

石の破裂により作業者の死亡事故につながる危険性がある[9]．

（3）バランス調整

　研削砥石のバランスが十分に取れていなければ，回転中に振動が生じ，加工精度が劣化する．一般に砥石を使用する場合には，砥石は，砥石ホルダを介して研削盤に取り付けられる．したがって，研削砥石自体のみならず，砥石ホルダも含めたアンバランスが，砥石回転時の振動を誘発する．

　砥石のバランスの修正には，手動による方法と自動による方法がある．手動による方法では，砥石ホルダに取り付けられたバランスウェイトの位置を調整する．その際に，図 7.20 に示すような動バランサが用いられる．これは，砥石を研削盤に取り付けて，砥石を所定の速度で回転させたときのアンバランス振動をベクトル演算[10]することでバランスの釣り合うウェイトの角度位置を表示するものであり，機上で砥石を回転させながらバランス計測するので，砥石単体のみでなく，砥石軸系全体のアンバランスを高精度に修正することができる．なお，砥石軸端にバランシングヘッドを取り付け，自動でアンバランスを短時間に修正する方法もある．

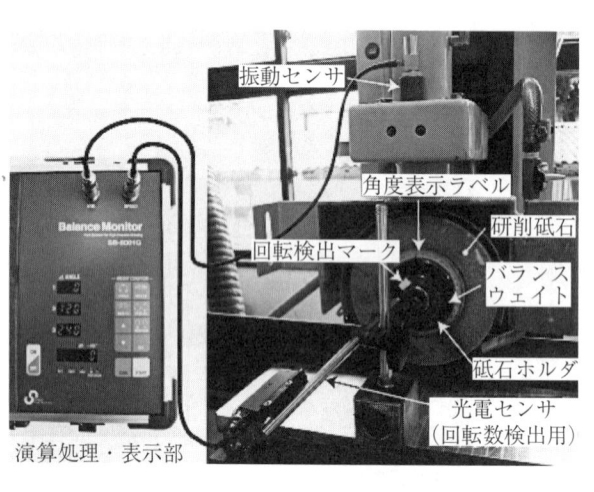

図 7.20　砥石の動バランサ

（4）ツルーイング，ドレッシング

　ツルーイング(truing)は，長時間の研削による砥粒の脱落によって崩れた砥石形状を元どおりに修正したり，砥石を砥石ホルダに取り付けた直後の偏心を除去する砥石の形直し作業である．また，ドレッシング(dressing)は，製造直後の砥石や長時間の研削により摩滅して切れ味の低下した砥粒を除去すると

同時に鋭い新たな砥粒を突き出させ，砥石の切れ味を回復させる作業である．一般砥石の場合は，ツルーイングとドレッシングは同一の作業で行われ，超砥粒砥石の場合は砥粒および結合剤の強度が高いため，別々の作業として行われることもある．図7.21に，これらの代表的な作業を示す．

図(a)の方法は，1個あるいは複数個のダイヤモンドを埋め込んだドレッサ(dresser)(単石ドレッサ，多石ドレッサ：図7.22)を研削時と同様に高速回転する砥石表面に所定の深さだけ切り込ませ，所定の速度で砥石

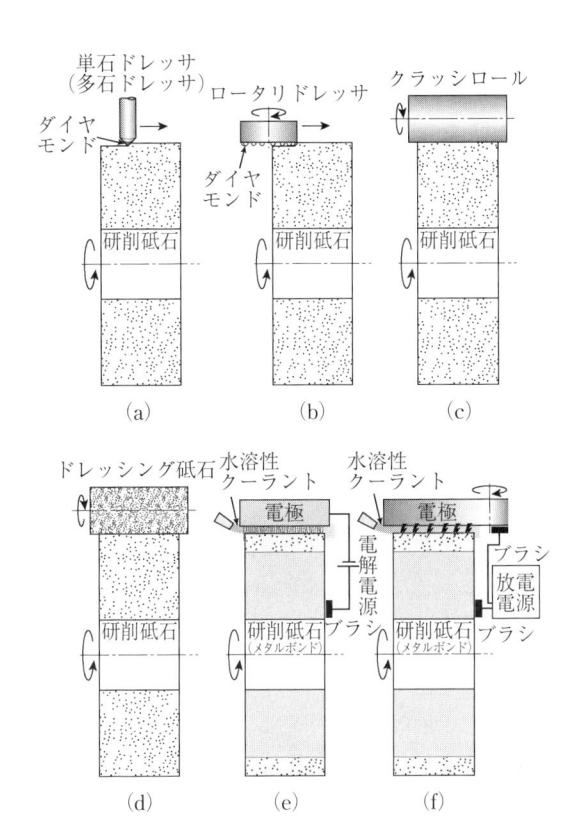

図7.21 研削砥石のドレッシング法

図7.22 ダイヤモンドドレッサ

幅方向に送ることで砥石表面を削り取る方法であり，最も多く用いられる．

　図(b)の方法は，円筒体の外周面あるいはカップ体の端面に多数のダイヤモンドを電鋳，電着あるいはろう付けにより埋め込んだロータリドレッサ(rotary dresser)と研削砥石とを回転させながら切り込ませることによって砥石表面を除去するものである．

　図(c)の方法は，焼入れ処理した高速度鋼などでつくったクラッシロール(crush roll)を低速回転(0.5〜1.8 m/s)する研削砥石に相対速度0で押し当てることによって，砥石表面の砥粒を脱落あるいは大破壊させ新たな砥石作業面を生成するものであり，砥石作業面形状が複雑な総形研削砥石に適用される．

　図(d)のドレッシング砥石を用いる方法は，超砥粒砥石のツルーイング，ドレッシングに多く用いられる方法であり，スティック形のドレッシング砥石を研削したり，回転する円筒形あるいはディスク形のドレッシング砥石の表面を研削することによって研削砥石の表層を除去するものである．また，超砥粒砥石のツルーイングには，モリブデン(Mo)やタングステン(W)などのレアメタル片を砥石表面に押し当てることによっても，高能率なツルーイングが実施できる．

　図(e)の電解作用を用いる方法は，メタルボンド砥石に用いられ，電気・化学的な結合剤の溶出作用によってドレッシングを行うものである．この方法では，研削と同時にドレッシングを継続的に実施することが可能であり，特に目づまりの発生しやすい微粉砥石では，高い研削性能を維持することが可能で，難削材の鏡面研削やマイクロ研削に大きな効果がある．ELID(Electrolytic In-process Dressing)法[11]としてパルス電源を有しシステム化された装置を研削盤に装着して行われる．

　図(f)の放電による方法は，砥石と電極間に放電を発生させ，その熱エネルギーによって導電性を有する結合剤を除去しドレッシングを行うもの[12]であり，メタルボンド砥石に適用される．

7.2.3　研削液

(1) 研削液の役割

　研削加工では多量の研削熱が発生し，加工精度を劣化させると同時に加工変

質層の生成によって仕上げ面品質を低下させるので,研削液(grinding fluid, coolant)をノズルから研削点に供給することで,研削熱の発生を抑制するとともに研削熱を除去する必要がある.研削液には潤滑効果,冷却効果,防錆効果,洗浄効果(砥石表面および工作物,研削盤から切りくずを流し去る効果)があり,研削液の種類によってそれらの効果の程度は異なる.

(2) 研削液の種類

研削液に使用する油剤(切削油剤)は,そのまま使用する不水溶性切削油剤と,水に希釈して使用する水溶性切削油剤に大別される.

① 不水溶性切削油剤

不水溶性切削油剤は,主成分を鉱油および脂肪油とするものであり,潤滑性・耐溶着性に優れるため,加工面の粗さや加工精度を要求される加工に適する.しかし,その多くは消防法上の危険物に該当する.表7.6にJIS K 2241で規定された不水溶性切削油剤の分類を示す.極圧添加剤(extreme pressure additives)の有無と銅板腐食の程度によって分類され,さらに動粘度,脂肪油分,全硫黄分によって細分されている.研削加工では,特に高い研削面品質が要求される場合にのみ利用される.ホーニング加工や超仕上げでは,耐溶着性が要求され不水溶性切削油剤の使用が一般的である.

表7.6 不水溶性切削油剤(JIS K 2241)

N1種	鉱油および/または油脂からなり,極圧添加剤を含まないもの
N2種	N1種の組成を主成分とし,極圧添加剤を含むもの(銅板腐食が150℃で2未満のもの)
N3種	N1種の組成を主成分とし,極圧添加剤を含むもの(硫黄系極圧添加剤を必須とし,銅板腐食が100℃で2以下,150℃で2以上のもの)
N4種	N1種の組成を主成分とし,極圧添加剤を含むもの(硫黄系極圧添加剤を必須とし,銅板腐食が100℃で3以上のもの)

② 水溶性切削油剤

水溶性切削油剤は,水で希釈して使用するため,不水溶性切削油剤に比べて冷却性に優れる.引火の危険性はないが,水で希釈するため,濃度の維持や腐敗の予防などの管理が必要である.JIS K 2241では,表7.7に示す3種類に分

表 7.7 水溶性切削油剤 (JIS K 2241)

A1種	鉱油や脂肪油など，水に溶けない成分と界面活性剤からなり，水に加えて希釈すると外観が乳白色になるもの
A2種	界面活性剤など水に溶ける成分単独，または水に溶ける成分と鉱油や脂肪油など，水に溶けない成分からなり，水に加えて希釈すると外観が半透明ないし透明になるもの
A3種	水に溶ける成分からなり，水に加えて希釈すると外観が透明になるもの

類されている．研削加工には，A2種とA3種が主に用いられる．

　A1種は，鉱油や脂肪油と界面活性剤とを主成分とするもので，水で希釈すると乳白色の液となり，一般にエマルション形 (emulsion type) と呼ばれる．10〜30倍程度に希釈して使用され，水溶性切削油剤の中で最も潤滑性が高いが，主に切削加工に用いられ，研削加工にはほとんど用いられない．

　A2種は，少量の鉱油や脂肪油に界面活性剤と防錆剤などを加えたもので，水で希釈すると半透明ないし透明になり，一般にソリュブル形 (soluble type) と呼ばれる．10〜50倍程度に希釈し使用され，エマルション形に比べると洗浄性・冷却性が高い．

　A3種は，油の成分を含まず界面活性剤と防錆剤などを主成分とし，水で希釈すると透明な状態で，一般にソリューション形 (solution type) と呼ばれる．30〜80倍程度に希釈して使用され，水溶性切削油剤の中で最も冷却性が高いことに加えて消泡性に優れるため，主に研削加工に使用される．

　また，シンセティックタイプ (synthetic type) と呼ばれるものも市販されている．これは，JIS規格の分類にはないが，潤滑成分として合成潤滑剤を使用したものであり，一般に浸透性・冷却性が良好で，また化学合成された成分であることから，腐敗しにくい特長を有する．

(3) 研削液の汚染抑制法

　研削液は，クーラントポンプによって研削点に供給され，循環使用されるが，研削点において切りくずや脱落した砥粒，結合剤が混入する．したがって，これらを除去することは，研削液の性能を維持するとともに，その寿命を延長させることにつながる．一般的には，沈殿式，マグネット式，フィルタ

式,遠心分離式,サイクロン式が用いられる.また,工作機械の潤滑油もわずかずつ研削液に混入することがあり,その場合はオイルスキマなどで除去される.

7.3 切断加工

7.3.1 砥石切断

砥石切断は,砥石径に対して幅の非常に小さい切断砥石(cutting-off wheel)を工作物に切り込ませることによって工作物を切断する加工法である.一般的な砥石切断は,切断砥石を切断機に取り付け,位置決め固定した工作物に対して,プランジ切込みを続けることによって工作物を切断する.鉄鋼材料を切断する場合は,レジノイド結合剤の普通切断砥石が多く用いられる.また,鉄系金属以外の硬脆材料や難削材料の切断には,メタルボンドのダイヤモンド切断砥石が用いられることもある.砥石の切込みは,作業者の手動操作で与えられる.

一方,精密砥石切断は,電子部品,光学部品,半導体パッケージ,磁性材料,ガラスなどの硬脆材料のスライシング(slicing)やダイシング(dicing)に利用される.薄刃の切断砥石を設定された深さで切り込ませ,工作物に送りを与えることで切断が行われる.精密砥石切断では,求められる加工精度が非常に高いにもかかわらず,砥石の厚さが非常に小さく工具剛性が低いため,切断機には高い運動精度が必要になる.

図7.23に,基板上に多数形成されたICチップを分離する精密切断(ダイシング)の様子を示す.砥石軸は,空気軸受の採用により数万rpmで切断砥石を高精度に回転させることができ,テー

図7.23 精密切断の様子〔提供:(株)東京精密〕

(a) ハブタイプ　　　　　　(b) ハブレスタイプ

図7.24　精密切断砥石〔提供：(株)東京精密〕

ブルの案内にも空気軸受の採用によってなめらかな送りを可能としている．精密切断砥石は，電鋳やメタルボンド，レジノイドボンド，ビトリファイドボンドの微粉超砥粒を用いた薄刃砥石が多く用いられる．1枚の基板から，できるだけ多くのチップを切り出すとともに不良をできる限り少なくするために，切断による取り代〔カーフロス (kerf loss)〕をできるだけ低減させること，および切断中にブレードが湾曲変形し切れ曲がりの発生しないことが要求される．図7.24に，精密切断砥石の例を示す．現在では，電鋳技術を利用した厚さ5〜10 μm 程度のダイヤモンド切断砥石も開発されている．

また，切断砥石の外周刃を用いる場合に，発生しやすい切断中の砥石の曲がりを克服するため，図7.25に示すような内周刃を有する砥石を用いる切断法もある．この方法は，穴を有する薄いステンレス板の内周に電着法により砥粒層を形成し，切断砥石の半径方向に均一，かつ十分な張力を与えることで剛性を高め，工作物を内周刃の内側に設置して精密切断を行うもので，かつてはシリコンウェハのスライシング法の主流であったが，今日の量産では後述のマルチワイヤスライシング法が主流になっている．

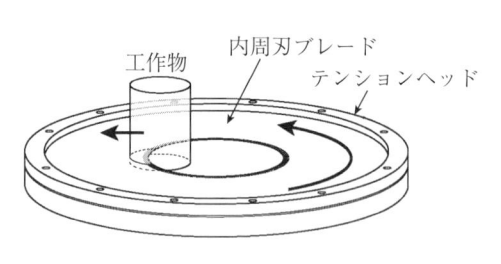

図7.25　内周刃切断法

7.3.2 マルチワイヤスライシング

マルチワイヤスライシング法(multi-wire slicing)は，図7.26のように，工具となる細いワイヤを加工部において多溝滑車に多数回巻き付け，これの張力を制御しながら高速で往復走行させるところに工作物を所定の圧力で切り込ませることで，インゴットからウェハ基板を一度に数十枚から数百枚切り出す方法である．工具となるワイヤには，100μm程度の径のピアノ線あるいはピアノ線に電着法を用いてダイヤモンド砥粒をNiで固着したダイヤモンドワイヤソー(diamond wire saw：図7.27)が用いられる．前者では，ワイヤと工作物との接触点近傍にGC砥粒などのスラリーを供給しながら切断し，遊離砥粒方式と呼ばれる．これに対して，後者を固定砥粒方式という．遊離砥粒方式では，スラリー中の砥粒，加工液の成分，スラリーの供給位置，多溝滑車の摩耗などがスライシング性能に影響し，加工装置やスラリーの管理が重要になる．

一方，固定砥粒方式では，水あるいは加工液のみを供給するため，作業環境が比較的清浄で，切断能率も遊離砥粒方式に比べて10倍程度向上する．そのため，サファイアなどの高硬度材料の切断を中心に利用が広がりつつある．ウェハ

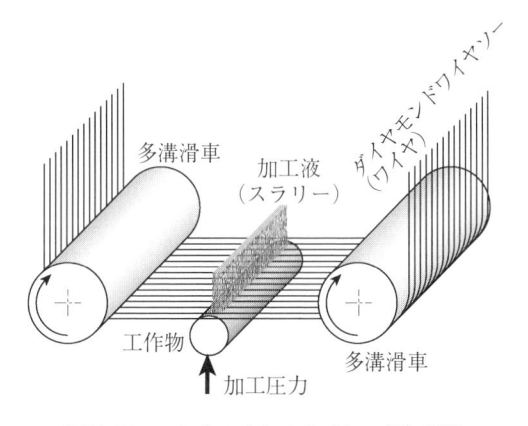

図7.26 マルチワイヤスライシング加工法

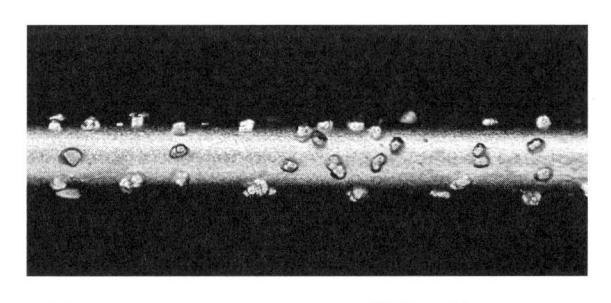

図7.27 ダイヤモンドワイヤソー〔提供：(株)アライドダイヤモンド〕

スライシングにおいても，切断の取り代（カーフロス）をできるだけ少なくし，一つのインゴットから生産できるウェハの枚数を多くするため，ワイヤの径はさらに小さくなる傾向にあり，100 μm 以下の径のワイヤソーも開発されている．

7.4 研磨加工

7.4.1 ホーニング

ホーニング（honing）は，図 7.28 のように棒状の砥石を所定の圧力で工作物に押し付け，多量の加工液を供給しながら両者の間に回転と往復の相対運動を与えて研磨する加工法である．研削や精密中ぐりによって，前加工された円筒内面がホーニングの対象となることが多い．円筒内面のホーニングでは，ホーンあるいはマンドレルと呼ばれる砥石ヘッドに数個の棒状砥石を取り付け，油圧あるいはねじなどによる拡張機構によって砥石を工作物の円筒内面に押し付け，砥石ヘッドを回転させながら軸方向に往復運動させる．ヘッドは，自由継手などを介してホーニング盤の主軸に取り付けられており，砥石は浮動状態になっているため，ホーニング盤の精度に関係なく，円筒内面の真円度は砥石の回転運動によって，真直度は往復運動によって向上するが，工作物の端面に対する穴の直角度は改善されない．図 7.29 にホーニング盤，図 7.30 に砥石を取り付けるマンドレルの例を示す．

ホーニングには，WA 砥粒または GC 砥粒のビトリファイド砥石や cBN，またはダイヤモンド砥粒のビトリファイドボンド，あるいはメタルボンドによる砥石が多く用いられる．また，加工液には，一般に潤滑性能および切りくずの洗浄性能が重視され，不水溶性の油剤が使

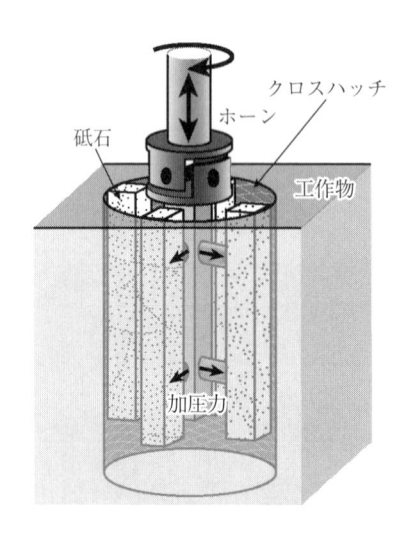

図 7.28 ホーニング加工法

7.4 研磨加工 165

図 7.29 二軸ホーニング盤〔提供：(株)日進製作所〕

図 7.30 マンドレル〔提供：(株)日進製作所〕

用される．

ホーニングでは，砥石に回転運動と軸方向の往復運動が与えられるため，仕上げ面には，独特のクロスハッチパターンが形成される．一般的なホーニング速度は 20～40 m/min 程度に，交差角（クロスハッチの交差角度）は 30～60°になるように加工条件が設定される．

また，エンジンのシリンダ内面などのホーニングでは，図 7.31 のように前加工面粗さの凸部を除去して溝部を残し，ピストン摺動時の潤滑油溜りとするプラトー加工（plateau finishing）[13] が行われる．

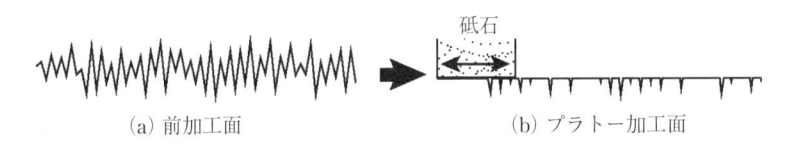

(a) 前加工面　　(b) プラトー加工面

図 7.31　プラトー加工

7.4.2 超仕上げ

超仕上げ(super finishing)は，図7.32に示すように回転する工作物に砥石を所定の圧力で押し付け，砥石に毎分数百から数千回の高速振動を与えることによって鏡面を得る研磨加工法であり，ベアリングの内輪，外輪のレース面，ころやピストンの外周面などの精密部品の仕上げ工程に多く利用されている．この場合，図7.33のように加工の初期では前加工面粗さの凸部が選択的に砥石と接触し，加工点の接触圧が高くなるため，自生発刃作用(self-dressing)を伴った切削作用により加工が進行するが，加工面の凸部が除去され，砥石と工作物の真実接触面積が増加するにつれて加工点の接触圧が減少し，砥石の目つぶれ，目づまりが生じて磨き作用へと移行することで，工作物表面は鏡面状態になる．切れ味の失われた砥石は，次の加工サイクルで初期の粗さを有する工作物表面に押し付けられることにより自生発刃作用が生じ切れ味が回復され，上記と同じ超仕上げ過程が繰り返される．

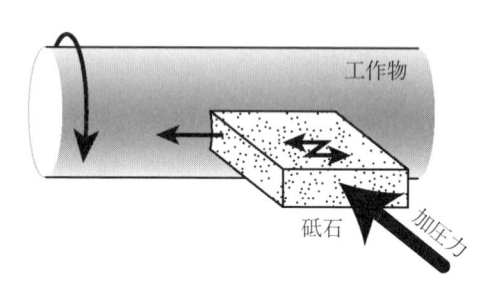

図7.32 超仕上げ法

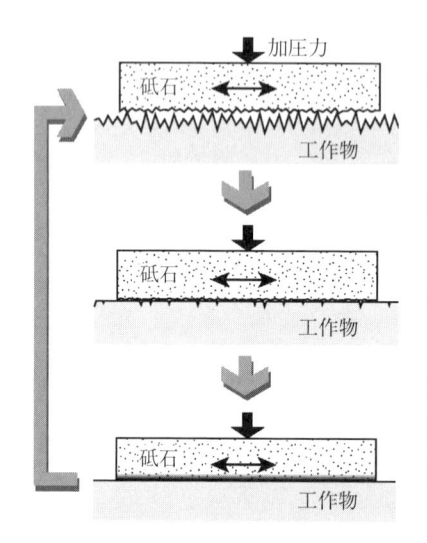

図7.33 超仕上げの加工サイクル

超仕上げに使用する砥石は，WA砥粒またはGC砥粒のスティックあるいはブロック形状のビトリファイド砥石が一般的で，粒度は仕上げ面の要求精度に応じて600から3000程度のものが使用されるが，最終的には砥石の目づまり状態が仕上げ面品位を決定するため，比較的粒度の小さい砥石でも適切な加工条件によって鏡面を得ることができる．また，結合度はロックウェル硬度で表示され，

比較的軟らかいものが多い．さらに，近年ではcBNやダイヤモンドの超砥粒を用いた砥石も超仕上げに利用されることがある．これらの超砥粒砥石には，普通砥石のような自生発刃作用はほとんどない．したがって，砥石摩耗が極めて少なく，切削作用が持続し，加工能率は高いが，磨き作用が発現しないため，要求される仕上げ面粗さに応じた粒度が選択される．なお，加工液は一般に不水溶性の油剤が使用される．

7.4.3 研磨布紙加工

研磨布紙加工(coated abrasive machining)は，広義にはペーパ仕上げも含めた研磨布あるいは研磨紙を用いた表面の仕上げを意味する．本項では，工作機械を用いるベルト研削とフィルム研磨について説明する．

(1) ベルト研削

ベルト研削(belt grinding)は，図7.34に示すようにエンドレスベルト状の研削ベルトを駆動輪と従動輪の間に張り渡し，高速運動させながら所定の圧力で工作物を押し当てることによって表面仕上げを行う砥粒加工法である．研削ベルトは，布あるいは紙製の基材の表面に粒度P24～P400程度の砥粒(溶融アルミナ，炭化けい素，エメリなど)を接着剤で固定したものである．したがって，形状精度や寸法精度の向上ではなく，表面粗さを改善したり，表面に独特の装飾的な磨き目を生成(ヘアライン加工)する仕上げ法として，ステンレス鋼，耐熱合金，軽金属などの金属材料からガラス，木材などの非金属材料まで幅広く表面仕上げに用いられる．

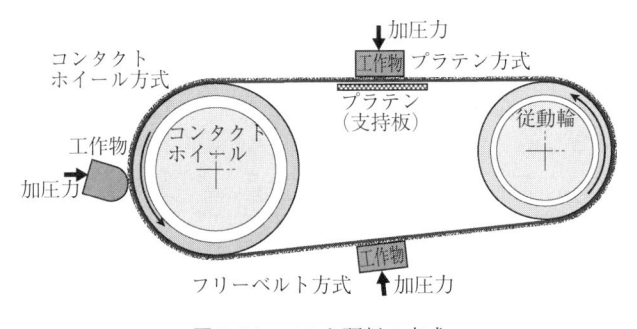

図7.34 ベルト研削の方式

ベルト研削は，研削ベルトと工作物との接触方式によって分類され，平面の仕上げ加工にはプラテン方式およびフリーベルト方式が多く用いられ，円筒外面などの凸面の仕上げにはコンタクトホイール方式が主に用いられる．

(2) フィルム研磨

フィルム研磨（film lapping または film polishing）は，ラッピングフィルムと呼ばれるテープ状あるいはシート状のポリエステル樹脂などのフィルムに微粉砥粒を接着剤で付着させたものと工作物とを所定の押付け圧力下で接触させ，相対運動を与えることで表面の仕上げ加工を行う方法である．ラッピングフィルムと工作物との接触は，エアナイフによって工作物あるいは送り出されるラッピングフィルムを押し付ける方式，ラッピングフィルムに一定の張力を与えて送り出しながら一定の押付け圧で工作物を接触させる方式，およびラッピングフィルムの裏面をゴム製コンタクトローラ，樹脂製パッドあるいはプラテンなどによって支持しながら一定の押付け圧で工作物を接触させる方式がある[14]．図 7.35 は，テープ状のラッピングフィルムによる研磨方式の例である．

ラッピングフィルムには，粒度 P 400 以上の微粉の WA 砥粒，GC 砥粒，ダイヤモンド砥粒が用いられ，P 10000 や P 20000 の極微粉も使用される．したがって，クランクシャフトなどの機械部品の摺動面，磁気ヘッド，液晶カラーフィルタなどの電子部品，ガラス・プラスチックレンズ，光ファイバコネクタ端子などの光学部品などの精密・超精密研磨に幅広く用いられる．

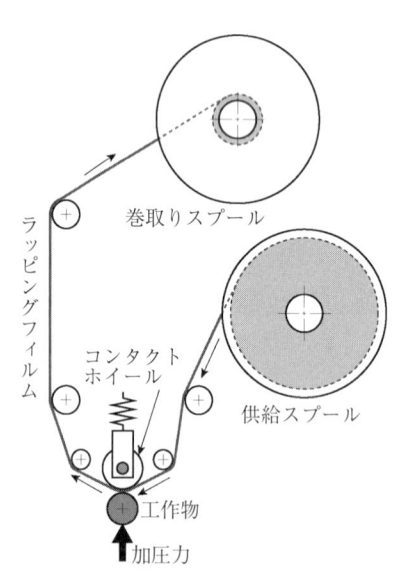

図 7.35 フィルム研磨方式

7.4.4 バフ仕上げ

バフ仕上げ(buffing または polishing)は,綿布,麻布,皮革,フェルトなどの柔軟な材料でつくられたバフ車(buffing wheel:図 7.36)に油脂類で砥粒を付着させるかスラリーを供給するか,あるいは接着剤で砥粒を固定させて,バフ車を高速回転させながら金属あるいは非金属の工作物を所定の加工圧で押し付けることによって表面仕上げを行う方法である.バフ仕上げでは,寸法精度や形状精度を要求することは困難であるが,めっきの下地仕上げおよびめっき面のつや出しなどは安価かつ迅速,容易にでき,砥石では不可能な凹面の表面仕上げもできるので広範囲に用いられている.

バフ仕上げの加工機構は,砥粒による切削作用,高速回転するバフ車に工作物を押し当てることで発生する摩擦熱により促進される材料表面の塑性流動,およびバフ研磨材中の油脂類が加工時の高温高圧によってごく表層の金属と反応し,金属石けんとなって溶出する化学的除去作用の相乗効果によるものと考えられている.

バフ研磨材は,固形油脂に砥粒を混入し棒状にしたものやスラリーとした液状のものが使用される.粗バフには SiC, Al_2O_3 などの人造砥粒を,また仕上げバフにはエメリ,トリポリ,ライム(白雲石が原料)などの天然砥粒が主に用いられる.貴金属のつや出しには高純度の Fe_2O_3 が用いられ,クロムめっき面やステンレス鋼の鏡面仕上げには青棒と称される Cr_2O_3 が用いられる.

(a) バラバフ 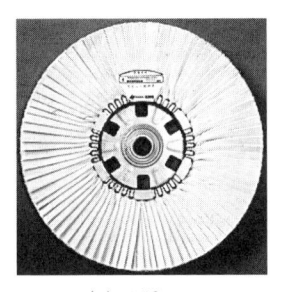　　(b) ひだバフ 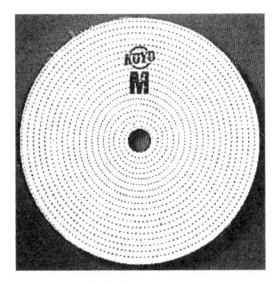　　(c) 縫いバフ

図 7.36　バフ車〔提供:(株)光陽社〕

参考文献

1) 岡村健二郎・中島利勝：研削の過渡特性(第1報), 精密機械, Vol. 38, No. 7 (1972) p. 580.
2) 山本 優・塚本真也：「円筒研削加工における熱変形量を考慮した寸法誤差最小化技術」, 砥粒加工学会誌, Vol. 53, No. 7 (2009) p. 423.
3) 山本 優：「円筒研削盤による高精度・高能率ポリゴン研削加工技術」, 日本機械学会誌, Vol. 115, No. 1118 (2012) p. 60.
4) 中島利勝・塚本真也・池上直久：「内面研削における砥石と工作物の熱変形挙動から考察した形状創成機構の研究」, 精密工学会誌, Vol. 61, No. 1 (1995) p. 127.
5) 中島利勝・塚本真也・小合 勇・崔 信堅：「深穴内面オシレーション研削におけるテーパ形状機構の解明とその改善策の提案」, 精密工学会誌, Vol. 67, No. 2 (2001) p. 289.
6) ANON：Periphery Locates Work in Centerless Grinding, Abrasive Industry, Nov. (1931) p. 21.
7) ダイヤモンド工業協会 編：ダイヤモンド技術総覧, NGT (2007) p. 264.
8) 厚生労働省安全衛生部安全課 編：改訂 グラインダ安全必携 (2003) p. 88.
9) 井田 尊・中藤彰規：「高能率・高精密測定の実際 工作機械・工具・工作物 回転体のバランス修正」, ツールエンジニア, Vol. 43, No. 6 (2002) p. 40.
10) H. Ohmori and T. Nakagawa："Mirror Surface Grinding of Silicon Wafer with Electrolytic In-process Dressing", Annals of the CIRP, Vol. 39, No. 1 (1990) p. 329.
11) XIE J, 田牧純一・久保明彦・井山俊郎：「接触放電ドレッシングの微粒ダイヤモンド研削ホイールへの適用」, 精密工学会誌, Vol. 67, No. 11 (2001) p. 1844.
12) P. Pawlus, T. Cieslak and T. Mathia："The study of cylinder liner plateau honing process", J Mater Process Technol, Vol. 209, No. 20 (2009) p. 6078.
13) 尾倉秀一・松森 昇：「最近の高機能多孔性微粒砥石」, 砥粒加工学会誌, Vol. 48, No. 7 (2004) p. 362.
14) 北嶋弘一：「ラッピングフィルムの利用技術」, 砥粒加工学会誌, Vol. 43, No. 9 (1999) p. 383.

第8章 遊離砥粒加工

8.1 遊離砥粒加工の特色

　遊離砥粒加工とは，工具や流体を用いて砥粒を遊離状態で工作物に作用させる加工法の総称である．鏡面仕上げ，美観向上のための光沢付与，表面粗さや形状精度の向上などを目的とする工作物表面の平滑化から，切断や穴あけといった材料除去，さらには表面改質や機能表面創成など，遊離砥粒を用いた加工法は多岐にわたり，生産加工において幅広く活用されている[1]．

　遊離砥粒加工の特色として，固定砥粒加工では実現できない高品質な表面や機能表面を創成できること，基本的には新しい砥粒を常に供給するので砥粒摩耗の影響を考慮しなくてよいこと，化学的作用により加工特性の向上が図れることなどが挙げられる．

8.1.1 加工法の分類

　遊離砥粒加工の代表的な加工法を 表8.1 に示す．研磨加工は，砥粒を工作物に対して相対運動させながら押し当てる機構を持ち，加工量を加工時間によって制御する加工法である．遊離砥粒による研磨加工は，固定砥粒加工と比較

表8.1　遊離砥粒による加工法の種類

加工法		主な使用目的
研磨加工	ラッピング ポリシング（CMPなどを含む） バレル加工，バフ加工，磁気研磨 超音波振動加工 ワイヤスライシング	平面や球面の形状創成 鏡面仕上げ，無擾乱面の創成 光沢仕上げ，バリ取り，平滑化 硬脆材料の穴あけ 切断，溝入れ
噴射加工	ブラスト加工，液体ホーニング ショットピーニング	表面処理，バリ取り，洗浄，微細加工 疲労強度や耐摩耗性の向上

して，加工方向性のない梨地面や鏡面の創成，工作物表面の原子配列を乱さない無擾乱加工，平面だけでなく，自由曲面や工作物全周の表面品位を向上させる仕上げ加工などが可能といった特長を持つ．噴射加工は，工具を用いずに高速に加速した砥粒を衝突させることで工作物表面の材料除去や表面改質などを行う加工法である．製品の仕上げ加工として古くから使用され，近年は微細加工などの新しい分野にも適用が拡がっている．

8.1.2 加工原理と表面性状

遊離砥粒加工について，加工原理の種類と創成される主な表面性状を分類した一例が表 8.2 である．遊離砥粒加工では，切削加工や固定砥粒加工と同様の機械的作用による材料除去に加えて，塑性変形や化学的作用を援用した加工原理があることが特徴といえる[2]～[4]．ただし，遊離砥粒による加工現象は多くの因子が複雑に作用し合うため，完全には解明されていない．

ガラスやセラミックスといった硬脆材料の加工では，脆性破壊により材料除去が進む．砥粒が工作物表面を転動，滑動，または衝突することで，工作物表面から亀裂（クラック）が表面下に発生し，その亀裂が横方向，そして再び表面へ進展することで切りくずが生成される．

金属材料のような延性の大きい材料の加工や硬脆材料の鏡面加工では，微小切削により材料除去が進む．切りくずは，軟質の工具に緩く保持された砥粒が微小な切れ刃となり工作物を切削することで生成される．工具に保持された砥粒は，適度に新しい砥粒と入れ換わると考えられている．

比較的大きなサイズの砥粒を衝突させて材料を塑性変形させる加工原理は，

表 8.2 遊離砥粒による加工原理

加工原理			創成される表面性状
機械的作用	材料除去	脆性破壊	粗面，梨地面
		微小切削	粗面，梨地面，準鏡面，鏡面
	砥粒による材料の塑性変形		残留応力の付与，微小凹凸面
化学的作用援用	砥粒または加工液との化学反応物の除去		鏡面，無擾乱面

主に金属材料を対象に，残留応力付与による材料強度の向上や塗装下地面に適した微小凹凸の創成などに用いられる．

化学的作用を援用した加工原理は，半導体デバイス基板などに要求される無擾乱面の創成に用いられており，近年の情報化社会の発展に欠くことのできない加工法である．その除去機構は，砥粒と工作物，もしくは加工液と工作物の化学反応による生成物（工作物材質よりも加工しやすい材質）を機械的作用で除去する加工現象と考えられている．炭化けい素（SiC）などの加工能率が極端に低い難加工材には，化学反応を触媒や光化学作用で促進する方法も取り入れられている．

遊離砥粒によって機械的作用を生じさせるには，砥粒を工作物に押し当てて引っかく作用，または砥粒を加速させて工作物に衝突させる作用が必要である．前者は研磨加工であり，工具などの回転や振動により砥粒と工作物に相対運動を与える機構が用いられる．後者は噴射加工であり，圧縮空気や機械的な投射法で砥粒を加速する．表 8.3 に，各加工法の遊離砥粒を工作物に作用させる機構および加速方式を示す．

表面性状の表現として，粗面，梨地面，光沢面，鏡面などがあるが，それぞれ明確な定義はされていない．一般に，粗面は曇りガラスのような面，梨地面は多数の微細な引っかき傷で形成される光沢を抑えた面，光沢面は程度に関係

表 8.3 遊離砥粒を工作物に作用させる機構および加速方式

加工法（引っかき作用）	砥粒に相対運動をさせる機構
ラッピング	ラップと工作物の回転
ポリシング	ポリシャと工作物の回転
バレル加工	バレル槽の回転や振動
バフ加工	回転するバフの押し当て
超音波振動加工	超音波振動する工具の押し当て
磁気研磨	磁性工具の直線・回転運動
ワイヤスライシング	ワイヤの高速走行
加工法（衝突作用）	砥粒の加速方式
ブラスト加工　ショットピーニング	圧縮空気，羽根車の遠心力
液体ホーニング	研磨剤を圧縮空気により加速

なく光を反射する面を表すことが多い．粗面は仕上げや塗装の前加工，梨地面は艶消しやすべり止め加工として利用されている．準鏡面は，金属材料において反射率の高い光沢面を指し，代表的な加工方式がバフ加工である．ちなみに，光沢とともに金属の意匠表面としてよく用いられるヘアライン処理は，長く連続した線模様を持つ面であり，ベルト研磨で加工される．鏡面については，反射率が高い面，最大高さ粗さ R_z がある値以下の面，表面粗さだけでなく平面度などの形状精度も高い面など，加工対象や加工法により様々な意味合いで使われており，注意を要する．

8.1.3 形状生成機構

遊離砥粒加工における形状生成機構は，工具形状転写方式，必要箇所を選択的に加工する方式，形状精度は前加工の精度に依存する方式に分類できる．工具形状転写方式とは，硬い材質の工具を用いて，その接触面形状が工作物に転写される形状精度が比較的高い形状生成機構である．ただし，工具が摩耗により形状変化すると加工精度が低下するため，工具形状の修正や消耗品として取換えが必要である．

平面や球面を生成するラッピング，穴や任意形状を生成する超音波振動加工がこの方式に相当し，最近では弾性変形する樹脂製の研磨パッドを使用するポリシングでも，シミュレーション技術と加工装置の高性能化によって高い形状精度を得ることが可能となっている[5]．必要箇所を選択的に加工する方式には，磁気研磨やマスクを用いるブラスト加工などがある．

8.1.4 遊離砥粒加工の特長と課題

切削加工と固定砥粒加工に対する特長は，切削加工では高度な技術を要する鏡面加工を容易に実現でき，研削砥石のように摩耗と目づまりの心配がなく微細砥粒を使用できることである．また，装置に関しては，外部からの振動などの影響を受けにくい加工法であるので，高い運動精度や装置剛性は必要ない場合が多い．加えて，噴射加工のショットピーニングは，他の加工法では実現が難しい有用な効果が得られる加工法である．

一方で，課題として挙げられることは，軟質工具を使用することが多い仕上

げ加工で縁だれが発生すること，研磨加工で形状精度が要求される場合に切削加工や研削加工の運動転写方式と比較して考慮すべき因子が多く理論的な体系化が進んでいないこと，大量の研磨剤を使用する場合に廃棄処理が問題であること，砥粒の飛散により作業環境が汚れることなどである[6]．

以下，ラッピング・ポリシングを中心に主な加工法について詳説する．

8.2 ラッピングとポリシング

8.2.1 加工の特色

ラッピングとポリシングに明確な境界はなく，鋳鉄など硬質工具を使用する場合をラッピング，樹脂など軟質工具を使用する場合をポリシングと呼ぶのが一般的である．狭義の意味での「研磨加工」は，これら二つの加工法を指すことが多い．また，使用砥粒の粒径 $1\mu m$ を境に大きい場合をラッピング，小さい場合をポリシングとする区別も用いられる．これらの加工法は，原理が簡単なため古くから鏡やレンズの加工に用いられており，手作業で3面摺りの平面製作や反射望遠鏡の球面製作のように実用十分な精度を出すことができる．現在は，生産性と精度向上のため，回転と揺動機構を備えた加工機が一般に使用され，ラッピングとポリシングのどちらにも対応できることが多い．したがって，ラッピングまたはポリシングの判別は，目的の表面性状や加工形状によって選定される砥粒と工具(ラッピングではラップやラップ定盤，ポリシングではポリシャや研磨パッドなど，多くの呼び方がある)の組合せで決定されるともいえる．

ラッピング加工原理は，上述の機械的作用による材料除去である．一方，ポリシングは，機械的ポリシング，ケミカルメカニカルポリシング(Chemical Mechanical Polishing，略してCMP)，メカノケミカルポリシングの加工原理に分類できる．各ポリシングには，以下のような特色がある．ただし，ポリシングの加工現象を明確に分類することは困難とされており，分類方法は着目点によるといえる．

(1) 機械的ポリシング

機械的ポリシングでは，砥粒より軟らかい硬度のラップやポリシャを用いて

砥粒をそれらの表面にゆるく保持し，微小切削作用で鏡面を創成する．代表的な製品例はレンズやプリズムであり，古くから高度な加工技術が培われている．使用砥粒は，性能面とコスト面からセリア（CeO_2）がほとんどの場合で使用されている．ただし，セリアの使用については，水に対して比重が高いために分散性が悪く沈降しやすい，海外からの輸入に依存するレアメタルなので代替砥粒開発の必要性があるといった問題があり，対策が進められている．

工作物が金属の場合は，一般的に脆性材料より硬度が小さいためにスクラッチが発生しやすい．特に軟質金属のポリシングでは，粗粒として作用する砥粒の凝集や塵埃を発生させないことが重要である．

（2）ケミカルメカニカルポリシング

機械的ポリシングでは加工変質層をなくすことはできないが，化学的作用を利用することで，無ひずみの表面創成が可能となる．具体的には，工作物に対して反応性のある加工液を使用して工作物表面に反応生成物を生じさせ，それを軟質砥粒により応力場を発生させないように除去する加工法である．メカニカルケミカルポリシングとも呼ばれる．

代表的な適用例は半導体デバイス基板となるSiウェハのコロイダルシリカ（SiO_2）による無擾乱鏡面仕上げであり，加工液にアルカリ性水溶液が用いられている．化学的作用を利用した加工のために，研磨速度は加工中の温度に大きく影響を受ける．Siウェハの加工技術は，今日の半導体デバイスの生産と高性能化に必要不可欠な技術となっているほど完成度の高い加工法であるが，化学反応形態については解明されていないことが多い．

（3）メカノケミカルポリシング

乾式条件下で，砥粒と工作物の接触点における化学反応（固相反応）を利用した加工法であり，無ひずみで形状精度の高い鏡面創成が可能である．メカノケミカル作用とは，加えられた機械的エネルギーによって誘起される化学反応と定義されており，粉体工学の分野で知られている現象である．この現象を利用していることからメカノケミカルポリシングと呼ばれ，砥粒との接触点局部に加えられた機械的エネルギーにより化学反応が誘起・促進され，その反応生成物が砥粒により除去されるプロセスとされている．代表的な加工事例は，硬度の劣るSiO_2砥粒での加工である．

8.2.2 加工の諸条件

ラッピングおよびポリシングの加工要素として，加工対象・砥粒・加工液・ラップおよびポリシャ・化学反応が挙げられ，加工対象と目的の表面性状に基づいて選定される．加えて，使用する加工機の加工形式は，工作物形状と片面か両面同時加工かによって選定される．工作物形状は，一般形状，レンズ状，薄物状に分類でき，各形状に合わせて加工機（以後，一般的な呼称の研磨機とする）が開発されている．

以下では，加工要素について概説する．

(1) 加工対象

あらゆる材質が加工対象であり，一般材料，光学材料，半導体材料に大別される．一般材料は金属材料やセラミックスなどであり，近年は樹脂やエンジニアリングプラスチック，コーティング面などにもラッピングやポリシングを適用する事例がある．

光学材料とは，良好な透過率を持つ光学的に均質な材料であり，光学ガラス，結晶材料，樹脂材料が用いられる．代表的な加工対象として，光学ガラスには石英ガラスやBK7，結晶材料には水晶，$LiTeO_3$（タンタル酸リチウム），赤外線を透過するSi（けい素）やGe（ゲルマニウム），樹脂材料にはアクリルなどが挙げられる．半導体材料は，主にウェハ状で供給され，Si, Ge, GaN（窒化ガリウム），サファイア，SiCなどがある．電気的特性が優れた半導体材料の製造技術は日進月歩で向上しており，将来的にはダイヤモンドウェハの実用的な加工技術も必要になると予想されている．

(2) 砥　粒

ラッピング，ポリシングに用いられる砥粒の特性に関する因子は，種類，平均粒径，粒径分布である．種類は，炭化物，ほう化物，金属酸化物，ダイヤモンドに大別され，平均粒径は，微粒の数十nmから粗粒の数百μmまで幅広く市販されている．一般的な砥粒選択は，硬い工作物には硬い砥粒，軟らかい工作物や無撹乱面を創成する場合には，工作物より硬度の劣る砥粒を用いることが目安とされている．図8.1は，よく使用される砥粒を種類および一般的な平均粒径と硬度について分類したものである．

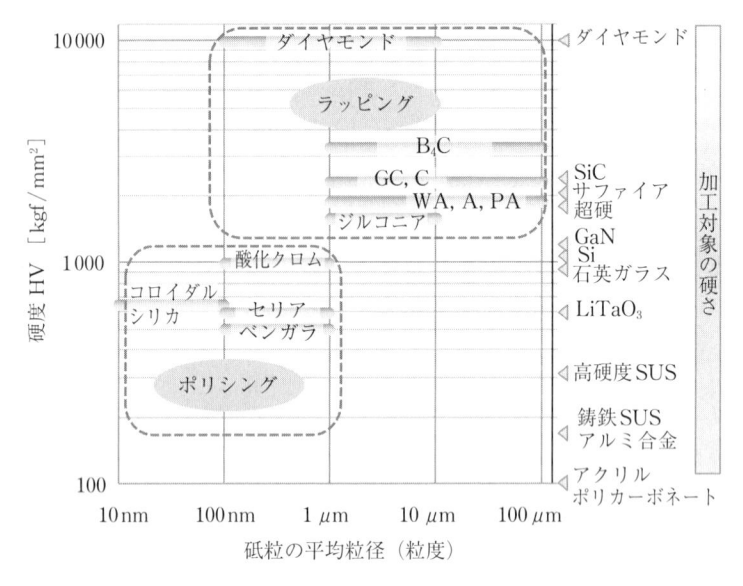

図 8.1 砥粒の種類および平均粒径と硬度との関係

　ラッピングの加工目的は高い加工能率と目的の寸法・形状を創成することなので，硬い砥粒が使用される．入手しやすい汎用砥粒は，炭化けい素（GC, C）とアルミナ（WA, A, PA）であり，サファイアやセラミックスなどの高い硬度の工作物にはダイヤモンド，B₄C（炭化ほう素）などのさらに硬い砥粒が用いられる．ダイヤモンドやアルミナは，平均粒径 1 μm 以下に微細化できるので，ポリシングにも使用される．一般に，ラッピングでの表面粗さ R_z は平均粒径の 1/10 程度で，加工変質層は砥粒径の 3 倍程度といわれている．また，砥粒径が同じ砥石による研削と比較して，ラッピングによる加工変質層は一般的に深くなる．図 8.2 は，金属材料のラッピングについて，砥粒粒度と加工表面粗さのおおよその関係を示したものである．

　ポリシングに用いられる微細砥粒の種類には，軟らかい順に酸化鉄（ベンガラ），酸化セリウム（セリア），酸化けい素（コロイダルシリカ），酸化クロム（クロミア）などがある．軟質な単結晶で，脆性，へき開性を持つ工作物には，微細な砥粒が有効であり，アルミナやベンガラなどが使用されている．ガラスのポリシングには，古くはベンガラが使用されていたが，現在は加工能率の面

からセリアにほぼ置き換わっている．コロイダルシリカは，数十 nm の平均粒径，高い分散性，安価といった特長を持つ仕上げ加工に適した砥粒であり，Si ウェハ，サファイアウェハなどの半導体デバイスや LED 基板加工に使用されている．

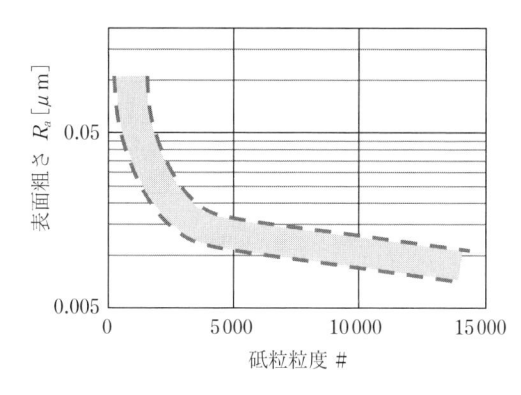

図 8.2 ラッピングにおける砥粒粒度と加工表面粗さとの関係

粒径分布は砥粒の粒径のばらつきであり，市販砥粒ではこのデータが示されていることが多く，砥粒選択の指標の一つとなる．分布のばらつきが小さいことが理想であるが，ラップやポリシャの凹凸がそのばらつきの影響を吸収するので，平均粒径より明らかに大きい粗粒が含まれてない限り問題ないといえる．

(3) 加 工 液

加工液と砥粒を混合したものを研磨剤やスラリーと呼ぶ．ラッピングでは，その使用法の違いにより乾式と湿式に分けられる．乾式ラッピングは，噴霧器などで研磨剤をラップ面に供給し，修正リングなどで砥粒をラップ面に均一に埋め込んだ後に加工を行う方式である．加工能率は低いが，良好な仕上げ面粗さが得られる．ラップにペースト状の研磨剤を薄く塗る方式は，半乾式ラッピングと呼ばれる．湿式ラッピングは，研磨剤を連続的に供給する方式であり，加工面を砥粒が転動するので加工能率は高いが，加工面は梨地面などの粗面になる．ラッピングの加工液は基本的に水であり，界面活性剤を添加する場合もある．金属材料については，機械油に準じたものを使用し，粘度調整は灯油で行う．

ポリシングについては，表 8.4 のようにポリシングの加工原理で使用砥粒と加工液を分類できる．ケミカルメカニカルポリシングでは，反応性のある加工液に砥粒を分散させた研磨剤を用い，機械的ポリシングおよびメカノケミカルポリシングでは，一般的に水や油を加工液として用いる．なお，表の砥粒と

180 第8章 遊離砥粒加工

表8.4 ポリシングで使用する砥粒と加工液の組合せ

加工原理	加工対象例	(砥粒)[反応性のある加工液]
機械的ポリシング	ガラス，セラミックス，LiTaO$_3$，フェライト（磁気ヘッド）	(ダイヤモンド，アルミナ，酸化セリウム，ベンガラ)
ケミカルメカニカルポリシング	Si，サファイア，LiTaO$_3$，Ge，石英ガラス（光ファイバ）	(コロイダルシリカ)[アルカリ性溶液]
	GaAs，InP，II-IV族化合物半導体	(砥粒レス：ポリシャで反応層を除去)[ブロムメタノール]
	フェライト	(金属酸化物)[酸性水溶液]
メカノケミカルポリシング	サファイア，SiC，GaN	(コロイダルシリカ，ベンガラ，酸化マグネシウム)

加工液の組合せが最適というわけではなく，加工可能な組合せは多数存在する．

(4) ラップおよびポリシャ

ラッピング工具であるラップでは，鋳鉄ラップが多用されている．鋳鉄ラップには種類があり，用途によって使い分けられている．ダクタイル鋳鉄製が最も一般的で，工作物を選ばず使用できる．ねずみ鋳鉄製は，摩耗が早いが，安価であり，軟質の工作物に適している．高強度であるミーハナイト鋳鉄製は，耐摩耗性に優れているが，高価なことから，焼入れ材やセラミックスなどの硬い工作物に使用されている．一方，ダイヤモンド砥粒に代表されるように，砥粒をラップに埋め込む場合は軟質工具を用い，アルミニウムや錫が代表的なラップ材料となる．そのほかに，石英ガラス製は，砥粒が埋め込まれず転動するので，スクラッチを生じ難いとされ，化合物半導体の加工に使用されている．

ラップは一般的に溝加工されており，加工液が外周に流れるのを防ぐ渦巻き溝や，均一に加工液を分散させる格子溝がよく利用されている．また，ラップ表面の摩耗に関しては，ラップ全面の摩耗を均一にする修正リングが用いられている．

ポリシング工具であるポリシャの素材として，合成樹脂，不織布，人工皮革，ピッチなどが使用されている．このような軟質素材は，スクラッチなどを防止するとともに，真実有効接触面積が大きくして作用砥粒数を増やす効果が

ある．ポリシャ素材として比較的剛性の高い合成樹脂や硬質な不織布は，仕上げ初期の加工に使用され，加工取り代は数 μm から 10 μm 程度である．これらは剛性が高いことから，工作物の形状精度を向上させながら鏡面化することも可能である．軟質の不織布や人工皮革は最終仕上げ工程に使用され，加工取り代はサブミクロン程度である．ピッチは，その粘弾性と成形性がレンズ研磨に最良であるとされ，古くは望遠鏡発明の時代から現在に至るまで用いられている．

ポリシャについても硬質な素材には溝加工がされ，また，ポリシャ表面は加工により摩耗したり，切りくずや砥粒が堆積したりするため，定期的にドレッシングが行われる．ドレッシング工具には，加工面にスクラッチなどの欠陥を生じさせないために，砥粒の脱粒がない電着タイプが用いられる．

(5) 加工液または砥粒との化学反応

ケミカルメカニカルポリシングとメカノケミカルポリシングでは，化学的作用が加工能率を大きく向上させる[7]．反対に，透光性アルミナ(Al_2O_3)などのエッチング異方性がある材料のように，加工能率のばらつきを避けるために化学的作用がないことが望まれる場合もある．現在は，SiC などの新しい半導体デバイス基板の加工技術についての研究が進められており，化学的に加工現象を理解することが，今後ますます重要になるといえる．ここでは，いくつかの加工対象について推定されている化学反応を紹介する．

● ケミカルメカニカルポリシング

Si ウェハ：pH8～11 のアルカリ性溶液にコロイダルシリカを懸濁させた加工液を用いる．次式は溶解反応の一例である．

$$Si + 2H_2O + 2OH^- \rightarrow SiO_2(OH)^{2-} + 2H_2$$

また，原子の動きに注目した反応メカニズムも提唱されている[8]．このモデルでは，Si 結晶表面は H あるいは OH 終端，SiO_2 砥粒表面は OH 終端とされ，SiO_2 砥粒が Si 結晶表面に押し付けられると，Si 結晶と SiO_2 砥粒の Si 原子が O 原子を介してシロキサン結合する．これにより，Si 結晶の Si 原子はバルクとの結合力が弱められ，SiO_2 砥粒の移動とともに分離され加工が進むとされている．

● メカノケミカルポリシング

代表的な加工対象について，以下のような化学反応式が加工時に起こると考えられている．いずれも加工能率が数 μm/h 程度の難加工材であり，加工技術の進歩が期待されている．

サファイア：$Al_2O_3 + 6H^+ \rightarrow 2Al^{3+} + 3H_2O$

$Al_2O_3 + 2OH^- + 3H_2O \rightarrow 2[Al(OH)_4]^-$

SiC ：$SiC + 4OH^- + O_2 \rightarrow SiO_2 + 2H_2O + CO_2$

GaN ：$2GaN + 3H_2O \rightarrow Ga_2O_3 + 2NH_3$

$GaN + 3H_2O \rightarrow Ga(OH)_3 + NH_3$

（6）研磨機

研磨機の機構として，回転，加圧，揺動がある．一般的に，工具であるラップやポリシャと工作物の回転は，同方向，同回転数とし，加工面が均一に研磨されるようにする．加圧は，工作物の自重，重錘，エアシリンダなどで行われる．揺動は，回転に加えて付加する運動であり，加工品質の向上に効果がある．以下では，工作物形状毎に研磨機を概説する．

① 一般工作物

小型の機械部品から大型の石定盤まで，一般工作物の種類は多岐にわたり，工作物サイズに応じた片面研磨機が用いられる．代表的な研磨機として，工具を電動で回転させ工作物は人の手で押さえ付ける荒ずり機や琢磨機，工作物も電動もしくは連れ回りで回転させ，重錘で加圧する修正リング形研磨機などがある．

図 8.3 は，修正リング形研磨機の装置構成である．工作物と修正リングを同時に載置することによりラップの均一摩耗を促し，形状精度の高い研磨を可能にしている．工作物の保持には，熱可塑性のワックスなどが使用されてい

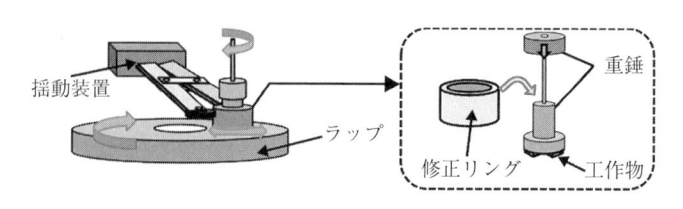

図 8.3 修正リング形研磨機の装置構成

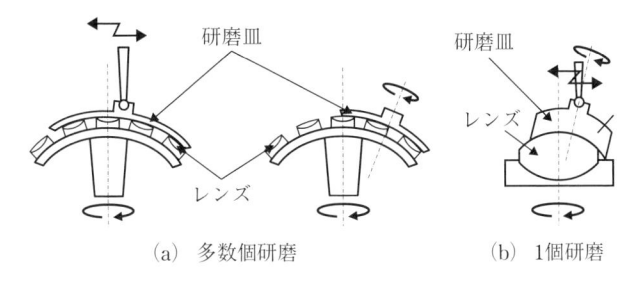

図8.4 レンズ研磨における各種形式のオスカー式研磨機

る．加工条件は，工作物と工具の相対速度 5〜50 m/min，加工圧力 5〜30 kPa が目安になる．

② レンズ状工作物

標準的なレンズの球面加工では，粗加工としてカップ形砥石を用いたカーブジェネレータ研削によってレンズの曲面を創成した後に，研磨加工が行われる[9]．その研磨工程は，スムージングと磨きの2工程に分かれ，研磨機には工具と砥粒の組合せを変えて，図8.4 に示すオスカー式研磨機を使用する．特徴は，加工速度は低速であるが，研磨皿が均一に摩耗し，形状精度を維持できることである．スムージングは，形状精度を許容範囲以内に仕上げながら表面粗さを向上させる工程で，固定砥粒であるダイヤモンドペレットを使用する方法や，鉄皿を使用してアルミナ砥粒を使う砂かけと呼ばれる方法がある．この工程での加工取り代は 20〜50 μm，表面粗さは 0.3〜3 μm R_z 程度である．磨き工程では，工具にピッチ皿やポリウレタン皿，研磨液に酸化セリウムを水に混ぜた懸濁液を用い，加工取り代は約 5〜20 μm，表面粗さは 10 nm R_z 以下に仕上げる．

③ 薄物工作物

薄い板状で円形や矩形の工作物であり，直径 450 mm に達するシリコンウェハ，サファイアウェハ，各種化合物半導体ウェハ，リソグラフィ工程のフォトマスクとして使用される矩形の石英ガラス基板，金属部品，ハードディスク用のガラス・アルミ基板，最近ではエンジニアリングプラスチック製の薄板状ジグなど，さまざまな加工事例がある．加工方式については，工作物の厚みむらをなくし平行平面を得ることや，表裏共に高品位面にする要求が高まっている

ことから，両面研磨機の使用が増えている．

図8.5は，両面研磨機の基本的な装置構成である（上ラップは図示せず）．ワークホール内に収納される工作物（ウェハ）は，連れ回りによって加工される．ワークキャリアはサンギアとインターナルギアによって自公転する構造である．ワークキャリアの回転の基本計算式は，標準歯車において次のよう表される．

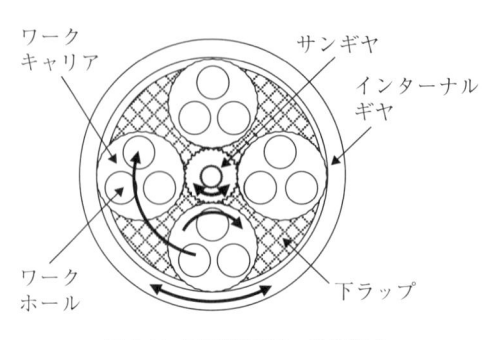

図8.5 両面研磨機の装置構成

$$R_{car,rot} = \frac{R_{int}Z_{int} - R_{sun}Z_{sun}}{Z_{int} - Z_{sun}}$$

$$R_{car,rev} = \frac{(Z_{int}/Z_{sun})R_{int} + R_{sun}}{1 + (Z_{int}/Z_{sun})}$$

ここで，$R_{car,rot}$はキャリア自転数，$R_{car,rev}$はキャリア公転数，R_{int}はインターナルギア回転数，R_{sun}はサンギア回転数，Z_{int}はインターナルギア歯数，Z_{sun}はサンギア歯数である．$R_{int} > R_{car,rev} > R_{sun}$のときキャリアは時計方向に自転し，$R_{int} < R_{car,rev} < R_{sun}$のときキャリアは反時計方向に自転する．この回転条件を適切に設定することによりウェハ形状を制御する．その際，理論計算によってウェハとラップ（ポリシャ）間の相対速度，圧力分布，ラップ（ポリシャ）形状などから加工量を算出することで加工の高精度化が図られている．

（7）加工品質の評価

外観上の欠陥には，マイクロスクラッチ，亀裂（クラック），ピット，ディンプル，汚れ，くもりなどがあり，目視や各種顕微鏡で観察される．幾何学的な精度として，表面粗さ，平面度，縁だれ，平行度，平坦度，反り，厚さむら（TTV：Total Thickness Variation）などが測定されている．近年は，分析技術の向上により，加工表面や堆積物，切りくずなどの元素分析や透過形電子顕微鏡（TEM）による加工変質層の観察も可能となり，加工現象の解明が進んでい

る.

　ラッピングにおける代表的な欠陥であるスクラッチの発生は，粗大砥粒の混入や微細すぎる砥粒の使用により生じるラップと工作物の接触が主な要因である．また，平面度などの形状精度の劣化は，工具形状の精度に問題があることが多い．

　ポリシングの加工能率や加工精度を劣化させる要因には，砥粒の分散性の悪化，pHの変化，ポリシャの目づまり，加工液不足，偏荷重，ワックスや水貼り法などのチャッキングの問題などがある．

8.3　バレル加工

8.3.1　加工の特色

　この加工法では，メディアと呼ばれるさまざまな材質や形状の小さな固形物を用いる．したがって，一般的な砥粒よりサイズが大きくmm単位である．バレルとは容器や槽のことであり，その中に工作物，メディア，水＋コンパウンドを入れ，各種形式で相対運動を与えることにより工作物の光沢仕上げやバリ取りを行う．加工対象のサイズや材質は多岐にわたり，小さな電子部品から大きな自動車用ホイールまで，さまざまな製品の製造工程に適用されている．バレル加工の特色は，作業に熟練の技が必要ないこと，加工時間が短いこと，低コスト，大量の工作物を同時に均質に仕上げることなどである．

8.3.2　加工の諸条件

（1）メディア

　メディアの種類には，セラミックス，プラスチック，金属（主に鋼），有機物があり，加工対象材質と加工目的によって選定する．また，メディアは工作物のどの部分にも接触できる形状を選ぶ．工作物についても，メディアが接触しやすい形状とすることが均質な仕上げに有効である．

　① セラミックメディア

　一般に，焼成によって成形され，微小切削作用の大きいメディアである．焼成メディアは，アルミナ砥粒をビトリファイド結合剤で成形した小さな砥石で

あり，研磨量と良好な仕上げ面粗さを達成しやすいメディアである．球状，円柱状，菱型，三角状などの形状がある．

② プラスチックメディア

合成樹脂を結合剤として砥粒を成形したメディアであり，軟質金属の仕上げに用いられる．比重が小さい，目づまりしない，破砕しないなどの利点がある．

③ 金属メディア

鋼などの硬い金属メディアは，バニシング作用による光沢仕上げに用いられる．亜鉛 (Zn) や銅 (Cu) などの軟らかい金属メディアは，仕上げ加工用の微粒の研磨剤を保持し加工作用を向上させる目的に使用される．

④ 有機メディア

竹，クルミの殻，木片などを粉砕し，アルミナ (Al_2O_3) や酸化クロム (Cr_2O_3) などをコーティングしたメディアで，主に合成樹脂の光沢仕上げに用いられる．

(2) コンパウンド

メディアと同時に混入するコンパウンドは，研磨作用を十分に発揮させるために，加工中の工作物やメディアを洗浄するなどの役目があり，液体や粉体で供給される．粗仕上げ，光沢仕上げ，スケール取りなどの目的によって選定する．

(3) バレル加工機

工作物とメディアを摩擦させるバレルの動きには多くの方式がある．代表的な方式を一般的に研磨能率が高いとされる順に列記すると，遠心バレル，流動バレル，振動バレル，回転バレルとなる．加工条件には，バレル回転速度，バレル容積に対する工作物とメディアの投入量，工作物とメディアの混合比，水の量などがある．

8.4 バフ加工

8.4.1 加工の特色

バフと呼ばれる軟らかい回転工具を使用し，高能率な光沢仕上げに利用され

ている加工法である．バフを高速回転させ，工作物に押し付けて加工する．形状に小さな段差があっても問題なく加工でき，加工面の表面粗さは加工前の状態に左右される．バフ加工の前処理では，おおむね数 μm R_z 程度に機械加工されている．

8.4.2 加工の諸条件

(1) バフと研磨剤

バフにはサイザル麻や綿布が一般に用いられ，とじバフ，バイアスバフ，ばらバフなどの構造がある．切れ味がよく高能率加工の場合は剛性の高いサイザル麻，光沢重視の場合は軟らかい綿布が使用されている．

研磨剤は，アルミナや酸化クロムといった砥粒を油脂類に配合したもので，固形または液状でバフに塗布する．手動塗布でははけ塗り，自動塗布ではエアスプレ方式などが採用されている．

(2) バフ加工機

バフ加工機は，複数の研磨ヘッド，研磨剤塗布装置，工作物の脱着装置，自動送り装置で構成される．バフをロボットアームに取り付けて姿勢制御しながら工作物全体を研磨する加工機も実用化されている．加工条件には，バフの周速度，押付け荷重，送り速度，往復回数などがある．

8.5 超音波振動加工

8.5.1 加工の特色

工作物と工具の間に遊離砥粒を供給し，数十 kHz の超音波振動が付与された工具で砥粒を加工面に衝突させ，そのエネルギーによる微小破壊で加工が進む加工法である．硬脆材料の穴加工に適しており，非回転加工であるので任意形状の工具を使用でき，さまざまな形の穴加工が可能である．

図 8.6 に，加工原理概要を示す．振動振幅は工具設計によるが，0.1 mm 程度以下で使用されている．工具素材には，超硬合金や焼入れ鋼，砥粒には硬度の高いダイヤモンドや炭化ほう素（B_4C）などが用いられる．超音波振動の効果として，加工ひずみや熱の発生が少なく，加工速度や表面粗さの向上，加工面

への圧縮残留応力の付与，工作物より軟らかい工具で加工可能などが挙げられる．グラファイト，ガラス，石英ガラス，水晶，シリコン，SiC，各種貴石などの穴加工に適用されている．

8.5.2 加工の諸条件

使用砥粒は，ガラスにSiC，セラミックスにB_4Cのように，工作物より硬い砥粒を選定する．主な加工条件には工具振幅と加圧力があり，工具振幅が大きいほど加工速度は速く，加圧力は良好な加工状態となる最適値に調整する．加工取り代は砥粒平均粒径の2倍程度である．

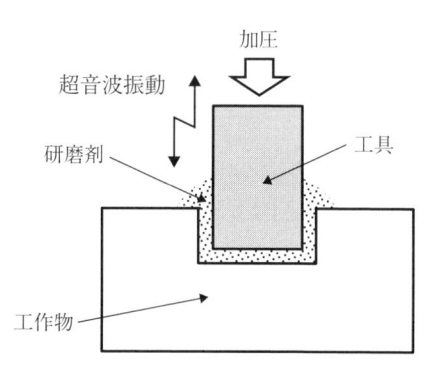

図8.6 遊離砥粒を用いた超音波振動加工による穴あけ

8.6 ワイヤスライシング

8.6.1 加工の特色

工具であるピアノ線を高速に送りながら工作物に押し付け，ワイヤと工作物間に入り込む遊離砥粒により材料を除去して切断（スライシング）する加工法である．大口径のインゴット切断に適しており，多数枚の同時作製方式が採用されている．

ワイヤスライシングでは，加工能率や加工面品質とともに，取り代であるカーフロスを最小化することが要求される．同じ方式で，ダイヤモンド砥粒をワイヤに固着させた固定砥粒方式もあり，加工能率やカーフロスなどの点で優れているが，ワイヤの破断やソーマークの問題がある．

8.6.2 加工の諸条件

(1) ワイヤ,砥粒,クーラント

ワイヤには$\phi 0.1 \sim 0.2$ mm 程度の銅やブラスめっきがされたピアノ線が用いられる.砥粒には低コストのGC砥粒などが使用され,ダイヤモンド電着ワイヤでは不向きな鉄系材料も加工できる.研磨液は,砥粒とクーラントを混ぜたものであり,クーラントは砥粒の供給,冷却,潤滑などの役目を担う.

(2) 切断加工機

加工条件として,ワイヤ張力,1ワイヤ当たりの押付け荷重,ワイヤ走行速度,工作物送り速度などがある.また,加工領域に砥粒を適切に送り込むために,砥粒濃度や研磨液の粘度が調整される.装置の方式には,工作物上昇方式と下降方式があり,インゴットの切断では,前者が6インチ以下の小型サイズ,後者が8インチ以上の大型サイズに使用されている.

8.7 ブラスト加工,液体ホーニング,ショットピーニング

8.7.1 加工の特色

噴射加工の噴射物には,噴射剤,投射材,ショットと呼ばれる砥粒や固形物を用いる.砥粒の加速には,圧縮流体噴射方式と遠心投射方式があり,乾式の除去加工をブラスト加工もしくはドライブラスト,湿式ブラスト加工を液体ホーニング,表面改質などが目的で除去加工ではない乾式の噴射加工をショットピーニングと呼んでいる.

液体ホーニングは,噴射剤を混合した加工液を圧縮空気によって加速させる加工である.粉塵や静電気の防止,微細砥粒の使用,洗浄作用などの特徴がある.よく似た加工法であるアブレイシブウォータジェット加工は,圧縮空気ではなく加圧された水で研磨剤を加速させる加工法である.

8.7.2 加工の諸条件

噴射加工は表8.5のように分類でき,噴射物は圧縮流体噴射方式で噴射剤,遠心投射方式で投射材と呼ばれる.圧縮流体噴射方式においては,噴射剤供給

表8.5 噴射加工の分類

噴射方式	噴射物の材質		加工の種類
圧縮流体噴射方式	噴射剤	砥粒（けい砂）	サンドブラスト
		砥粒（Al_2O_3, ZrO_2, SiC），ガラスビーズ	ドライブラスト 液体ホーニング
		高分子材料（ナイロンなど）	ドライブラスト
遠心投射方式	投射材	ショット（鉄系金属，非鉄系金属）	ドライブラスト ショットピーニング
		グリットやカットワイヤ（鉄系金属，非鉄金属），有機物（くるみ，コーンなど），還元鉄粉	ドライブラスト（ショットブラスト）

方式として重力式，吸引式，直圧式，振動式，ガスかく拌式，ブロワ式などがあり，噴射部はノズルと呼ばれ，小口径のノズルを採用することで微細加工が可能である．加工条件には，噴射圧力，噴射角度，噴射距離などがあり，目的の加工面性状や加工量に合わせて調整する．噴射速度は数十〜100 m/s 程度である．

遠心投射方式は，比較的大きなサイズの投射材に適しており，投射量を多く，投射面積を広くできる特徴がある．噴射物はショットと呼ばれ，形状には球形，多角形（グリッド），カットワイヤ（角を丸めた円柱状）などがある．エッジのないショットは，加工面に微小なくぼみを生成させ，くぼみ周りの強度を向上させるショットピーニングとして自動車や航空機の部品に幅広く適用されている．一方，エッジのあるグリッドは，バリ取り，スケール除去，さび落としなどのショットブラストとも呼ばれる除去加工に使用されている．

参考文献

1) (社)砥粒加工学会：図解－砥粒加工技術のすべて，工業調査会(2006)．
2) 日本機械学会 編：生産加工の原理，日刊工業新聞社(1998)．
3) 安永暢男：はじめての研磨加工，東京電機大学出版局(2011)．
4) 奥山繁樹・宇根篤暢・由井明紀・鈴木浩文：機械加工学の基礎，コロナ社(2013)．
5) 宇根篤暢・河西敏雄：現場で使える－研磨加工の理論と計算手法，日刊工業新聞社(2010)．
6) 竹山秀彦 ほか編：加工技術データファイル基礎編研削研磨加工，(財)機械振興協会技術

研究所 (2002).
7) 柏木正弘ほか編：CMP のサイエンス，サイエンスフォーラム (1997).
8) 河西敏雄・安永暢男：精密研磨，日刊工業新聞社 (2010) p.57.
9) 瀧野日出雄：「ガラスレンズの製造技術」，精密工学会誌，Vol.70, No.5 (2004) p.619.

第9章 特殊加工

9.1 放電加工

9.1.1 概　要[1)～5)]

　放電加工(Electrical Discharge Machining：EDM)は，工具電極(tool electrode)と工作物(workpiece)の間でパルスアーク放電を発生させ，その熱によって工作物を溶融または蒸発させて除去する熱的加工法である．総形工具の形状を工作物に転写する形彫り放電加工(sinking EDM)と，細いワイヤを工具として糸のこと同じ要領で形状をくり抜くワイヤ放電加工(wire EDM)がある(図9.1)．1回のパルス放電による除去体積は非常に小さく，1秒間に数千～数十万回の頻度で放電を発生させて，その累積によって加工が進行するため高精度な加工が行える．

　放電加工は，電気エネルギーを利用した熱的加工法であることから，導電性がある材料であれば硬度によらず加工できることが特徴である．難削材に対し

(a) 形彫り放電加工　　(b) ワイヤ放電加工

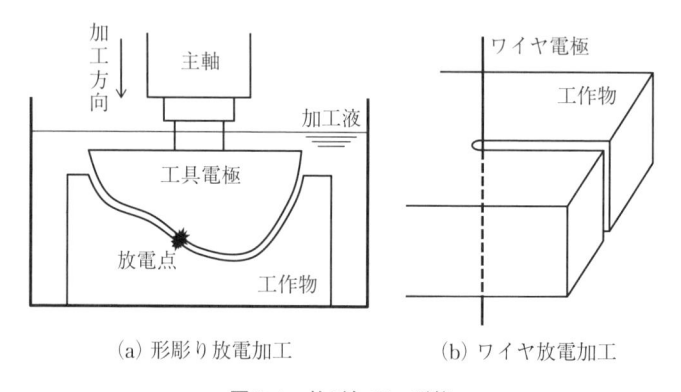

図9.1　放電加工の形態

9.1 放電加工　193

(a) 形彫り放電加工〔提供：(株)ソディック〕

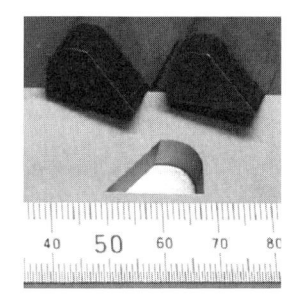

(b) 形彫り放電加工〔提供：(株)ソディック〕

(c) ワイヤ放電加工〔提供：三菱電機(株)〕

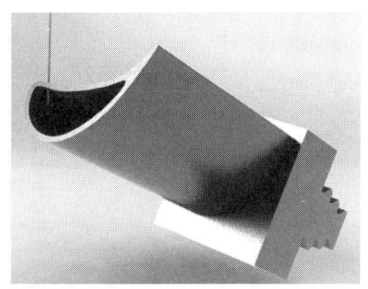

(d) 細穴加工〔提供：(株)牧野フライス製作所〕

図9.2　放電加工の事例

て高精度な加工が行えることや，切削などの機械的加工法では不可能な形状の加工が行えることから，金型や特殊な機械部品の加工などに利用されている．また，微細加工の分野でも放電加工が重要な位置を占めている[6]．放電加工の事例を図9.2に示す．

　主な加工対象は金属であるが，超硬合金，シリコン，炭素繊維強化樹脂(CFRP)[7]，永久磁石[5]などの特殊な材料の加工も可能である．また，補助電極法と呼ばれる方法を用いることで絶縁性セラミックスの加工も行える[8]．

　工具電極の材料には，形彫り放電加工では銅やグラファイト，ワイヤ放電加工では真ちゅうが主に使用されている．なお，工具電極は単に電極と呼ばれることが多い．

9.1.2 加工原理

放電加工の加工原理の模式図を図9.3に示す．工具電極と工作物が加工液（油またはイオン交換水，dielectric working fluid）の中で数十 μm の距離を隔てて対向し，放電を発生させるための直流電源，放電電流の大きさを決めるための電流制限抵抗，回路をオン/オフするためのスイッチであるトランジスタが接続されている（トランジスタ放電回路）．

1回のパルス放電による加工過程は，次のとおりである．

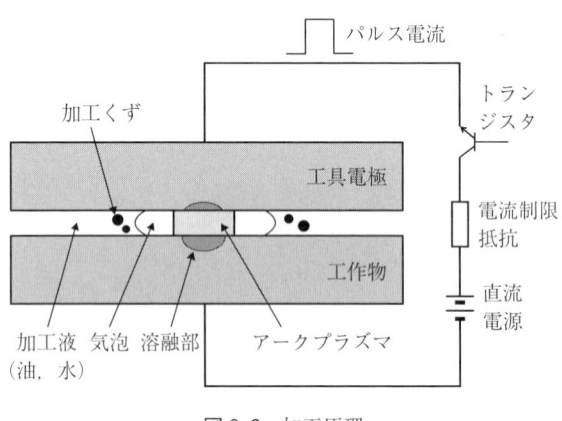

図9.3 加工原理

（1）放電の発生

放電回路のトランジスタがオンになり，工具電極と工作物の間に電源電圧が印加されると，少し時間が経過した後に，加工面内のどこかで加工液の絶縁破壊が生じて放電電流が流れ始める．1回のパルス放電で絶縁破壊が生じる位置は通常は1箇所であり，極間の加工液が清浄な場合は極間距離が最も小さい位置で絶縁破壊が生じると考えられる．しかし，実際の放電加工では加工液中に導電性の加工くず（debris）が無数に浮遊しており，極間に電圧が印加されると，それらが柱状に集積して局所的な極間距離を小さくしたり，瞬間的に短絡を起こしたりして絶縁破壊を誘発する[9]．このように，放電の発生位置は局所的な加工くず濃度の影響を受け，1パルス中に複数箇所で放電が発生する場合もある[10),11]．

（2）工作物の溶融，蒸発

加工液の絶縁破壊によって生じたプラズマの温度は中心部で約 10000 K であり[12]，その熱によって工作物の放電点やその周囲が溶融する．絶縁破壊直

後はプラズマの直径が小さく，したがって工作物に流入する熱流束(パワー密度)が大きいため，放電点の中心部の温度は沸点に達すると考えられる．一方，プラズマは時間とともに膨張して直径が大きくなるため[13]，工作物に流入する熱流束は小さくなる．そのため，工作物の放電点中心部の温度はむしろ低下し，放電中に沸点を下まわる場合もあると考えられる．工具電極の放電点でも溶融や蒸発が生じるが，温度上昇の程度は工作物の放電点とは異なる．また，プラズマの周囲の加工液は気化したり熱分解したりして気泡となる．

(3) 溶融部の飛散

工作物と工具電極の放電点で温度が沸点に達した領域は蒸発によって除去される．また，温度が融点に達した領域のうちの一部が飛散して除去され，放電点にはクレータ状の放電痕が形成される．溶融部のうち，飛散せずに残留した部分は放電終了後に溶融再凝固層と呼ばれる組織を形成する．放電点から飛散した溶融金属は，放電点を取り囲んでいる気泡の中を通過して加工液に突入し，そこで急激に冷却されて球形の加工くずとなる．加工くずは加工液中を浮遊し，やがて極間隙から排出される．

(4) 絶縁回復

絶縁破壊が生じてから一定の時間が経過すると，放電回路のトランジスタがオフになり，電流の供給が遮断される．するとプラズマの温度が低下するため，プラズマを構成しているイオンと電子が再結合して(プラズマが消沈して)極間の絶縁が回復する．こうして，1回のパルス放電が終了する．プラズマが十分に消沈するのに必要な時間をおいた後にトランジスタが再びオンになると，前の放電とは異なる位置で絶縁破壊が生じて同様の過程が繰り返される．放電加工では，このように放電をパルス化して放電の発生位置を加工面全体に分散させることが重要である．

プラズマが消沈する際は，プラズマの熱が工作物と工具電極に伝導することでプラズマの温度が低下していく．もしも，プラズマの消沈が不十分なタイミングで次の放電のための電圧を印加してしまうと，残留しているプラズマを介して同じ位置で次の放電が発生するため，放電点の温度が通常よりも高くなる．すると，プラズマがますます消沈しにくくなり，さらに次の放電も同じ位置で発生するという悪循環に陥って，放電点に熱的なダメージが生じてしま

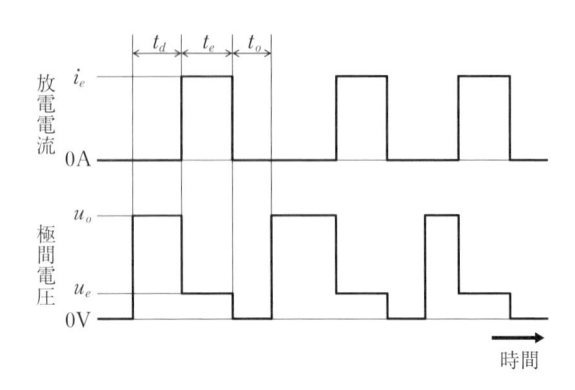

図9.4 放電電流・極間電圧波形〔t_d：放電遅れ時間，t_e：放電持続時間（≒1 μs～数百 μs），t_o：休止時間，u_o：開放電圧（≒100 V），u_e：放電電圧（≒20 V），i_e：放電電流（≒数 A～数百 A）〕

う．放電回路のトランジスタをオフにしている時間は，一見するとむだなように思えるかも知れないが，放電加工を安定に行うために不可欠な時間であるといえる．

以上の加工過程で観察される放電電流(discharge current)と極間電圧(gap voltage)の波形の模式図を図9.4に示す．極間に電源電圧が印加されてから絶縁破壊が生じるまでの時間を放電遅れ時間(discharge delay time) t_d，放電電流 i_e が流れている時間を放電持続時間(discharge duration) t_e，放電回路のトランジスタがオフである時間を休止時間(discharge interval) t_o という．放電遅れ時間は，極間距離や極間隙の加工くず濃度などに依存するためパルスごとに変動するが，放電持続時間と休止時間は加工条件として設定した値で一定となるように放電回路のトランジスタのオン/オフが制御されている．放電遅れ時間中に極間に印加される電圧〔開放電圧(open voltage) u_o〕は，多くの放電加工機で 100 V または 300 V である．放電中の極間電圧〔放電電圧 discharge voltage) u_e〕はアーク放電のプラズマの性質として約 20 V になる．

放電回路のトランジスタのオン／オフが繰り返される1周期のうち，放電電流が流れている時間の割合をデューティ・ファクタ D.F. と呼び，加工の効率を表す指標の一つとして用いられている．

$$\text{D.F.} = \frac{t_e}{t_d + t_e + t_o}$$

なお，放電遅れ時間はパルスごとに変動するため，デューティ・ファクタの計算には平均値が用いられる．

9.1.3 熱的加工現象

工作物と工具電極の放電点の温度が何によって決まるのかを考える．影響する因子として，放電エネルギー，エネルギー配分率，プラズマ直径，材料の熱物性値などがある．

（1）放電エネルギー

電源から供給された電気エネルギーは，主にプラズマでのジュール発熱として熱に変換される．1パルスの放電で極間に投入されるエネルギー U とその瞬時値であるパワー P は，放電電流と極間電圧の波形から次式で求められる．

$$U = i_e u_e t_e \ [\text{J}]$$
$$P = i_e u_e \ [\text{W}]$$

（2）エネルギー配分率

放電エネルギーは，工作物，工具電極，加工液の三者に配分されるが，その配分割合は材料の組合せと極性によって異なる．陽極と陰極に銅または鉄を用いた4通りの組合せについてエネルギー配分率を実測した例を図9.5に示す．

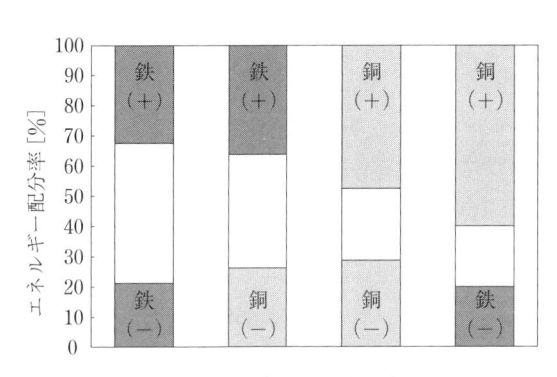

同じ材料同士の組合せでは，陽極側への配分率が陰極側よりも大きい[14]．形彫り放電加工の荒加工では，工具電極に銅を用いて陽極とし，工作物である鉄系の材料を陰極にすることが多いが，その場合のエネルギー配分率は，工具電極に約60％，工作物に約20％である．

図9.5　エネルギー配分率

（3）プラズマ直径

放電エネルギーは，工作物と工具電極の放電面にプラズマが接している面積を通して流入するため，そのエネルギー密度とパワー密度はプラズマの直径に依存する．工作物と工具電極の温度上昇を非定常熱伝導問題として考える場

合，熱の流入は熱流束（パワー密度）で取り扱う必要がある．工作物へのエネルギー配分率を X_w，プラズマの直径を d とし，プラズマが接している面内で熱流束分布が一様であると仮定すると，工作物の放電点に流入する熱流束 q_w は次式で表される．

$$q_w = \frac{i_e u_e X_w}{\pi d^2/4} \ [\mathrm{W/m^2}]$$

一例として放電電流 20 A，放電電圧 20 V，エネルギー配分率 20 %，プラズマ直径 200 μm を代入すると熱流束は $2.5 \times 10^9 \ \mathrm{W/m^2}$ と求められ，熱的加工法によって除去加工が行える目安とされる $10^9 \ \mathrm{W/m^2}$ に達していることが確かめられる．

（4） 材料の熱物性値

放電エネルギーの流入によって放電点の温度が何度上昇するかは，材料の熱物性値で決まる．熱伝導率が大きい材料は，流入した熱が材料内を拡散しやすいため放電点の温度は上昇しにくい．また，熱容量（密度と比熱の積）が大きい材料は，温度を 1 ℃ 上昇させるのに必要なエネルギーが大きいため温度は上昇しにくい．融点や沸点（または昇華点）が高い材料は，溶融させたり蒸発させたりするのに大きなエネルギーを必要とする．これらのことは，熱的加工がしにくい方向に作用する．

形彫り放電加工の工具電極には銅やグラファイトがよく用いられるが，その理由の第一は工具電極の消耗が小さいためである．総形工具の形状を工作物に転写する形彫り放電加工では，工具電極の消耗が小さいことが重要である．銅は熱伝導率が大きいこと，グラファイトは融点が存在せず昇華点が高いことが工具電極の消耗を小さくしている．なお，総形工具を切削加工によって製作しやすいこととや，軽量であること（グラファイトの場合）も，これらの材料が形彫り放電加工の工具電極に用いられる理由である．

9.1.4 陽極へのカーボン付着

加工液に油を用いる形彫り放電加工では，油が熱分解して生じたカーボンが陽極に付着して皮膜を形成する．このカーボン付着は次の二つの作用によって陽極材料を保護する[14),15)]．一つは，陽極材料が溶融しても表面を覆っている

カーボン皮膜が昇華しなければ溶融部の飛散が生じにくいことである．また，もう一つは，除去された体積をカーボンの付着が相殺することである．

このカーボン付着は，放電開始後の経過時間が長いほど顕著に生じる[14]．形彫り放電加工では工具に銅を用いて陽極とすることが多いが，図9.5に示したように，その場合のエネルギー配分率は大きい．それにもかかわらず，この条件が使用される理由は，陽極へのカーボン付着によって工具電極の消耗が小さくなるからである．

なお，絶縁性セラミックスの放電加工[8]では，このカーボン付着を利用して工作物側の導電性が確保される．

9.1.5 加工特性

(1) 加工特性の評価項目

放電加工の加工特性は，加工速度（material removal rate），工具電極消耗率（electrode wear ratio），加工面の表面粗さの三つで主に評価される（図9.6）．このうち，加工速度は単位時間当たりの工作物の除去体積として定義される．工具電極消耗率は，単位時間当たりの工具電極の消耗体積を単位時間当たりの工作物の除去体積で除した値として定義される．形彫り放電加工は，工具電極消耗率が1％以下となる加工条件で行われることが多い．

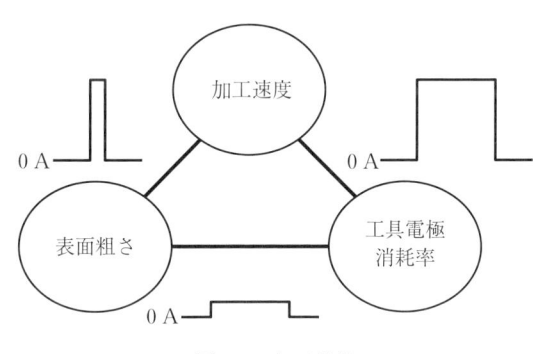

図9.6 加工特性

(2) 放電電流波形が加工特性に及ぼす影響

放電加工の加工特性は，1パルスごとの放電エネルギーの投入の仕方によって制御される．このとき，アーク放電の放電電圧は約20Vで一定であるため，放電電流の波形が重要な因子になる．図9.6には，放電電流値と放電持続時間が加工特性に及ぼす影響[16]を併記している．三つの評価項目のすべてを

同時に良好にすることはできないため，加工の目的に応じて二つを良好にするパルス波形が選択される．例えば，放電電流が大きく放電持続時間が長い右上のパルス波形は，形彫り放電加工の荒加工で用いられる．この場合は，放電点に大きな熱流束で長時間にわたって熱が流入するため，直径と深さがともに大きい放電痕が形成される．また，加工液が油の場合は陽極側にカーボン付着が生じるため，工具電極を陽極にすれば電極消耗は小さく抑えられる．したがって，加工速度と工具電極消耗率を良好にすることができるため，形彫り放電加工の荒加工に適している．

放電電流が大きく放電持続時間が短い左上のパルス波形は，ワイヤ放電加工で用いられる．この場合は，直径と深さが小さい放電痕が形成される．放電持続時間が短いため陽極（工具電極）へのカーボン付着は期待できないが，放電頻度を大きくできるため加工速度が大きくなる．新しいワイヤ電極が常に供給されるワイヤ放電加工では，工具電極の消耗を小さくする必要がないため，加工速度と表面粗さを良好にすることができるこのパルス波形が用いられる．

放電電流が小さく放電持続時間が長いパルス波形は，形彫り放電加工の仕上げ加工で用いられる．1パルス当たりの放電エネルギーが左上のパルス波形と同じである場合を考え，得られる放電痕の直径と深さも同程度だと仮定すると，放電頻度を大きくできないために，加工速度は小さくなる（実際には，放電点に流入する熱流束が小さいため，放電痕の直径と深さは左上の波形の場合よりも小さくなる）．また，放電持続時間が長いことで陽極側にカーボン付着が生じるため，電極消耗はさらに小さくなる．したがって，表面粗さと工具電極消耗率が良好になるため，形彫り放電加工の仕上げ加工に適している．

9.1.6 極間距離と主軸制御

（1）放電加工機の主軸送りの制御方式

放電加工では，極間距離（gap distance）を数 μm 〜 数十 μm に保つ必要がある．極間距離が小さすぎる場合は短絡が生じて加工が行えず，反対に極間距離が大きすぎる場合は絶縁破壊が生じないため，加工が行えない．そのため，加工を安定に行うには極間距離を適切に保つことが重要である．

放電加工機の主軸送りは，極間電圧の平均値が目標値に近づくように前進と

後退を常に繰り返している．これをサーボ制御と呼んでいる．極間距離と極間電圧波形との関係の模式図を図9.7に示す．開放電圧，放電電圧，放電持続時間および休止時間は，すべてのパルスに共通であり，放電遅れ時間のみが極間距離に依存して変動する．例えば，極間距離が小さい場合は絶縁破壊が生じやすいため放電遅れ時間が短めに

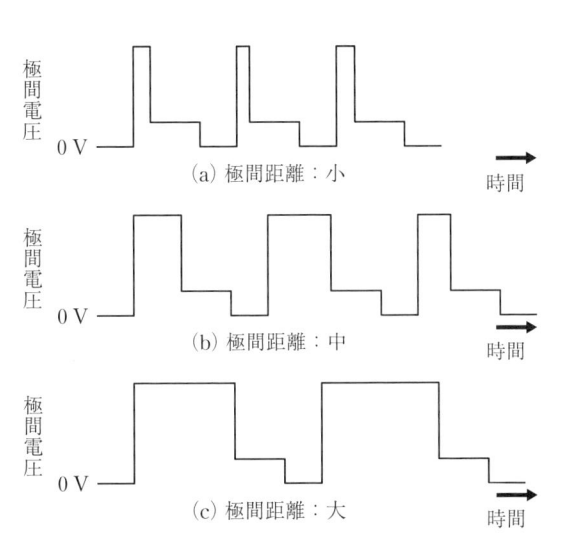

図9.7 極間距離と極間電圧波形との関係

なり，平均極間電圧は低めになる．反対に，極間距離が大きい場合は放電遅れ時間が長めになるため平均極間電圧は高めになる．そこで，平均極間電圧の目標値を加工条件として設定し，実測値が目標値よりも低い場合は極間距離が小さいと判断して主軸を後退させ，実測値が目標値よりも高い場合は極間距離が大きいと判断して主軸を前進させるように送り制御が行われている．このようにして，常に前進と後退を繰り返しながら加工が安定に行える極間距離が保たれている．

(2) 極間距離と加工現象との関係

極間距離は，プラズマの直径に影響し，工作物と工具電極に流入する熱流束や放電点とその周囲の温度分布にも影響する[17]．図9.8は，極間距離が50 μm の場合と150 μm の場合についてプラズマの温度分布を数値解析した例である．また，図9.9は同じ解析で求めたプラズマから工作物に流入する熱流束の分布である．この解析では，簡単のために空気中の直流放電（定常状態）を仮定し，軸対称二次元の電磁熱流体方程式を数値計算することで温度分布などを求めている．温度が3000 K より高い領域がプラズマ状態になっていると考えると，極間距離が大きい場合は，プラズマの直径が大きく，工作物の広い

(a) 極間距離 50 μm の場合

(b) 極間距離 150 μm の場合

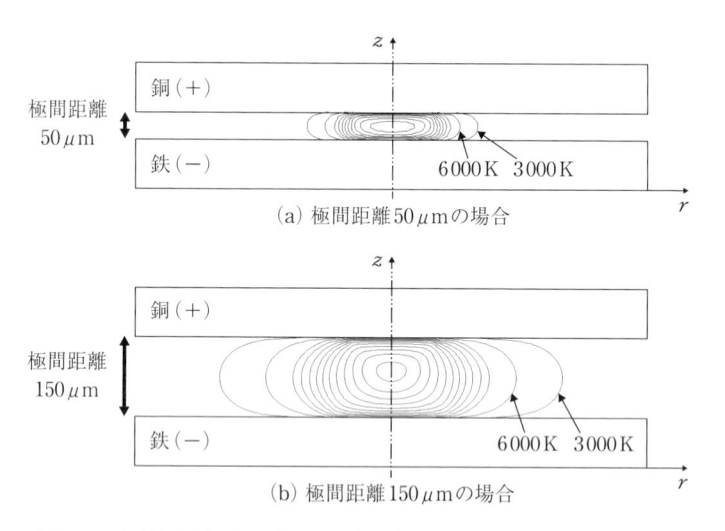

図 9.8 極間距離とプラズマの温度分布との関係（シミュレーション）

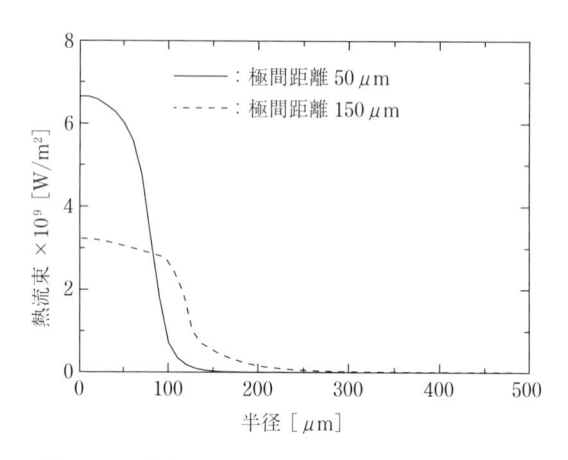

図 9.9 工作物に流入する熱流束の分布（シミュレーション）

面積に小さい熱流束で熱が流入することがわかる．その結果，工作物の内部には直径が大きくて深さが小さい温度分布が形成され，温度上昇の絶対値も小さくなる（図9.10）．

極間距離が大きい場合は，放電終了後の絶縁回復に必要な時間も長くなる．これは，放電中のプラズマの体積が大きいこと，プラズマの中心部の温度が高いこと，プラズマ中心部から工作物（工具電極）表面までの距離が大きいため，プラズマから工作物（工具電極）への熱伝導が生じにくいことなどが影響するためである．

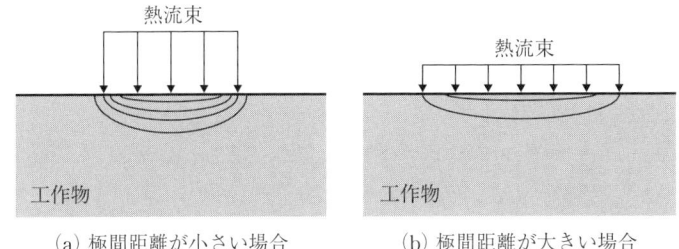

図9.10 熱流束分布と工作物内温度分布との関係（模式図）

9.1.7 加工液の役割

図9.1(a)に示したように，放電加工は加工液の中で行われる．加工液には，加工を安定に行ううえでさまざまな役割がある．まず第一に挙げられるのは，加工くずを冷却することである．工作物と工具電極の放電点から飛散した溶融金属は，気泡中を通過して加工液に突入し，冷却されて加工くずとなる．加工液を使用しない気中放電の場合は，放電点から飛散した溶融金属が工作物や工具電極の放電面に再付着してしまう[18]が，加工液が加工くずを冷却したり放電面を濡らしたりすることで再付着を防止している．

加工液には，加工くずを搬送する媒体としての役割もある．放電点で発生した加工くずは，加工液に取り込まれた状態で極間隙を流動し，やがて排出される．このように，加工くずが加工液中を浮遊していることは，電圧印加による加工くずの柱状集積を生じやすくし，極間の絶縁破壊を生じやすくすることにも寄与していると考えられる．

加工液には工作物や工具電極を冷却する役割もある．これにより，放電点やその周囲の温度が高くなりすぎることを抑制し，休止時間中のプラズマ温度の低下を促進している．そのほかにも，加工油が熱分解カーボンの供給源となって工具電極の消耗を抑制するなど，加工液は放電加工において重要な役割を果たしている．

9.2 電解加工

9.2.1 概　要

電解加工(Electrochemical Machining, 略してECMと称する)は，図9.11に示すように形彫り放電加工と目的や加工形態は似ている．しかし，加工原理は電気化学反応を利用しており，熱的作用に基づく放電加工とは異なる．塩化ナトリウム(NaCl)や硝酸ナトリウム($NaNO_3$)水溶液などの電解液(electrolyte)中で，10〜20Vの直流電圧(またはパルス電圧)が工具電極(陰極)と工作物(陽極)間に印加される．このとき，電流密度は20〜300 A/cm^2に達し，Faradayの法則(Faraday's law)に従い陽極工作物が溶解(dissolution)される．0.1 mmから0.6 mmの加工間隙中では，陽極上で金属水酸化物や酸化物のスラッジが生成する．また，陰極表面上で水素ガスが発生するので，電流が流れにくくなり，加工部以外の場所で浮遊電流が流れて加工精度が低下してしまう．したがって，加工精度を維持するためには，電解液を加工間隙に供給し，これらの電解生成物を排出する必要がある．また，加工電流は基本的には直流でよいが，パルス電流を用いると休止時間中に気泡やスラッジが排出され，加工部での電流の低下が防止できるので，高精度加工にはパルス電流が使用される．

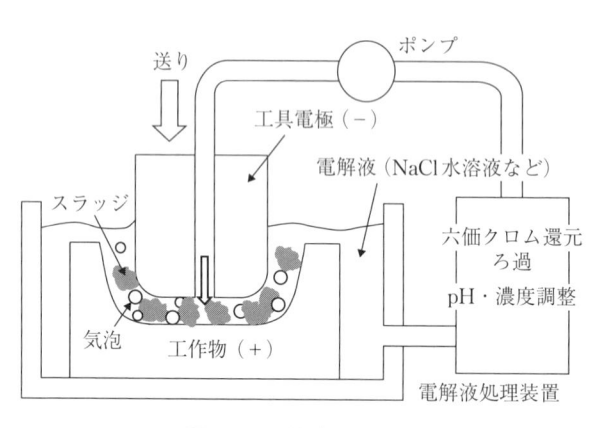

図9.11　電解加工の原理

9.2.2 電極反応[19]

(1) 陽極反応

NaCl水溶液を用いて鋼の工作物を加工する場合を例にとると，陽極面上では金属の溶解反応，

$$Fe \rightarrow Fe^{2+} + 2e$$

ならびに電解液中の陰イオンの放電，

$$Cl^- \rightarrow Cl + e$$

$$2OH^- \rightarrow H_2O + O + 2e$$

が並行して生じている．それによって，生成された原子状で不安定な塩素(Cl)や酸素(O)は，鉄(Fe)との反応や酸素の発生によって以下のように変化する．

$$Fe + 2Cl \rightarrow FeCl_2$$

$$O + O \rightarrow O_2$$

また，Fe^{2+}イオンは溶液中の陰イオンとの反応，

$$Fe^{2+} + 2OH^- \rightarrow Fe(OH)_2 \downarrow$$

$$FeCl_2 + 2OH^- \rightarrow Fe(OH)_2 \downarrow + 2Cl^-$$

を経て固形物として沈殿する．したがって，Fe^{2+}イオンは電解液中にそのまま留まることはない．

陰イオンの放電は，Cl^-のほうがOH^-より低い極間電圧で生じるので，NaCl水溶液を用いた場合は，酸素発生反応は生じず電流のほとんどが金属の溶解に使われる．供給される電流のうち金属の溶解に使用される割合を電流効率 (current efficiency) と呼び，NaCl水溶液の場合は100％である．このような電解液を活性化形 (active) の電解液と呼ぶ．

一方，$NaNO_3$水溶液の場合は，OH^-のほうがNO_3^-より低い電圧で放電するので，酸素の発生に電流が使われ，溶解反応は酸素の発生と競争となり，電流効率は100％にはならない．また，電流密度が小さい領域において，金属表面に絶縁性の酸化物や水酸化物の薄膜 (不働態皮膜：passivation film) が形成され溶解がとまりO_2が発生するのみとなる．この不働態化 (passivation) が生じやすい金属は鉄 (Fe)，ニッケル (Ni)，コバルト (Co)，クロム (Cr) などの鉄

族である．また，NaNO₃水溶液のように不働態化が生じる電解液を不働態形 (passive) の電解液と呼ぶ．

なお，酸素の発生電位より高い電位を必要とする金属は，溶出することなく酸素の発生のみが生じる．したがって，白金 (Pt)，金 (Au)，黒鉛などは電解加工できない．

（2）陰極反応

電解液中の金属イオンのイオン化傾向が鉄イオンのように水素 (H) よりも大きいときは，

$$2H^+ + 2e \to H_2$$

より水素ガスが発生する．また小さいときは，例えば，

$$Cu^{2+} + 2e \to Cu$$

のように金属の析出が生じる．この現象を利用した加工法として，電着 (electrodeposition) や電鋳 (electroforming) が知られている．しかし，電解加工では陰極である工具電極面に電着が生じることは避けなければならない．したがって，イオン化傾向が H より小さい陽イオンが含まれた電解液は使用できない．

また，前述のように NaCl や NaNO₃ などの中性塩水溶液中での鉄系材料の加工では，Fe^{2+} イオンは電解液中にそのまま留まることはないので，工具電極面に電着が生じる問題はない．一方，硝酸などの酸溶液による電解加工では，Fe^{2+} イオンはそのまま電解液中に留まるので，工具電極への電着が生じる可能性がある．

（3）過電圧

陽極と陰極上で生じる上記の素反応それぞれについて，水素標準電極を基準とした固有の電極電位 (electrode potential) が決まる．したがって，例えば NaCl 水溶液中での Fe を陽極，Cu を陰極に用いた加工について，陽極反応 $Fe \to Fe^{2+} + 2e$，陰極反応 $2H^+ + 2e \to H_2$ の平衡電位（電流が流れていないときの電極電位：equilibrium electrode potential）を水素標準電極を基準としておのおの E_a, E_c とすると，電流が流れていないときは $E_a - E_c$ の電位差が極間に現れる．これを分解電圧 (decomposition voltage) と呼ぶ．陽極と陰極それぞれの電極電位に対する電流密度の変化を同じグラフ上に書き表すと，図

9.12のようになる．したがって，平衡状態から電流が流れ始めるには，分解電圧以上の電圧を余分に印加しなければならない．これを過電圧(overvoltage)と呼ぶ．電流は連続であるから，陽極と陰極上の電流密度は等しいとして，図より過電圧(η)＝陽極過電圧(η_a)＋陰極過電圧(η_c)が必要である．

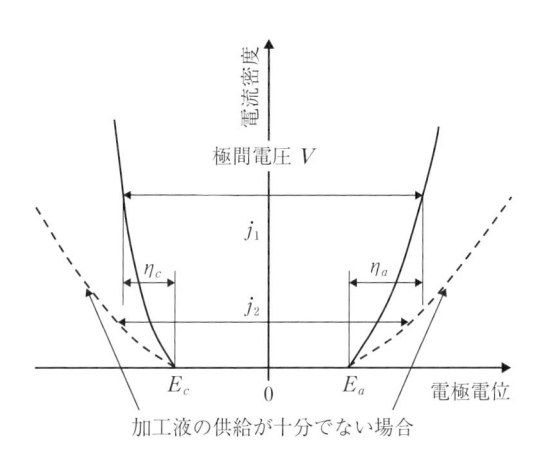

図9.12　陽極と陰極の電極電位に対する電流の変化

過電圧が現れる原因には，不働態皮膜などの抵抗物質の発生(抵抗過電圧)，イオンなどの反応関与物質の移動(拡散，電界による泳動，電解液の対流)によって反応が律速される現象(濃度過電圧)，イオンが電極界面での電位障壁を乗り越えるために必要な電位(活性化過電圧)などが知られている．このうち，濃度過電圧の影響を図9.12の破線に示した．極間への加工液の供給が十分でないと，濃度過電圧が上昇しやすく，定電圧で加工した場合は電流密度が j_1 から j_2 に減少するので加工速度が低下する．また，定電流で加工した場合は，加工が必要な部分の電流密度が低下し，その代わりに加工部以外の電流密度が増加し加工精度が低下する．また，電圧が上昇するので，酸素の発生など溶出反応より高い電圧を必要とする反応が誘起され電流効率の低下を招く．

9.2.3　加工速度

電流 i [A] を時間 t [s] 通電したときの溶出質量 w [g] は，ファラデーの法則より，

$$w = \xi \frac{itM}{nF} \tag{9.1}$$

と表せる．ここで，ξ は電流効率，M は原子量[g/mol]，n はイオン価，F はファラデー定数 96500 C/mol である．

式 (9.1) の両辺を t と面積で除して考えれば，加工送り速度は電流密度に比例することがわかる．また，ギャップ長は次項で述べるように，一定電圧，一定送り速度の条件下で，加工面積によらず一義的に決まる．したがって，オームの法則より電流密度も加工面積によらず一定である．そのため，電源容量の範囲内であれば，加工面積に比例して加工電流が増大し，加工中に加工面積が変動しても一定のギャップ長と加工送り速度が保たれる．電流密度は，一般に $20 \sim 300 \, A/cm^2$ の範囲内なので，加工面積によっては数千 A 以上の電源容量が必要とされる．

9.2.4 加工精度

電解加工は，放電加工のような工具電極の消耗はないことが特長である．したがって，加工精度を決めるのはギャップ長である．ギャップ長が小さく，加工面に沿って均一であるほど工具電極形状の転写精度はよい．そこで，加工条件とギャップ長との理論的な関係を求める．

加工面積 S，加工深さ L，工作物の密度を ρ とすると，溶出質量 w との関係は次式で表される．

$$w = LS\rho \tag{9.2}$$

したがって，電気化学当量 (electrochemical equivalent) $K = M/(nF)$ を用いて，微少時間 Δt における加工深さの増分 ΔL は次式で表される．

$$\Delta L = \frac{\xi K i}{S\rho} \Delta t \tag{9.3}$$

まず，工具電極が図 9.13(a) のように静止している場合，電解液の導電率を σ，ギャップ長を g，極間電圧を V とすると，オームの法則より次式が得られる．

$$i = \sigma \frac{S}{g} V \tag{9.4}$$

極間電圧 V を一定と仮定すると，式 (9.4) を式 (9.3) へ代入して，定数を α で置き換えると，ΔL は次式で得られる．

$$\Delta L = \zeta \sigma V \frac{K}{\rho} \frac{1}{g} \Delta t = \alpha \frac{1}{g} \Delta t \tag{9.5}$$

9.2 電解加工

(a) 工具電極が静止している場合

(b) 工具電極が定速で送られる場合

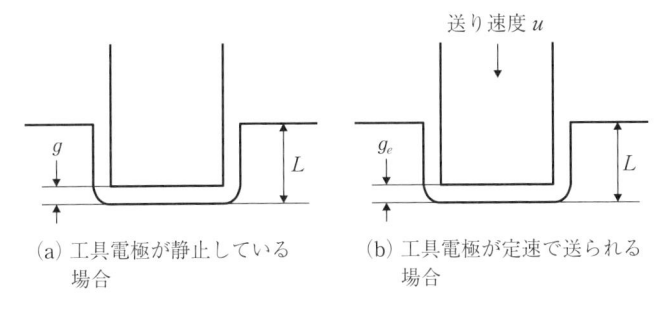

図9.13 平衡ギャップ長

次に，工具電極が一定の送り速度 u で送られる場合を考える．このとき，Δt の間のギャップ長の変化 Δg は次式で表される．

$$\Delta g = \Delta L - u \Delta t = \left(\frac{\alpha}{g} - u\right)\Delta t \tag{9.6}$$

定常状態では，ギャップ長の時間変化 $\Delta g/\Delta t = 0$ より定電圧加工における平衡ギャップ長 (equilibrium gap width) g_e が次式のように求められる．

$$g_e = \frac{\alpha}{u} = \zeta \frac{\sigma V}{u} \frac{K}{\rho} \tag{9.7}$$

平衡ギャップ長が小さいほど，工具電極形状の転写精度は向上する．したがって，加工精度を向上させるには，電解液の導電率 σ，極間電圧 V を小さくすればよいことがわかる．ただし，この場合は式(9.4)より加工速度は低下する．

また，送り速度 u を大きくするほど平衡ギャップ長は小さい．つまり，加工速度が大きいほど加工精度がよい．これは，他の加工法に見られない電解加工の特長である．しかし，ギャップ長が狭いと電界が増大する．また，ギャップが気泡で充満するまでの時間が短くなるので，放電が生じやすくなる．放電が生じると，大電流が放電点に集中することにより工作物面に大きな損傷が生じるので，放電の発生を検出して電流を遮断する回路が必要である．

次に，曲面加工の場合のギャップ長の不均一分布について述べる．電極面の傾斜によらずギャップ長が均一であれば高い加工精度が得られるはずであるが，理論的にギャップ長は傾斜角の関数である．図9.14 に示すように，工具

電極の送り方向に対して θ だけ傾いた斜面では，見かけの送り速度が $u\cos\theta$ である．したがって，式 (9.7) より斜面の平衡ギャップは水平面より $1/\cos\theta$ だけ大きくなる．一般に，工具電極形状は目標加工形状を法線方向に平衡ギャップ長だけ縮小することによって求められる．このと

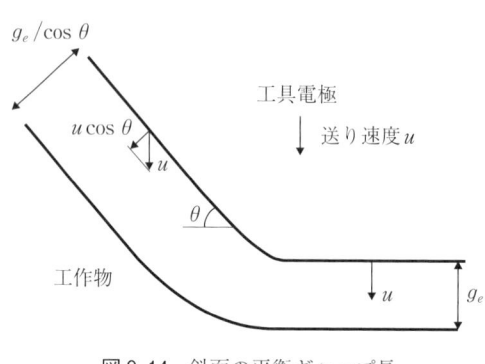

図 9.14 斜面の平衡ギャップ長

き，高精度な加工を行うには傾斜角 θ の影響を考慮する必要がある．

一方，工具電極の側面が底面に対して垂直な場合，つまり $\theta = \pi/2$ の場合 $g_e = \infty$ となり，平衡ギャップは存在しない．高い加工精度を実現するためには，一度形成された側面では加工の進行がとまることが望ましい．しかし，活性化型の電解液の場合は，前述のように電流効率は電流密度にかかわらずほぼ 100% なので，NaCl 水溶液では浮遊電流によって側面ギャップは拡大し，加工穴側面がテーパ状に加工されてしまう．一方，不働態型の電解液である $NaNO_3$ 水溶液では，穴側面のギャップが広がり電流密度が低くなると電流効率も低下し，それに伴って加工速度が急激に低下し穴径の拡大が抑制される．したがって，$NaNO_3$ 水溶液は NaCl 水溶液よりも高い加工精度が得られる．

9.2.5 電解加工の特徴と用途

表 9.1 に，電解加工と他の加工法との比較を示す．切削や放電加工は体積加工速度が一定である．一方，電解加工では加工面全体で同時に加工が進行するので，加工面積によらず一定の送り速度が得られる．したがって，加工面積に比例して体積加工速度が増大するので加工速度が大きい．また電解加工では，工具電極の消耗はなく，加工変質層のない滑らかな仕上げ面が得られ，バリの発生がないなどの特長がある．放電加工と同様に，材料の硬さによらず複雑形状の加工が可能であるが，Pt, Au, 黒鉛などの電解加工は困難である．また，チタン (Ti), タングステン (W) などの酸化被膜が形成されやすい材料，超

9.2 電解加工

硬合金など電気化学的特性が異なる複数の相からなる材料などは，特殊な電解液や両極性のパルス電源などの使用が必要とされる[20]．

一方で，放電加工に比べてギャップ長が大きい．また，加

表 9.1 放電加工と電解加工の比較

	切削加工	放電加工	電解加工
加工速度	○	×	○
仕上げ面粗さ	△	△	○
加工ダメージ	×	×	○
工具消耗(工具費)	×	×	○
難削材	×	○	○
複雑形状加工	△	○	△
加工精度	○	○	×
高精度加工までの試行錯誤	○	○	×
環境問題	△	△	×

工部は電流密度が高く，電解生成物や水素気泡が大量に生成されるので，電流の流れが妨げられ加工部以外にも電流が流れて加工精度が低下する．さらに，電解液中のジュール発熱によって電解液温度が上昇し，電解液の導電率が場所によって変化したり，沸騰による電解液の枯渇が生じ得る．したがって，一般に加工精度は放電加工に比べて劣る．そこで，電解液の噴流や，工具電極の周期的な昇降によるギャップの拡大，電解電流のパルス化などによって生成物や気泡の排出を促進し，ギャップの冷却を十分に行わなければならない．しかし，加工形状が軸対称のように単純であれば，一様な電解液の流れは得られやすいが，加工形状が複雑な場合は一様な電解液の流れが得られにくい．したがって，高精度な加工を行うためには，工具電極形状や電解液の噴流穴の位置などの試行錯誤を繰り返す必要があることも大きな課題である．さらに，重金属イオンを含んだ電解液の廃液処理が必要であることも放電加工に比べて普及が遅れている原因である．

以上の特徴から，機械加工が困難な難削材や，複雑形状部品の中小量から大量生産に多く用いられている．例えば，タービンブレード(図 9.15)，航空翼，ロケットエンジン部品，エンジンやケースなどの鋳造品，ギヤ，金型，手術用インプラントなど，航空宇宙，自動車，医療機器などの分野で応用が多い[21]．凸部で電流密度が増大することを利用してバリ取りを行ったり，加工変質層が少なく鏡面が得られることを利用して表面仕上げなどにも適用されている．最近，パルス電流を用いると狭ギャップで高精度加工が可能であることを利用し

図 9.15 航空機エンジンのブレード〔提供：APC エアロスペシャルティ（株）〕と微細軸加工例

て，電子機器の分野での難加工材，複雑形状加工への応用が拡がっている[22]．さらに，ナノ秒オーダのパルス幅と低電圧パルス，ならびに低濃度の電解液を用いたマイクロ電解加工が試みられ，数 μm のギャップ長で図に示すようなマイクロ加工が可能であることが示されている[23],[24]．

9.3 レーザ加工

9.3.1 概　　要

レーザ加工 (laser beam machining) は，レーザ光をレンズで集光して得られる高パワー密度（10^{13} W/m^2 以上）を利用して非接触で加工を行う技術である．光のエネルギーが熱エネルギーに変換され，加熱，溶融，蒸発によって切断 (cutting)，溶接 (welding)，表面改質 (surface treatment)，ならびにアディティブマニュファクチャリング（Additive Manufacturing：AM）における焼結 (sintering) などを行う熱的加工と，光子のエネルギーで原子や分子の結合を直接解離，分解する化学的な作用により，フォトエッチングにおける露光や AM における光造形 (stereolithography) などを行う非熱的加工に用途は分けられる．

9.3.2 レーザ発振の原理とレーザ加工の特徴

レーザ発振器は，分子あるいは原子などの粒子が取り得るエネルギー準位の

中で，レーザ発振しやすいある特別な二つのエネルギー準位を利用する．例えば，二酸化炭素(CO_2)レーザではCO_2分子の図9.16に示す二つの振動モード間の遷移(transition)が利用される．

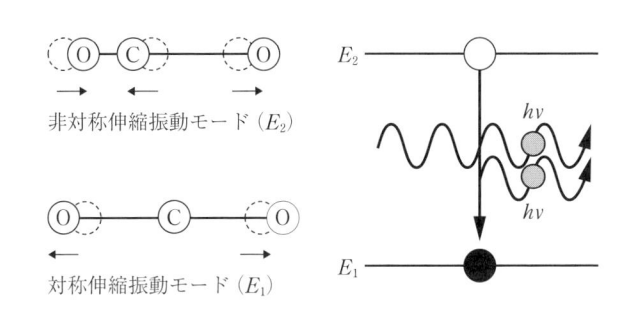

図9.16 CO_2分子の誘導放出による光の増幅

ここで，分子が上の準位E_2に励起(excitation)されていたとする．このとき，そばを通りかかった光子のエネルギーが二つの準位間のエネルギー差に等しい場合，これに共鳴して分子／原子が下の準位E_1に落ちることによって，まったく同じ波長で同じ位相の光子が同じ方向に放出される．これを誘導放出現象(stimulated emission)という．レーザ光は，図9.17に示すように，レーザ媒質の誘導放出現象を利用して，レーザ媒質を挟む2枚の平行なミラーの間を光が往復する間に位相のそろった単一波長の光子が増幅されることによって発振する．したがって，単色性，指向性，可干渉性に優れた大出力光が得られる．しかし，熱平衡状態(equilibrium state)では低い準位にいる分子のほうが高い準位にいる分子より数密度が大きいので，準位E_1の

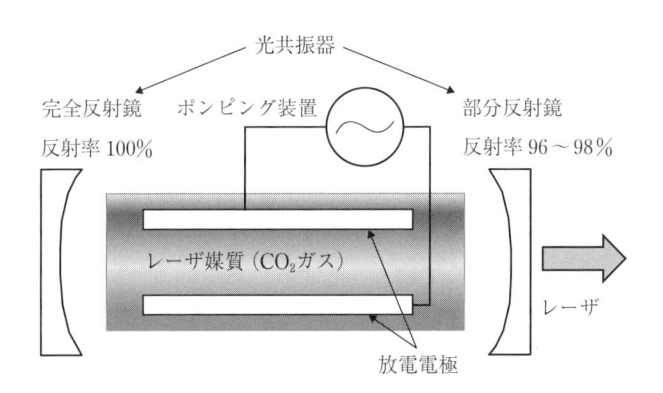

図9.17 CO_2レーザの構造

分子が誘導放出光を吸収 (absorption) して準位 E_2 の状態に遷移する確率が大きい．したがって，エネルギーを外から注入しない状態では，減衰の方が大きいので発振は生じない．そこで，CO_2 レーザの場合は，CO_2 ガスを封入したガラス管の中で放電を生じさせ，電子衝突によって準位 E_1 の分子を励起することによって上下の準位間の数密度の大小を反転させる．このような操作をポンピング (pumping) と呼ぶ．このポンピングによって，熱平衡状態では見られない反転分布 (inverted distribution) が得られ，レーザの発振が可能となる．

連続的に発振すれば連続してレーザ光が出力されるが，レーザ媒質の中にエネルギーを蓄積して上の準位 E_2 の分子密度を増やしておいて，一挙に発振させて (これを Q スイッチという) 時間的にエネルギーを集中させ，パルス加工を行うこともできる．

このレーザ加工には，以下のような特徴がある．

(1) 発振器から出力されるレーザ光は平行光で，単色光であるから微小スポット径に集光できる．さらに，パルス発振を用いて時間的にもエネルギーを集中させれば，高パワー密度が得られ，加工したい箇所だけ局所的に温度を上げることができるので，熱伝導による熱的なダメージの拡がりを小さくできる．したがって，高融点材料，耐熱材料を硬さによらず加工でき，熱影響範囲が狭く，残留応力が小さい高精度加工や微細加工に適している．

(2) 非接触加工であるため，薄肉や微細な工作物の加工が容易で，保持具も簡単ですむ．

(3) 電子ビーム加工やイオンビーム加工のように真空を必要としない．また，ミラーや光ファイバを用いたビームの走査や伝送が容易であり，極めてフレキシビリティの高い加工法である．

(4) 光子のエネルギーの高い紫外光を用い，高分子材料の共有結合を直接切断するなど，レーザ光の波長を選択することにより，熱的加工だけではなく化学的加工が行える．

9.3.3 レーザの種類と用途

加工に用いられる代表的なレーザを表 9.2 に示す．CO_2 レーザは，レーザ媒質に CO_2 を用いた気体レーザであり，前述のように CO_2 分子の振動モード

表9.2 加工用レーザの種類

発振媒体	波長			
	紫外	可視光	赤外	遠赤外
気体	エキシマ (ArF：193 nm, KrF：248 nm)	Arレーザ (488 nm, 514.5 nm)		CO_2 (10.6 μm)
固体		Ti：サファイア (780〜850 nm)	YAG (1.06 μm) ファイバレーザ	
半導体		GaN, ZnSe (青紫) GaAs-AlGaInP (赤〜1 μm)	InP-GaInAsP (1.3〜1.6 μm)	

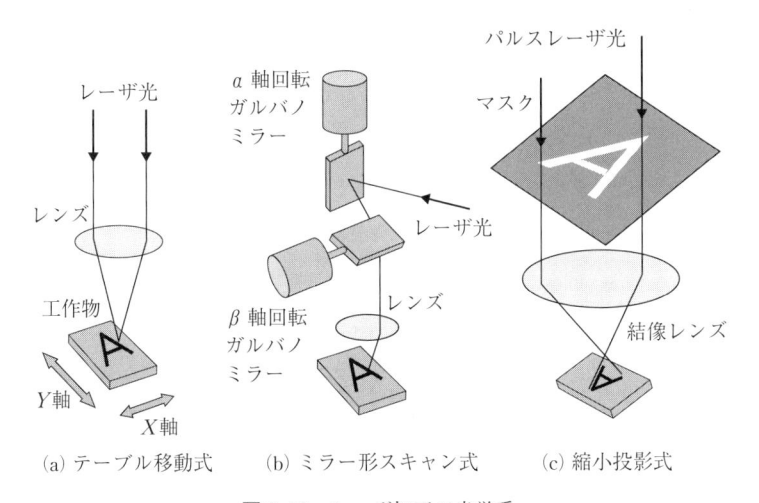

図9.18 レーザ加工の光学系

(a) テーブル移動式　(b) ミラー形スキャン式　(c) 縮小投影式

の遷移を利用して波長 10.63 μm の遠赤外光が得られる．図 9.18(a)，(b) のようにビームをスキャンし，切断，溶接，表面処理，プリント基板の穴あけなどに広く用いられる．

　YAG (Yttrium Aluminum Garnet) レーザは，レーザ媒質がイットリウムとアルミニウムの酸化物からなるガーネット構造の結晶であり，波長 1.064 μm の赤外光が得られる．固体レーザであるため，レーザ媒質のポンピングには半導体レーザなどの他の光源を用いた光励起 (photoexcitation) が用いられる．

発振効率がよく，光ファイバ伝送も可能なため，レーザ加工における主要な光源の一つである．

ファイバレーザ(fiber laser)は，光ファイバのクラッドに励起光を入れ，希土類を添加したコア部のレーザ媒質を励起する．励起効率がよくコンパクトで安定性が高いため，用途が拡大している．

一方，エキシマレーザ(excimer laser)はArF, KrFなどの励起気体分子の解離(dissociation)により，おのおの193 nm, 248 nmの紫外光が発振する．光子のエネルギーが高分子材料の共有結合のエネルギーより高いため，非熱的な加工が行える．したがって，バブルジェットプリンタのノズル穴加工や，半導体のフォトエッチング(リソグラフィ)における露光用光源としての応用がある．指向性が他のレーザに比べて劣るため，図9.18(c)のように縮小投影式の加工が行われる．

半導体レーザ(semiconductor laser)は，価電子帯の正孔と伝導帯に生成された電子の再結合遷移を利用したレーザで，電流注入によって励起が行われる．バンドギャップで波長が決まるので，半導体材料の選択によりさまざまな波長が得られ，加工用としては，主にYAGレーザやファイバレーザの励起光として用いられる．

また，最近はフェムト秒オーダの超短パルスレーザ(femtosecond laser, ultra-short pulsed laser)が開発され，10^{19} W/m² 以上の高パワー密度を利用してさまざまな微細加工が行われている．ファイバレーザの出力光をTi：サファイア結晶でレーザ増幅するタイプの発振器が多い．

9.3.4　レーザと工作物材料の相互作用

工作物材料にレーザ光が吸収されやすいことが効率よく加工するために必要な条件である．レーザの入射強度に対して，反射する割合(反射率)，透過する割合(透過率)を除いた残りの割合(吸収率)が大きいほど加工はされやすい．

レーザ光が物体に吸収されるメカニズムは，以下のとおりである[25]．金属の場合は，光の電磁場の下でまず自由電子が加速され，自由電子が格子原子と衝突して格子振動のエネルギーが増加することによって工作物の融点，沸点に達して加工が行われる．また，絶縁体の場合は結晶性の材料であれば，電磁

場の作用で直接格子振動が励起される．さらに，半導体の場合は価電子帯，伝導帯，ドナー準位，アクセプタ準位などの間の遷移に基づき吸収が生じる．

これらのメカニズムに基づく吸収率には波長依存性があるので，用いるレーザ光の波長が加工特性に大きな影響を及ぼす．例えば，CO_2 レーザ（10.6 μm）に対する金属の反射率はほとんどの材料で 95 % を超えるが，YAG レーザ（1.06 μm）に対して Fe の場合は 65 % に低下する．また，ダイヤモンドは CO_2 レーザの光を透過しやすいが，エキシマレーザの光はほとんど透過しない．したがって，エキシマレーザを用いれば小さなレーザパワーでも加工が可能である．

また，切断や表面処理などの熱加工に使用する場合は，放電加工と同様に工作物材料の熱伝導率や融点，沸点の影響が大きい．Cu や Al は，反射率が高く，しかも熱伝導率が高いので，レーザ加工しにくい材料である．その場合は，表面にレーザ光を吸収しやすいコーティングを施すか，砥粒を用いて表面を粗くするなどの手段がとられる．

9.4 荷電粒子ビーム加工

荷電粒子ビーム加工（charged particle beam machining）には，主に次の加工法がある．

9.4.1 電子ビーム加工

図 9.19 のように，加熱した陰極から放出される熱電子（thermion）を 10^{-3} Pa 程度の高真空中において高電圧で加速し，電界（あるいは磁界）分布を利用した静電（磁界）レンズで電子ビームを集束させ工作物に衝突させると，局所的に溶融・蒸発が生じる．電子ビーム加工（electron beam machin-

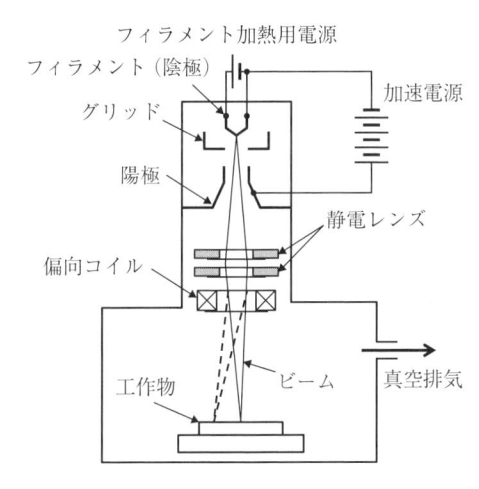

図 9.19 電子ビーム加工機の基本構成

ing) は，この現象を利用して穴あけ，切断，溶接，焼入れ，アニールなどを行う方法である．グリッド電極の電位を制御してビームのオンオフや電子ビームの電流値，パルス幅を制御する．また，加速電源の電圧値によって電子ビームのエネルギーを制御する．ビームスポット径は $1\,\mu\mathrm{m}$ 以下に絞ることができるが，電子の運動エネルギーが熱エネルギーに変換されるので，熱伝導が及ぶ範囲に加工領域は広がる．レーザ加工と同様に，高パワー密度が得られるので熱効率が高い．また，電磁界でビームを偏向できるので，レーザより高速にビームの精密なスキャンが可能である．ただし，真空中での作業が必要で工作物の大きさに制約がある．さらに，絶縁体には帯電防止のための処理が要求される．

小径穴や溝の微細加工に適用されているほか，光に比べてビームが深く材料に進入するので，加速電圧を上げることによって数 10 mm 以上の深溶込みの溶接が可能であり，自動車用動力伝達部品，圧力容器，航空機部品などの厚肉部材や耐熱材料の溶接にも使用されている．また，レーザ加工と同様に，非熱加工的な応用として，半導体用のフォトリソグラフィ (photolithography) における露光光源としても広く使用されている．

9.4.2 イオンビーム加工

イオンビーム加工 (ion beam machining) は，イオンを材料表面 (ターゲット，target) に衝突させ，イオンの運動エネルギーを利用して除去加工や付着加工を行う方法である．レーザ加工や電子ビーム加工が基本的に熱加工であるのに対して，イオンビーム加工は非熱的で機械的な加工法である．イオンの運動エネルギーが低い場合は，ターゲット原子がはじき飛ばされて除去加工が行われる (スパッタリング, sputtering)．また，はじき飛ばされたターゲット原子を基板上に堆積させて薄膜を形成することができる (スパッタデポジション, sputter deposition)．エネルギーが高い (10 keV 以上) と，衝突イオンの速度が大きいので，表面では材料原子との相互作用が小さく，イオンが内部まで侵入して停止する (イオン注入，イオンインプランテーション, ion implantation)．

除去加工の例としては，光学レンズの非球面加工，レンズ表面のクリーニン

グ，透過型電子顕微鏡試料作成のための板厚減少（シンニング）加工，ダイヤモンドのバイトや圧子，触針の先端形状加工などが報告されている[26]．イオン源としては，イオンをシャワー状の平行ビームとして均一に照射するものと，集束ビームをスキャンする集束形イオンビーム装置（Focused Ion Beam：FIB）とがある．

9.5 電解研磨

電解研磨（electrolytic polishing）とは，金属製品を陽極（プラス）側として対極との間に専用の電解液を介して直流電流を流すことで，製品表面を電気化学的に溶解させ，平滑化および光沢化を施す加工法である．図9.20は，電解研磨の基本的な構成である．電解液は，硫酸，りん酸または強アルカリ液を使用することが一般的である．金属製品表面の微細な凹凸が優先的に溶解されることで，より平滑な研磨面となる．また，研磨した表面は，機械加工で生じた加工変質層も除去されるうえ，強固で安定な不動態皮膜が生成されるために，耐食性が向上するなどの特徴がある．

図9.21は，ステンレス製の注射針の製品写真と，電解研磨処理前後の電子顕微鏡写真である．機械加工（研削）により生じた表面の微細凹凸やエッジ部のバリを電解研磨によりきれいに取り除くことができている．電解研磨は，オーステナイト系ステンレス（SUS304，SUS316など）やアルミニウム合金などを素材とする金属製品に対して処理されることが多い．

一方，熱した酸性溶液に金属製品を浸して表面を溶かす手法を化学研磨と呼ぶ．化学研磨（chemical polishing）は，設備が簡単で，大面積を一度に研磨できる利点があるが，一部の表面を選択的に削ることができないなど，加工効果としては電解研磨に劣る．

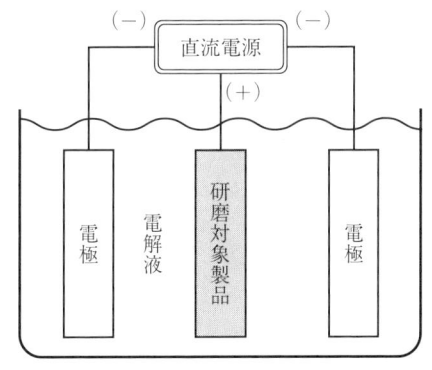

図9.20 電解研磨の基本構成

220　第9章　特殊加工

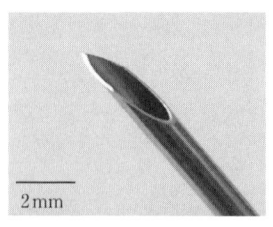

(a) 注射針製品写真（先端部分を電子顕微鏡にて観察）

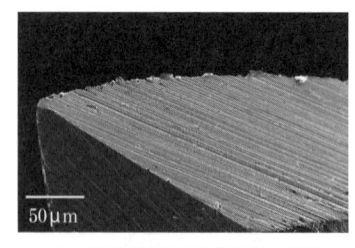

(b) 電解研磨処理前（機械加工後）　　(c) 電解研磨処理後

図 9.21　ステンレス製注射針の製品写真と電解研磨処理前後の電子顕微鏡写真〔提供：金子メディックス（株）〕

9.6　電鋳（エレクトロフォーミング）

電鋳（electroforming）とは，電気鋳造の略称であり，英表記でエレクトロフォーミングと呼ばれることも多い．電鋳の基本原理，必要な設備類は電気めっき（electroplating）とほとんど同じである．しかし，電気めっきは製品表面に耐食性や装飾性を付与するために金属を被覆する技術であり，電鋳は表面微細形状を精密に転写する金属製品の製造技術という点で目的が異なる．

図 9.22 は，電鋳の基本的な構成である．前項の電解研磨とは極性が

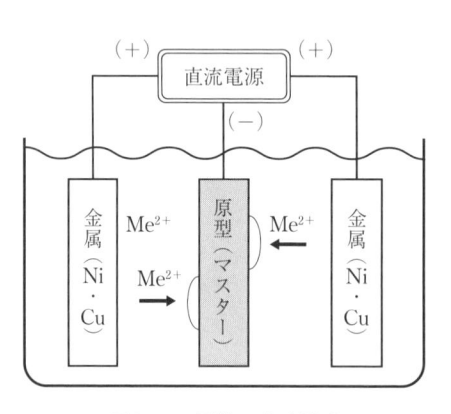

図 9.22　電鋳の基本構成

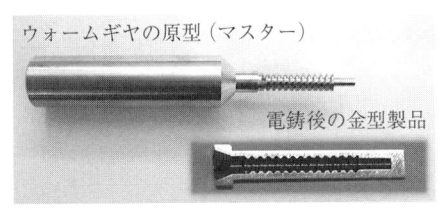

(a) ウォームギヤの原型と電鋳後の金型製品の例

(b) 電鋳製品の例，光学素子金型など

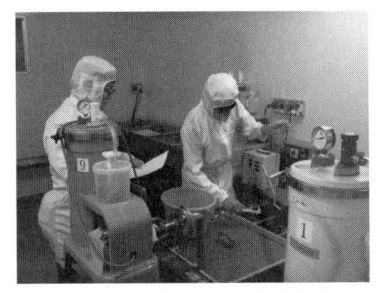

(c) クリーンルーム内における電鋳作業中の様子

図 9.23　電鋳製品の例と電鋳作業中の様子〔提供：池上金型工業（株）〕

逆になっている．電気分解により生じた金属イオン（図中 Me^{2+}）を電気泳動（electrophoresis）により原型（マスタ）の表面へ電着させ，厚さ数 $10\,\mu m$ から数 10 mm 程度まで達した時点でめっき膜を剝がして製品とする．得られるめっき膜は，原型の表面形状をミクロンレベルまで忠実に転写することができる．めっき膜を原型からスムーズにはく離できるよう，あらかじめ原型表面にはく離被膜を形成しておく必要がある．電鋳に使用される金属素材は Ni や Cu が一般的である．図 9.23 は，電鋳により作製した製品の例とクリーンルーム内における電鋳作業中の様子である．

9.7　フォトエッチング

エッチング（etching）とは，化学溶液による化学反応・腐食作用を利用して被加工物を溶解加工する手法である．特に，フォト（photo），すなわち露光および現像技術を組み合わせた精密加工技術をフォトエッチングと呼ぶ．エレクトロニクス製品の極小部品や半導体集積回路の加工法として広く用いられてい

図 9.24 は，フォトエッチングの基本的な工程である．基板上にフォトレジスト (photoresist) と呼ばれる感光性樹脂を塗布する工程〔図 (a)〕，微細なパターンが描かれているフォトマスク (photomask) をフォトレジストに当てて露光する工程〔図 (b)〕，感光した部分のフォトレジストのみを除去し，レジストパターンを現像する工程〔図 (c)〕，レジストパターンで覆われていない露出した基板部分を除去するエッチング工程〔図

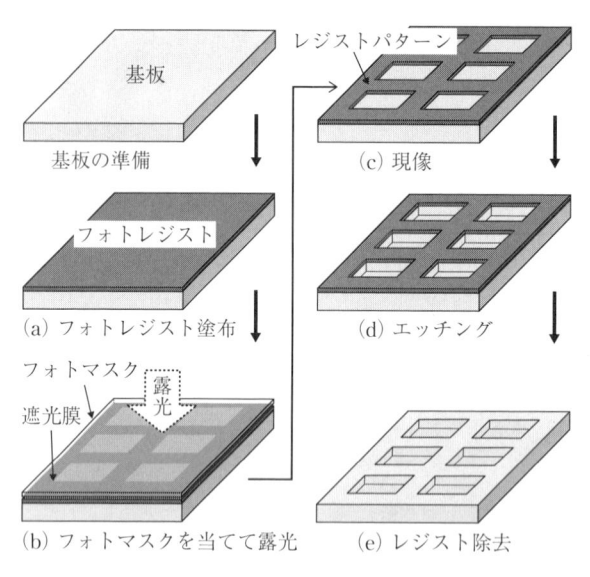

図 9.24 フォトエッチングの基本工程

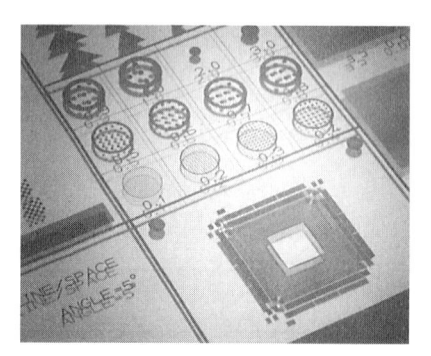

図 9.25 フォトエッチングで使用するフォトマスクの例（ガラス基板上に銀の遮蔽膜でパターンを描画してある）〔提供：平井精密工業（株）〕

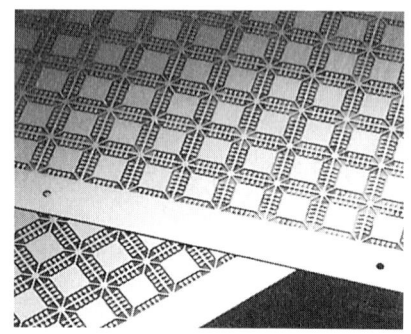

図 9.26 フォトエッチングにより作製した薄板金属製品の例〔提供：平井精密工業（株）〕

(d)〕，最後にフォトレジストを取り除くはく離工程からなる〔図(e)〕．プリント基板などのフォトエッチングの際には，塩化鉄，塩化銅またはアルカリ系のエッチング液〔エッチャント(etchant)とも呼ぶ〕を用いることが多い．

フォトエッチングで使用するフォトマスクおよび作製した薄板金属製品の例を図 9.25，図 9.26 にそれぞれ示す．図 9.27 のように，

(a) フォトエッチングで作製したマスタ

(b) 電鋳によって形状を転写した微細金型

図 9.27　フォトエッチングで作製したマスタを用いて電鋳によって作製した微細金型の電子顕微鏡写真

フォトエッチングで作製した形状をマスタとして，前項の電鋳によって形状を転写し，微細樹脂製品の金型を作製することも多い．

参考文献

1) 齋藤長男・毛利尚武・高鷲民生・古谷政典：放電加工技術，日刊工業新聞社 (1997) p.7.
2) 日本機械学会：生産加工の原理，日刊工業新聞社 (1998) p.197.
3) 山﨑　実・鈴木岳美：モノづくりのための放電加工，日刊工業新聞社 (2007) p.6.
4) 今井祥人・鈴木俊雄・河津秀俊・後藤昭弘：使いこなす放電加工，技術評論社 (2010) p.5.
5) 武沢英樹：放電加工の本，日刊工業新聞社 (2014) p.16.
6) 増沢隆久：やさしいマイクロ加工技術，日刊工業新聞社 (2000) p.53.
7) 伊藤智彦・早川伸哉・糸魚川文広・中村　隆：「炭素繊維強化樹脂の放電加工の試みと加工現象の観察」，精密工学会誌，Vol.77, No.12 (2011) pp.1140-1145.
8) 福澤　康・谷　貴幸・岩根英二・毛利尚武：「放電加工機を用いた絶縁性材料の加工」，電気加工学会誌，Vol.29, No.60 (1995) pp.11-21.
9) K. Morimoto and M. Kunieda : "Sinking EDM Simulation by Determining Discharge

Locations Based on Discharge Delay Time", Annals of the CIRP, Vol. 58, Issue 1 (2009) pp. 221-224.
10) 早川伸哉・小島弘之・国枝正典・西脇信彦:「放電加工における単一パルス内での複数アーク点弧の観察」, 1993年度精密工学会春季大会講演論文集 (1993) pp. 243-244.
11) A. Mori, T. Kitamura, M. Kunieda and K. Abe : "Direct Observation of Multiple Discharge Phenomena in EDM using Transparent Electrodes", International Journal of Electrical Machining, No. 20 (2015) pp. 53-57.
12) 吉田英史・国枝正典:「分光分析による放電加工アークプラズマの温度測定」, 精密工学会誌, Vol. 62, No. 10 (1996) pp. 1464-1468.
13) A. Kojima, W. Natsu and M. Kunieda : "Spectroscopic Measurement of Arc Plasma Diameter in EDM", Annals of the CIRP, Vol. 57, Issue 1 (2008) pp. 203-207.
14) H. Xia, M. Kunieda and N. Nishiwaki : "Removal Amount Difference between Anode and Cathode in EDM Process", International Journal of Electrical Machining, No. 1 (1996) pp. 45-52.
15) 齋藤長男・毛利尚武・高鷲民生・古谷政典:放電加工技術, 日刊工業新聞社 (1997) p. 45.
16) 日本機械学会:生産加工の原理, 日刊工業新聞社 (1998) p. 215.
17) 早川伸哉・国枝正典・松原十三生:「放電加工におけるギャップと放電痕断面形状の関係の解析」, 電気加工学会全国大会 (1998) 講演論文集 (1998) pp. 71-74.
18) M. Yoshida and M. Kunieda : "Study on the Distribution of Scattered Debris Generated by a Single Pulse Discharge in EDM Process", International Journal of Electrical Machining, No. 3 (1998) pp. 39-46.
19) 佐藤敏一:電解加工と化学加工, 朝倉書店 (1970).
20) 前田祐雄・齋藤長男・葉石雄一郎:「電解加工の加工原理と加工特性」, 三菱電機技報, Vol. 41, No. 10 (1967) pp. 1267-1279.
21) K. P. Rajurkar, D. Zhu, J. A. McGeough, J. Kozak and A. De Silva : "New Developments in Electro-Chemical Machining", Annals of the CIRP, Vol. 48, No. 2 (1999) pp. 567-579.
22) A. De Silva and H. Altena : "Accuracy Improvements in ECM by Prediction and Control of the Localisation Effects", IJEM, 7 (2002) pp. 25-30.
23) R. Schuster, V. Kirchner, P. Allongue and G. Ertl : 2000, Electrochemical Micromachining, Science, 289/5476 : 98-101.
24) T. Koyano and M. Kunieda : "Micro Electrochemical Machining Using Electrostatic Induction Feeding Method", Annals of the CIRP, Vol. 62, No. 1 (2013) pp. 175-178.
25) 多田邦雄・松本 俊:光・電磁物性, コロナ社 (2006).
26) エネルギービーム加工, リアライズ社 (1985).

第10章 加工計測

10.1 加工計測の役割

　測定器(機)は，測定値を出力する単なる道具だと思っている人は多い．しかし，機械製作において，加工計測が果たす役割は，単に測定値によって加工精度を検証することだけではない．加工計測は，加工が完了してから行われる工作物の測定作業のように考えられているが，製品(あるいは部品)設計では，測定によって検証できることが要求される．したがって，加工計測は設計の段階から始まっているといえる．

　コンピュータによる膨大な生産情報を駆使した現代の高度な生産システムにおいて，加工計測は製品や加工状態に関する情報源として重要な役割を果たしている．また，加工部品の品質や生産性の向上を追求するため，加工技術の高精度化および高速化が推進され，それによって加工計測の高精度化と高度化も求められる．加工部品を測定する最も基本的な目的は，部品が設計どおりに加工できているか，または部品が与えられた仕様・機能を満足するかどうかの評価である．機械製作の基本要素である，設計，加工および計測の関係について考えてみる．例えば，図10.1に示すような円筒部品の製作を考える．加工が設計どおりにできれば，計測はしなくてもすむのではないのかと考えられるかも知れない．しかし，実際には加工機の性能や加工条件によって，図のように部品の寸法はばらついている．設計では，あらかじめ加工のばらつきを想定して，部品の機能を満たすために必要な公差を与える．例えば，図において円筒部品の直径 $\phi 30$ mm は +0.01 mm，−0.02 mm の寸法公差を与えている．したがって，加工計測から得られる情報を加工や設計にフィードバックすることにより，正確で効率的なものづくりが実現できる．すなわち，加工計測によって得られる新たな情報を活用することで，加工の状態を推測し，一定の加工が行われるための原理・原則を見出すことが可能となる．それによって，より

図 10.1　加工計測とは

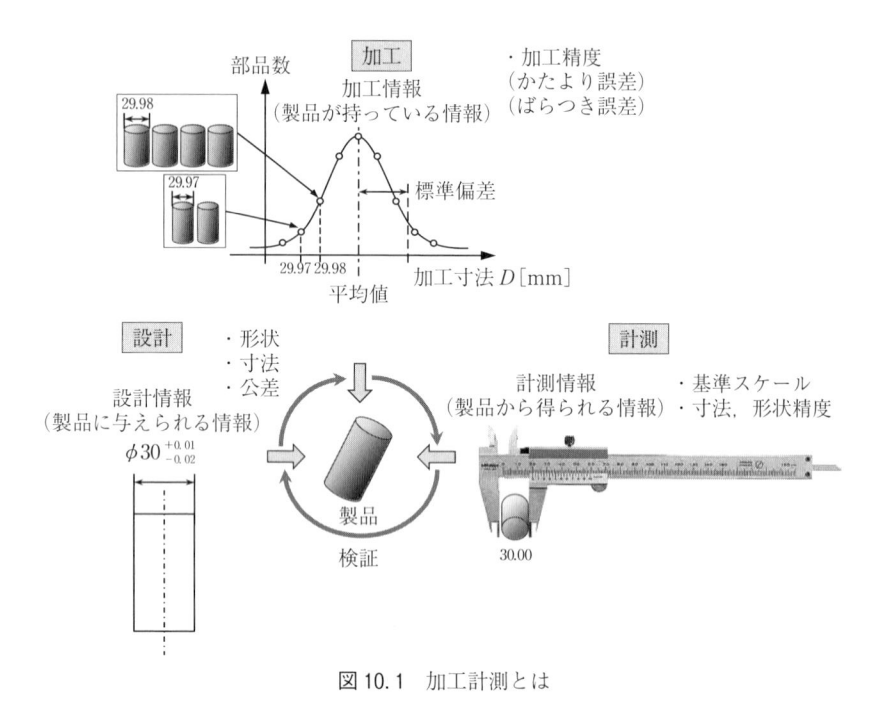

高精度なものづくりを実現し，製品の機能を保証することを可能にしている．

　生産システムにおける加工計測の形態は，図 10.2 に示すように，作業工程における時間的な位置づけによって，プリプロセス計測，オンマシン／インプロセス計測およびポストプロセス計測に分類される．工程管理や品質管理を目的とした加工計測は，寸法，形状などの精度確認や次工程への見極め，あるいは最終精度確認などのため，主として工作物を対象としたポストプロセス（または，オフライン）計測が行われる．オンマシン／インプロセス計測は，加工・計測座標の完全な一致，加工の直接的な制御という点で，最も効率的で効果的な加工計測技術である．特に多軸加工機の実加工時においては，工作物の幾何特性評価だけでなく，温度変化による機械の変形や変位，工具熱膨張，工具たわみ，工具摩耗などの加工特性に起因し，時間的に変化する加工誤差の補正を可能とする技術として，加工計測の重要な役割の一つとなっている．

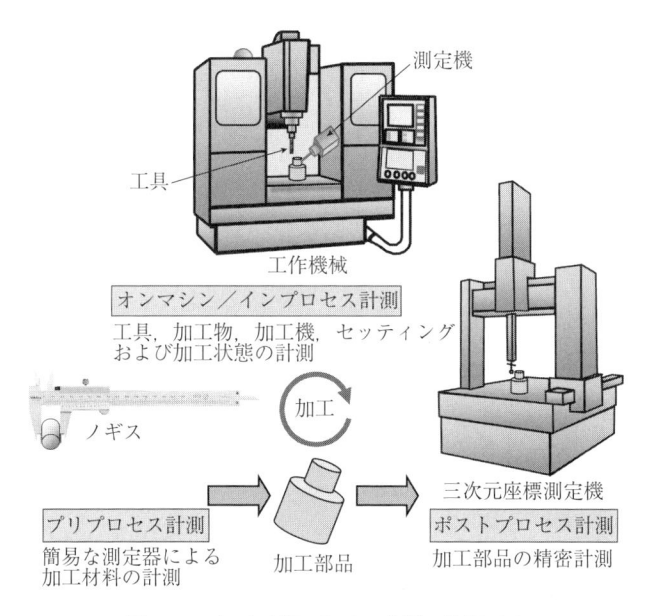

図10.2 加工工程における計測の位置づけ

10.2 加工計測の基礎

10.2.1 測定とは

　測定を正しく行うには，測定の意味や仕組みをよく理解しておくことが必要である．まず，測定 (measurement) とは，「ある量を，基準として用いる量と比較し数値又は符号を用いて表すこと」と定義されている[1]．測定量 (measurand) とは，「測定の対象となる特定の量」であり，測定値 (measured value) は量の測定結果「数値×単位」で表される．測定値の客観性と普遍性は，単位 (unit) によって保証される仕組みになっている．測定において，測定量の定義は重要である．例えば，機械部品の加工精度評価を目的とする場合，測定量の定義が曖昧であれば，測定結果を正確に評価することができない．また，単位は国際的に共通である必要性から，国際度量衡総会 CGPM〔Conférence Générale des Poids et Mesures (仏), General Conference of Weights and

Measures（英）］によって，国際単位 SI〔Système International d'Unités（仏）; International System of Units（英）〕が実用的な単一の体系として定義・管理されている．

さらに，計測（instrumentation, measurement）とは，「特定の目的をもって，事物を量的にとらえるための方法・手段を考究し実施し，その結果を用いて所期の目的を達成させること」[1)]と定義されている．したがって，加工「測定」ではなく，加工「計測」と呼ばれるのは，加工工程の検証や工作物の精度検証などの明確な測定目的や測定量の設定と，それに基づいた測定法の選択，および測定結果の活用が含まれるからである．なお，加工計測における測定量は，幾何学量，加工力，加工温度など多種多様であるが，本章では，それらの中で最も基本となる幾何学量の測定について扱うものとする．

10.2.2 国際単位系

加工計測においても，測定値の客観性と普遍性を保証する単位は重要である．また，測定の標準としての単位の役割は大きく，単位の信頼度は測定の信頼度を補償している．図 10.3 に，国際単位系 SI の構成を示す．SI は，基本単位と組立単位の二つの階級に分けられる．基本単位は，次元的に独立であると便宜上みなすことにした七つの明確に定義された単位（長さ [m]，質量 [kg]，時間 [s]，電流 [A]，熱力学温度 [K]，光度 [cd]，物質量 [mol]）である．組立単位は，対応する諸量を結び付けるいくつかの選ばれた代数的な関係に従って基本単位を組み合わせてつくることができる単位である．

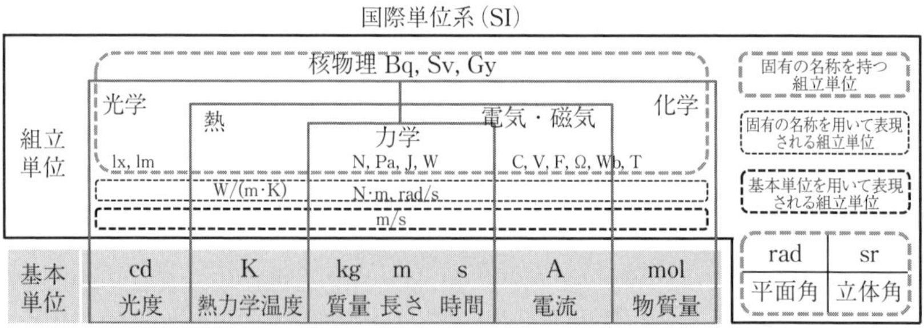

図 10.3　国際単位系（SI）の構成

基本単位の関数としてつくられたこれらの単位のうち，いくつかのものの名称と記号は固有の名称と記号に置き換えることができ，それらは他の組立単位の表現や記号の作成にも利用できる．したがって，組立単位は次の3種類に分類できる．すなわち，「基本単位を用いて表現される組立単位」，「固有の名称を持つ組立単位」および「固有の名称を用いて表現される組立単位」である．力学で用いられる単位では，それぞれ速度[m/s]，力[N]，力のモーメント[N·m]が対応する．なお，加工計測に関連性の深い角度の単位ラジアン[rad]と立体角の単位ステラジアン[sr]はともに固有の名称を持つ無次元の組立単位であり，それぞれ基本単位を用いて[mm^{-1}]および[m^{2}m^{-2}]と表される．

10.2.3 測定量の定義

（1）寸法と幾何学的形状

機械加工には，図面に指示された幾何学量に基づいて部品の幾何特性を正確に実現することが求められる．また，加工計測には，図面で明確に定義された測定量を測定し，工作物の幾何特性を所定の精度で検証できることが求められる．寸法（dimension）および幾何学的形状（geometrical form）を対象とした測定の基本概念を理解するために必要な幾何形体の定義を図10.4に示す[2]．図面の中で定義された理論的に正確な幾何形状を図示形体（nominal feature），工作物の実体の幾何形状を実形体（real feature），測定によって得られた幾何

a：図示外殻形体　　c：測得外殻形体　　e：当てはめ外殻形体
b：図示誘導形体　　d：測得誘導形体　　f：当てはめ誘導形体

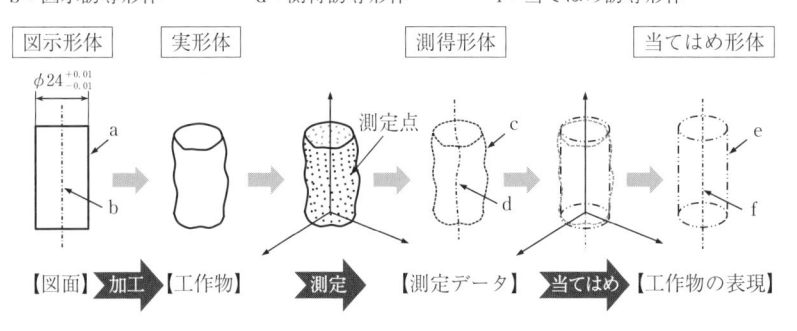

図10.4　幾何形体の定義

形状を測得形体 (extracted feature) および測得形体を数学的定義によって当てはめた幾何形状を当てはめ形体 (associated feature) と呼んでいる．また，表面または表面上の線は，外殻形体 (integral feature)，外殻形体から導かれた中心点，中心線または中立面は誘導形体 (derived feature) と呼ぶ．以上の幾何形体の定義に基づくと，実形体から測定によって得られた測得形体から，数学的定義によって当てはめ形体を構成する一連のプロセスは，測定によって寸法公差および幾何公差を検証することを目的とした寸法および幾何学的形状測定の一般的な概念となっている．

寸法の測定は，工作物が図面で指示された寸法公差を満足しているかどうかの検証を目的としている．寸法の定義は，「決められた方向での，対象部分の長さ，距離，位置，角度，大きさを表す量」[3] とされており，寸法の直接的な測定量は，長さ寸法と角度寸法である．長さ寸法は，二つの形体間の距離またはサイズ形体（部品）の大きさを表す寸法と定義されており，具体的には実体の大きさを表すサイズ（寸法）と，穴の位置，溝の位置などを表す位置寸法がある．また，角度寸法は，二つの形体間の位置を表す角度またはサイズ形体の大きさを表す角度と定義されており，具体的には実体のある円すい角，プリズム角などを表す角度サイズと，傾斜穴の位置，中心面の位置などが

表 10.1 幾何偏差の種類

種類	適用する形体		対応する公差の図示記号
形状偏差	真直度	単独形体	―
	平面度		▱
	真円度		○
	円筒度		⌭
	線の輪郭度	単独形体または関連形体	⌒
	面の輪郭度		⌓
姿勢偏差	平行度	関連形体	∥
	直角度		⊥
	傾斜度		∠
位置偏差	位置度		⌖
	同軸度および同心度		◎
	対称度		≡
振れ	円周振れ		↗
	全振れ		⌰

ある[4]．

直線，平面，円，円筒面などの幾何学的形状の測定は，工作物が図面で指示された幾何公差を満足するかどうかの検証を目的としている．したがって，幾何学的形状の測定量は理論的に正確な形状や位置からの狂いの大きさである幾何偏差（geometrical deviation）によって定義され，最小領域法に基づいて決定される．幾何偏差には，**表10.1**に示すように，形状偏差，姿勢偏差，位置偏差，振れに分類される14種類があり，それぞれ公差の図示記号で表される幾何公差に対応している（幾何偏差の詳細は JIS B 0621：1984「幾何偏差の定義及び表示」[5] を参照のこと）．幾何偏差は，真直度や平面度などのように形体それ自身に単独で定義できる単独形体の幾何偏差と，平行度や直角度などのように他の形体に関連して定義できる関連形体の幾何偏差に大別される．以上述べたような寸法および幾何偏差の測定量は，変位，寸法および角度の測定が基本となっていることがわかる．

(2) 表面性状

表面性状（surface texture）の測定は，部品の表面に付与される機能や品質などに基づいて図面に指示された表面精度の検証を目的としている．また，工作物の表面に創成された表面微細形状（加工表面）の幾何学的特徴は，加工方法に特有の表面創成原理が直接的に反映されるため，加工状態の分析や評価の指標としても重要である．したがって，工作物の表面性状を定量的に評価・管理するため，その測定量は表面微細形状の幾何学的特徴量として定義されている．

本来，表面微細形状は幾何学的形状と独立に存在するものではないので，一連の形体として同一座標軸上で統合的に取り扱われるべきであるが，表面の幾何学的構造は，空間的広がりを持つ複雑な微細凹凸の集合であり，広帯域な空間波長成分，ダイナミックレンジの広い振幅，スケールに対する自己相似的な特徴を有しているため，形体では表現できない．そこで米国の規格[6]では，**図10.5**に示すように加工表面の幾何学的構造を測定とは独立した理論的な表面としての公称表面と実表面および測定によって得られる測定表面の三つの概念によって表現している．それぞれ，幾何学的形状における図示形体と実形体，および測得形体と同様の関係にある．公称表面は，理論的に正確な幾何学

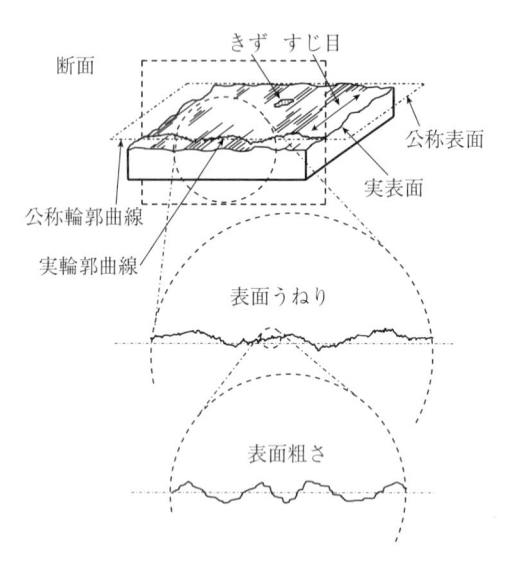

図 10.5 加工表面（表面微細形状）の幾何学的構造の概念

的形状の表面に対応し，実表面は加工表面を周囲の空間から分離する境界として定義され，公称表面からの偏差によって表される．さらに表面粗さ（roughness），表面うねり（waviness）などの表面幾何特性や幾何偏差などは，実表面の構成要素として定義される．実表面の測定によって得られるのが測定表面である．また，断面によって得られる輪郭曲線（profile）を，それぞれ公称輪郭曲線，実輪郭曲線および測定輪郭曲線と呼んでいる．

表面性状の測定量は，測定輪郭曲線のキャラクタリゼーション（特徴抽出）に基づいて定義されており，その基本的な考え方を図10.6に示す．まず，測定輪郭曲線は輪郭曲線フィルタによって断面曲線，粗さ曲線，うねり曲線に分けられる．次に，各曲線の幾何特性として，曲線の特徴を表す基本的なパラメータである振幅と波長によって定義された断面パラメータ，粗さパラメータ，う

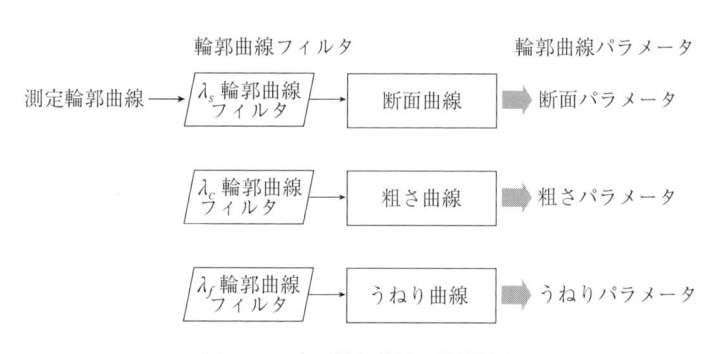

図 10.6 表面幾何特性の特徴抽出

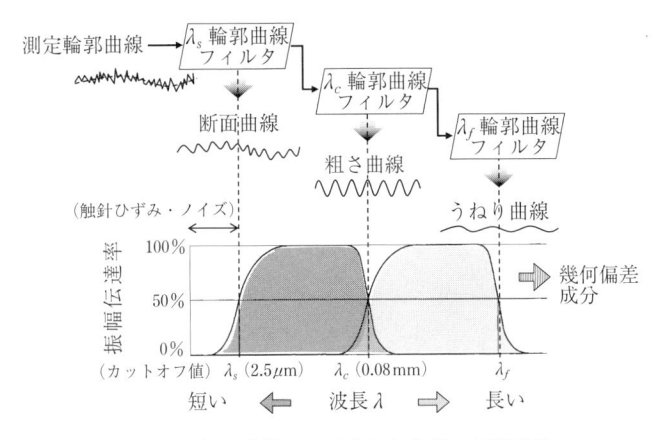

図 10.7 粗さ曲線およびうねり曲線の伝達特性

ねりパラメータを抽出する．図 10.7 の輪郭曲線フィルタの振幅伝達特性に示すように，断面曲線は測定輪郭曲線にカットオフ値 λ_s の低域フィルタを適用して得られる曲線であり，粗さ曲線はカットオフ値 λ_c の高域フィルタによって断面曲線から長波長成分を遮断して得られる輪郭曲線である．また，うねり曲線はカットオフ値 λ_f および λ_c の輪郭曲線フィルタを順次適用することによって，λ_f 輪郭曲線フィルタによって長波長成分を遮断し，λ_c 輪郭曲線フィルタによって短波長成分を遮断して得られる輪郭曲線である[7]．触針式表面粗さ測定機の場合では，触針先端半径 2 μm に対して，λ_c, λ_s の値は 0.08 mm, 2.5 μm または 0.25 mm, 2.5 μm が標準値と定められている[8]．なお，輪郭曲線フィルタとして，波長に依存してひずむ原因となる位相遅れのない位相補償フィルタが用いられる．位相補償フィルタの基本的な特性は，JIS B 0632：2001「製品の幾何特性仕様(GPS)－表面性状：輪郭曲線方式－位相補償フィルタの特性」[9] に詳細が示されている．

主な輪郭曲線パラメータは，表 10.2 のように分類される．まず，縦（振幅）方向の代表的なパラメータである最大高さ P_z, R_z, W_z の定義について図 10.8 に示す．粗さ曲線およびうねり曲線の平均線は，それぞれ高域用 λ_c 輪郭曲線フィルタおよび低域用 λ_f 輪郭曲線フィルタによって遮断される長波長成分を表す曲線をとり，断面曲線の平均線は，最小二乗法によって断面曲線に当ては

表10.2 輪郭曲線パラメータの分類 [10]

輪郭曲線パラメータ	縦(振幅)方向パラメータ	横(波長)方向パラメータ	複合パラメータ
断面パラメータ	最大高さ　P_z 算術平均　P_a 二乗平均平方根　P_p	平均長さ　PS_m	二乗平均平方根傾斜　$P\Delta q$
粗さパラメータ	最大高さ　R_z 算術平均　R_a 二乗平均平方根　R_p 十点平均粗さ　R_{zjis}	平均長さ　RS_m	二乗平均平方根傾斜　$R\Delta q$
うねりパラメータ	最大高さ　W_z 算術平均　W_a 二乗平均平方根　W_p	平均長さ　WS_m	二乗平均平方根傾斜　$W\Delta q$

＊：輪郭曲線の特徴量の考え方

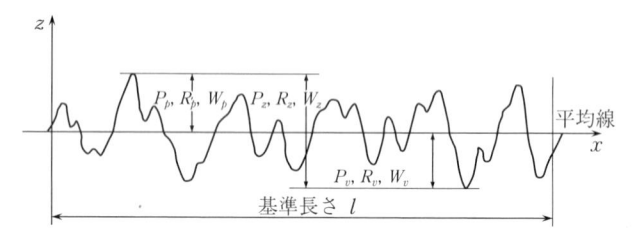

図10.8 輪郭曲線パラメータの定義(最大高さ P_z, R_z, W_z)

めた呼び形状を表す曲線である．基準長さ(sampling length)は，輪郭曲線の特性を求めるために用いる輪郭曲線の x 軸方向の長さである．粗さ曲線の基準長さ l_r およびうねり曲線の基準長さ l_w は，それぞれ輪郭曲線フィルタのカットオフ値 λ_c および λ_f に等しい．断面曲線の基準長さ l_p は評価長さ l_n である．最大高さ P_z, R_z, W_z は，それぞれの輪郭曲線からその平均線の方向に基準長さだけ抜き取り，この抜取り部分の山高さの最大値と谷深さの最大値との和によって算出される．すなわち，

$$P_z = P_p + P_v \tag{10.1}$$

$$R_z = R_p + R_v \tag{10.2}$$

$$W_z = W_p + W_v \tag{10.3}$$

10.2 加工計測の基礎　235

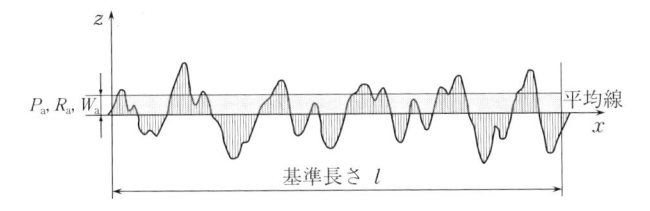

図 10.9　輪郭曲線パラメータの定義(算術平均高さ P_a, R_a, W_a)

算術平均高さ P_a, R_a, W_a は，図 10.9 に示すように平均線と輪郭曲線 $Z(x)$ との偏差の絶対値の算術平均によって次式で定義される．

$$P_a, R_a, W_a = \frac{1}{l}\int_0^l |Z(x)|\,\mathrm{d}x \tag{10.4}$$

同様にして，二乗平均平方根 P_q, R_q, W_q は，次式で定義される．

$$P_q, R_q, W_q = \sqrt{\frac{1}{l}\int_0^l Z^2(x)\,\mathrm{d}x} \tag{10.5}$$

次に，横(波長)方向のパラメータである平均長さ PS_m, RS_m, WS_m の定義を図 10.10 に示す．平均長さは，基準長さにおいて一つの山およびそれに隣り合う一つの谷に対応する輪郭曲線要素の長さの和(凹凸の間隔)を求め，この多数の凹凸の間隔の算術平均値を次式によって算出する．

$$PS_m, RS_m, WS_m = \frac{1}{n}\sum_{i=1}^n X_{S_i} \tag{10.6}$$

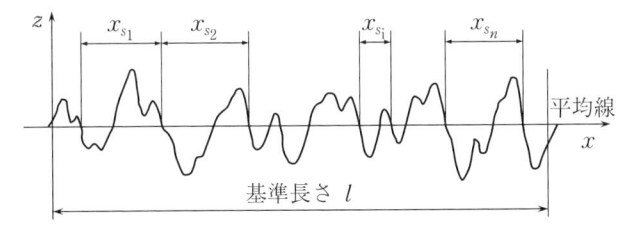

図 10.10　輪郭曲線パラメータの定義(平均長さ PS_m, RS_m, WS_m)

10.3 寸法(長さ)・変位測定技術

10.3.1 絶対測定と比較測定

　加工計測において，幾何学量に関する測定は長さと角度を基本測定量としている．特に長さや変位の測定技術は，工作物の寸法や形状の測定だけでなく，測定機や加工機の運動制御においても重要な技術である．また，基本単位である長さのトレーサビリティを確保することにより，高精度で信頼性の高い測定が実現される．

　長さ(変位)と角度の主な測定法を**表10.3**にまとめる．一般に，測定方式

表10.3　長さ(変位)および角度における絶対測定と比較測定による測定機の分類

測定方式 測定量	絶対測定			比較測定
長さ (変位)	線度器 ●目盛間隔で表示	折り尺 巻尺 金属製直尺 ガラス製直尺 電磁スケール ノギス マイクロメータ 線度器式測長機	機械式	ダイヤルゲージ てこ式マイクロインジケータ
			光学式	三角測量式 光ファイバ式 光てこ式 モアレ縞式
	端度器 ●両端面の間隔により長さを具体化	ブロックゲージ 各種限界ゲージ	電気式	静電容量変換式 抵抗変換式(ひずみゲージ) 電磁誘導変換式(インダクタンス，渦電流式，差動変圧器) 起電力変換式(ホール素子，圧電素子)
	レーザ干渉測定機 リニアエンコーダ 磁気スケール		空気式	空気マイクロメータ
角度	角度ゲージ，直角定規 プロトラクタ(分度器) 機械式割出盤 磁気式ロータリエンコーダ 光学式ロータリエンコーダ		オートコリメータ	

は絶対測定(absolute measurement)と比較測定(relative measurement)に分類される．絶対測定は，組立量の計測を基本量の測定から導く計測方式であり，比較測定は観測量を同種の量と比較して行う計測方式である．例えば変位測定の場合，絶対測定は基本量である長さのスケールを直接用いる測定法であるのに対し，比較測定は測定対象の変位と基準変位を測定機のセンサ部に別々に付与し，その値を比較して測定対象の変位量を知る方法である．代表的な長さや変位の測定方式として，レーザ干渉測定機(interferometer)やスケールを内蔵したノギス(Vernier caliper)，マイクロメータ(micrometer)などの絶対測定と，ダイヤルゲージ(dial gauge)や静電容量型変位センサなどによる比較測定が挙げられる．比較測定では，絶対精度を問題にすることは困難であるが，精密さでははるかに高い精度が得られるため，寸法公差や幾何公差の検証にも用いられる．長さ測定と関連の深い温度の測定を例に挙げると，絶対計測は 0.01 度が限界(水の三重点は 0.01 度までしか定義されていないため，それを越えることはできない)であるが，比較測定の場合は 100000 分の 1 度の温度変化が測定可能である．

10.3.2　レーザ干渉測長器

(1) 光干渉の基本原理

　レーザ干渉測長器は，長さ基準である光の波長を直接的に利用する絶対測定であり，原理的に精確度の高い測定が可能である．そこで，レーザ干渉測長器が光源波長を基準としていることを理解するため，光干渉による変位測定の基本原理を示す．変位計測に用いられる干渉計は，2光束分割によるマイケルソン干渉計と多重反射を利用したファブリ・ペロー干渉計に大別されるが，本項では加工計測の実用的な変位計測技術として多用されているマイケルソン干渉計について述べる．図 10.11 に，ホモダイン方式のマイケルソン干渉計による変位計測の原理を示す．ホモダイン方式とは，同一周波数の二つの光波による干渉計測である．直線偏光レーザ L の振動方向を 2 分の 1 波長板 $W^{1/2}$ によって調整し，偏光ビームスプリッタ PBS に入射する．PBS では S 偏光が反射，P 偏光が透過し，それぞれ参照光 E_r と信号光 E_s に分割される．E_r は 4 分の 1 波長板 $W1^{1/4}$ によって円偏光となり，反射鏡 M1 によって反射された

238　第10章　加工計測

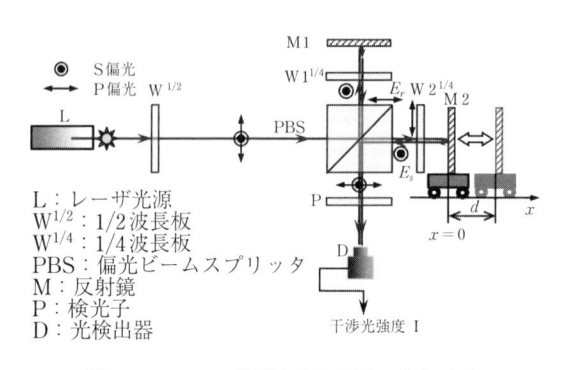

```
S偏光 ●
P偏光 ↔
L：レーザ光源
W^{1/2}：1/2波長板
W^{1/4}：1/4波長板
PBS：偏光ビームスプリッタ
M：反射鏡
P：検光子
D：光検出器
```

図10.11　レーザ干渉変位計測の基本原理

後，再びＷ$1^{1/4}$を通ってＰ偏光に変換され，PBSを透過して検光子Ｐに到達する．一方，E_sは移動鏡Ｍ２によって反射され，E_rと同様の偏光操作を受け，Ｓ偏光となってＰに到達する．Ｐの偏光軸をE_rおよびE_sに対して45°に調整することによって二つの光波を重ね合わせ，干渉光強度を検出器Ｄで検出することができる．

　一般に，光の伝搬方向をz軸とするとき，位置z，時刻tにおける振幅a，周波数νおよび波長λの光の電場を

$$E(z,t) = a\exp\left\{i\left[2\pi\nu t - \frac{2\pi}{\lambda}z + \phi\right]\right\} \tag{10.7}$$

と表す．ここで，ϕは$z=0$, $t=0$における初期位相である．いま，振幅a_r, a_sを持つE_rとE_sの初期位相，およびＤまでの光路長(optical path length)を，それぞれϕ_r, ϕ_sおよびL_r, L_sとすると，Ｄにおける時刻tでの電場は，

$$E_r(z,t) = a_r\exp\left\{i\left[2\pi\nu t - \frac{2\pi}{\lambda}L_r + \phi_r\right]\right\} \tag{10.8}$$

$$E_s(z,t) = a_s\exp\left\{i\left[2\pi\nu t - \frac{2\pi}{\lambda}L_s + \phi_s\right]\right\} \tag{10.9}$$

と表される．したがって，Ｄでの干渉光強度は，

$$I(z,t) = |E_r(z,t) + E_s(z,t)|^2 \tag{10.10}$$

より，

$$I(z,t) = a_s^2 + a_r^2 + 2a_s a_r \cos\{\delta\} \tag{10.11}$$

$$\delta = \frac{2\pi}{\lambda}[L_s - L_r] - [\phi_s - \phi_r] \tag{10.12}$$

と与えられる．ここで，レーザのような高コヒーレンスな単色光源では$\phi_r =$

ϕ_s であり,さらに $x=0$ のときの位相差 δ を 0 に調整しておくと,M 2 が距離 d 変位したとき,

$$I(z, t) = a_s^2 + a_r^2 + 2a_s a_r \cos\left\{\frac{4\pi d}{\lambda}\right\} \tag{10.13}$$

のように,干渉光強度は $\lambda/2$ 周期の正弦波で変化することがわかる.したがって,光源の波長を特定標準器で校正しておけば,周期毎の明暗を数える(干渉縞計数法)ことにより,波長標準を直接的な目盛とする変位計測が実現できる.

(2) ヘテロダイン干渉計

ヘテロダイン型レーザ干渉測長器は,ホモダイン型と比較して構成がシンプルで,取扱いも容易であるため,ゼーマン効果を利用した実用波長安定化 He-Ne レーザを光源としたレーザ干渉測長器が,超精密変位計測や位置決め制御などに広く利用されている.

ホモダイン干渉の基本原理において,式 (10.8),式 (10.9) で表される E_r と E_s の周波数および波長が,それぞれ次式のように異なっているとき,

$$E_r(z, t) = a_r \exp\left\{i\left[2\pi\nu_r t - \frac{2\pi}{\lambda_r} L_r + \phi_r\right]\right\} \tag{10.14}$$

$$E_s(z, t) = a_s \exp\left\{i\left[2\pi\nu_s t - \frac{2\pi}{\lambda_s} L_s + \phi_s\right]\right\} \tag{10.15}$$

これら波長(周波数)の異なる二つの光波による干渉をヘテロダイン干渉という.このとき,式 (10.11) における干渉光強度は,

$$I_{\text{sig}}(z, t) = a_s^2 + a_r^2 + 2a_s a_r \cos\{2\pi\nu_b t + \delta_{\text{means}}\} \tag{10.16}$$

$$\delta_{\text{means}} = \frac{2\pi}{\lambda_{\text{means}}}[L_s - L_r] - [\phi_s - \phi_r], \quad \lambda_{\text{means}} = \frac{\lambda_s + \lambda_r}{2} \tag{10.17}$$

で与えられる.ただし,$\nu_b = \nu_s - \nu_r$ はビート周波数を表す.式 (10.16) は,ビート周波数をキャリアとする「うなり」を表しており,周期 $T_b = 1/\nu_b$ で時間的に変化する強度である.

ヘテロダイン干渉に必要な 2 周波レーザ光源には,物質の磁気モーメントと磁場の相互作用により,磁場中における原子発光スペクトルが分裂する現象である,ゼーマン効果を利用した He-Ne レーザなどが用いられる.このゼーマ

240　第10章　加工計測

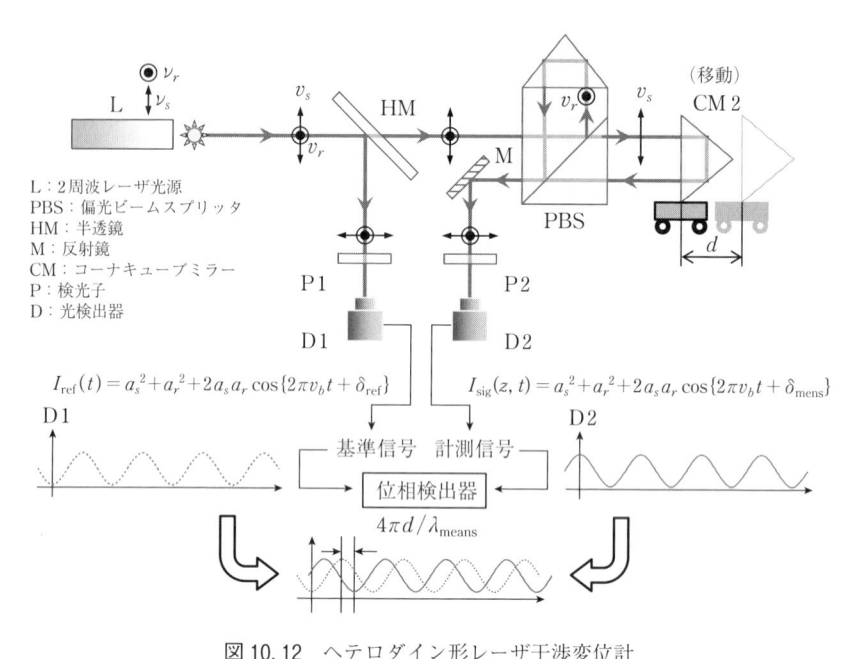

図 10.12　ヘテロダイン形レーザ干渉変位計

ンレーザは，周波数が 1.8 MHz 異なる互いに逆回りの左右円偏光を持った二つの周波数からなるコヒーレント光を発生する．この場合，波長 λ_r, λ_s の差はわずか 2×10^{-6} nm 程度しかなく，式(10.17)の λ_{means} は $\lambda_{\text{means}} = \lambda_s = \lambda_r$ とみなすことができる．図 10.12 に，ヘテロダイン形レーザ干渉測長器の基本構成を示す．位相差 δ_{means} を求めるため，ハーフミラー HM によって光の一部を分割し，検光子 P1 によって干渉させる．得られる干渉光強度は光路長が等しいので，E_r と E_s の光路差＝0 とすると，干渉光の位相差 δ_{ref} は初期位相の差 $\varphi_s - \varphi_r$ のみとなり，式(10.16)より干渉光強度 $I_{\text{ref}}(t)$（基準信号）は，

$$I_{\text{ref}}(t) = a_s^2 + a_r^2 + 2a_s a_r \cos\{2\pi\nu_b t + \delta_{\text{ref}}\} \tag{10.18}$$

となる．したがって，式(10.16)で表される干渉光強度 $I_{\text{sig}}(t)$（計測信号）との位相差は，M2 の変位量 d に対して，

$$\Delta\delta = \delta_{\text{means}} - \delta_{\text{ref}} = \frac{4\pi d}{\lambda_{\text{means}}} \tag{10.19}$$

と変化する．この位相差 $\Delta\delta$ は，図に示すように，$I_{\text{ref}}(t)$ と $I_{\text{sig}}(t)$ の時間信号

から位相検出器によってπ/1000以上の分解能で求めることができる．したがって，60 mから1 nmに至る変位の測定が可能であり，その分解能は0.03 nmに達する．

10.3.3 コンパレータ

（1）コンパレータの基本構成

比較測定方式の測定器をコンパレータ（comparator）という．変位計測系のコンパレータの基本構成を図10.13に示す．コンパレータは，被測定物の変位量を要求精度で読み取るための十分な増幅率で増幅し，目盛上のある形式の指針によって指示する測定器である．標準尺を内蔵しておらず，目盛は精度を保証するだけの適当な形式のものであるため，目盛と変位量の変換表，すなわち校正曲線（calibration curve）を必要とする．

相対的な変位量を測定する方法が多い幾何公差の検証においては，工作物の要求精度に応じたコンパレータが用いられる．また，コンパレータを用いた寸法（長さ）測定は，端度器との比較測定によって行われる．

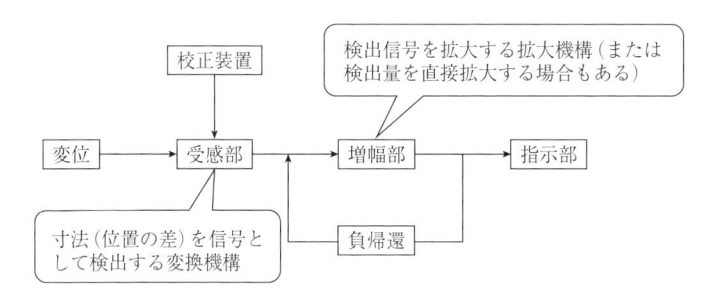

図10.13　コンパレータの基本構成（変位計測系の例）

（2）各種コンパレータ

一般に，変位計測系のコンパレータは，センサ部によって検出された微小変位を拡大する機構を持っている．拡大原理は，機械式，光学式，電気式，空気式に分類される（表10.3）．それぞれの拡大機構による測定器として，ダイヤルゲージ，三角測量方式，静電容量変換素子および空気マイクロメータなどがよく使われる．

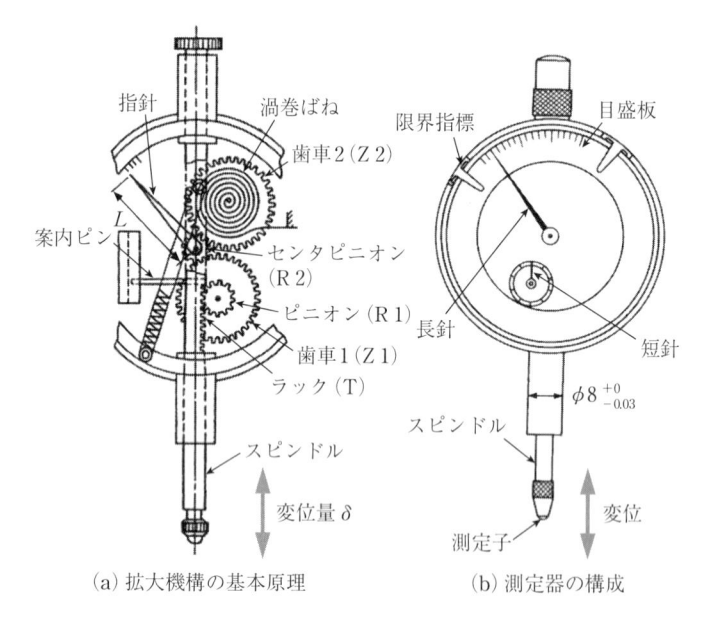

図 10.14 機械式拡大機構（ダイヤルゲージ）

(a) 拡大機構の基本原理
(b) 測定器の構成

ダイヤルゲージは，歯車を利用した拡大機構によって長さの比較，面の平面度，面の平行度，機械の偏心度，工作物の心合わせなどの寸法公差や多数の幾何公差の検査に用いられる．測定範囲 10 mm または 5 mm のものが多く用いられている．ダイヤルゲージの拡大機構の基本原理を 図 10.14(a) に，また一般的な構成を 図(b) に示す．スピンドルにはラック(T)が切られ，これとかみ合うピニオン(R1)により，スピンドルに与えられる変位量 δ による直線運動を回転運動に変えて指針により直接 読み取る．ピニオンと同軸に歯車(Z1)が固定され，この歯車を介して指針が固定されたセンタピニオン(R2)へ伝えられて，極めて忠実に拡大される．また，センタピニオンにかみ合う歯車(Z2)には渦巻きばねが働き，常に歯車の同じ歯面だけが接触するようにして運動方向が変わった場合のバックラッシを除くようにしてある．拡大率は，T と R1 で 5 倍，Z1 と R2 で 6 倍，長さ L の指針を用いて 5 倍，計 150 倍が一般的である．最小目盛は普通 0.01 mm であるが，0.001 mm の高精度タイプもある．ダイヤルゲージの精度は，歯車の かみあい誤差，軸受の遊び，摩擦力

(a) 拡大機構の基本原理

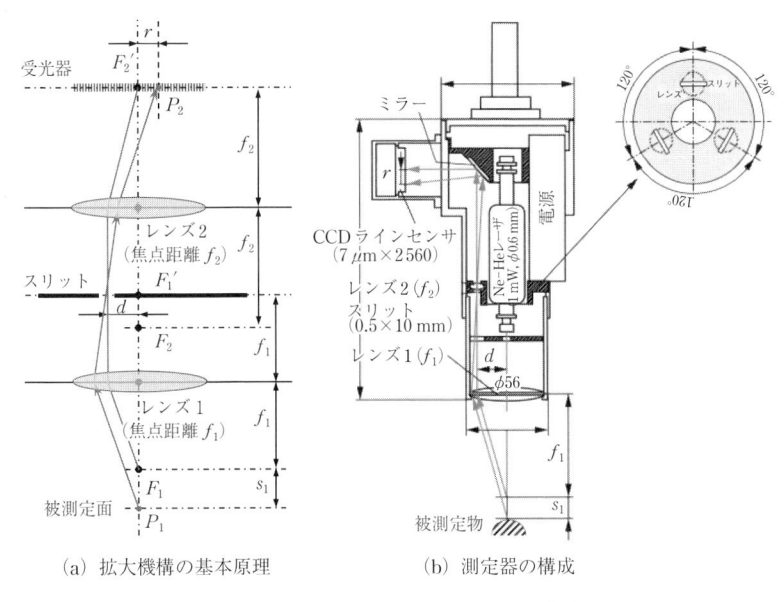

(b) 測定器の構成

図 10.15 光学式拡大機構（三角測量方式）

などに影響される．

三角測量方式（triangulation）による変位センサは，多様な光学系構成のものが開発されている．拡大機構の基本原理の一例を図 10.15(a)に示す[11]．レンズ 1 およびレンズ 2 の焦点距離をそれぞれ f_1, f_2 とし，スリット間隔を d とすると，被測定面の変位量 s_1 と受光器上の光点の移動量 r は，次式で与えられる．

$$r = \left(\frac{d f_2}{f_1^2}\right) s_1 \tag{10.20}$$

変位量と光点移動量が線形関係にあり，さらにレーザ光の照射光学系と受光光学系が同軸に配置されているため，図(b)に示すような三つの受光光学系を実装することが可能となっている．したがって，光学式センサの欠点となっている被測定面の表面性状や急斜面における遮光効果の影響が受けにくい構成となっている．また，レンズ 1 の焦点距離 $f_1 = 70\,\mathrm{mm}$，レンズ 2 の焦点距離 $f_2 = 150\,\mathrm{mm}$ およびスリット間隔 $d = 20\,\mathrm{mm}$ とすると，式(10.20)より

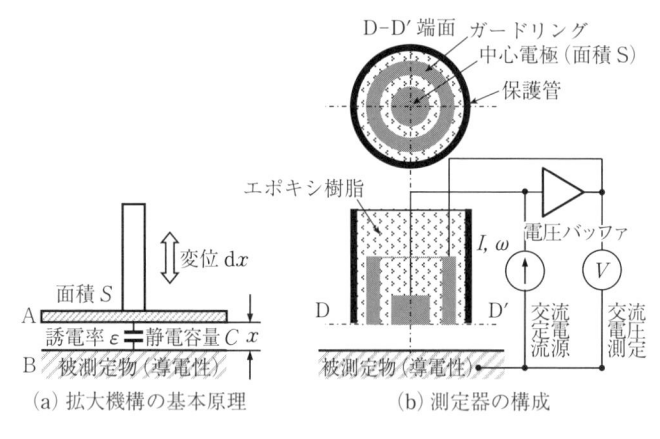

図10.16 電気式拡大機構(静電容量変換素子)

$r = 0.61 s_1$ となる．いま，CCD ラインセンサのピクセル間隔が $7\,\mu m$ であるとき，理論分解能 $11.47\,\mu m/\text{pixel}$ が得られており，高分解能な変位測定が可能となっている．

静電容量変換素子の基本原理を 図10.16(a) に示す．平行平板電極 A (センサ電極)，平行平板電極 B (被測定物) が図のように向かい合っているとき，電極間距離を x，対向面積を S，電極間の誘電率を ε とすると，コンデンサの静電容量 C は，

$$C = \frac{\varepsilon S}{x} \tag{10.21}$$

で表される．したがって，電極間距離 x が微小変位 dx 変化したとき，静電容量が dC 変化したとすれば，

$$dC = \left(-\frac{\varepsilon S}{x^2}\right) dx \tag{10.22}$$

が得られ，変位検出ができる．また，電極間距離 x が小さいほど感度は高くなる．しかし，C と x は非線形な関係となっているため，一定の感度が得られない．そこで，実際のセンサは図(b)に示すような交流定電流駆動し，電極間電圧 V から変位を求めることにより，線形となるよう工夫されている．いま，角周波数 ω の電流 I を与えれば，

$$V = \frac{I}{\omega C} \tag{10.23}$$

となる．したがって，式(10.21)を代入すれば，

$$x = \frac{\omega \varepsilon S}{I} V \tag{10.24}$$

より，電極間距離 x は電極間電圧 V と線形な関係となる．さらに実際のセンサは，図(b)に示すように，中心電極をガードリングという電極によって囲むことによって中心電極直下で平行電場を形成し，線形性を向上させている．静電容量変換素子は，表面性状の影響を受けにくく，高い線形性と数十 kHz の高速応答特性を有している．0.1～100 nm の高分解能な変位測定が可能であるが，作動距離が数百 μm 以下と非常に短いため，主に超精密測定に用いられる．

10.4 三次元形状測定

10.4.1 三次元座標測定機（CMM）

（1）基本構成

機械加工部品の性能の向上や機能の高度化によって，幾何学的形状の高精度化・複雑化が進んでいる．比較的シンプルな寸法公差や幾何公差の検証の場合は，各種変位測定器やブロックゲージなどの組合せによる従来の測定方法でも有効であるが，部品形状が複雑になり，測定項目が増えるとともに測定作業が複雑になり，長時間を要する．また，測定の不確かさ要因も増大する．そこで，測定の高精度化と効率化のため，コンピュータ制御による CNC 三次元座標測定機（CMM：Coordinate Measuring Machine）を用いた自動測定が行われるようになってきている．

CMM の基本構成を 図 10.17 に示す．直交 3 軸の座標ステージ〔図(a)〕と測定物の座標位置検出を行うための接触式プローブ〔図(b)〕から構成され，形体の 4 要素（寸法・形状・姿勢・位置）すべてが測定可能な測定機としての基本構成を満足している．複雑な幾何学的形状の三次元測定を高精度に行うためには，国家基準の特定標準器によって校正された高分解能なスケール，プローブの高い位置検出感度および高精度な運動制御が必要である．したがって，高分

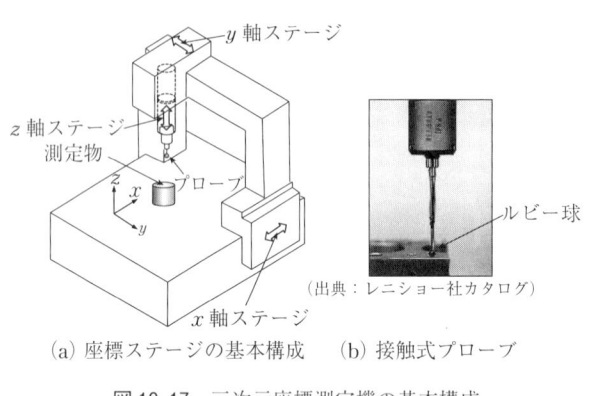

246　第10章　加工計測

図10.17 (a) 座標ステージの基本構成　(b) 接触式プローブ　三次元座標測定機の基本構成

解能な変位計測が可能で，安定性に優れ，取扱いの容易なレーザホロスケールを実装した，x, y, z の3軸駆動ステージによってプローブを移動する．プローブが測定対象物の位置を高精度に検出し，そのときの座標をスケールから読み取ることによって，三次元形状計測を行う仕組みとなっている．

（2）測定機能

CMMの基本的な測定機能をまとめたのが図10.18である．幾何学的形状

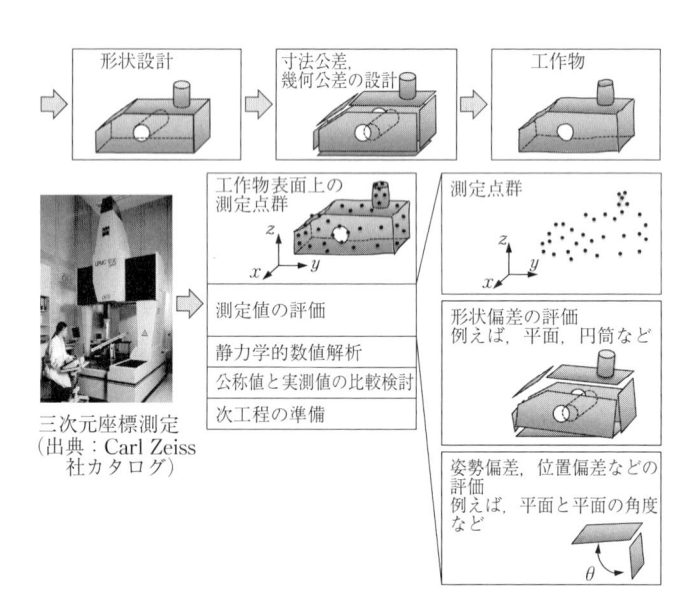

図10.18　三次元座標測定機の機能

の測定評価を行う場合，寸法公差および幾何公差の設計情報に基づいて測定計画が作成される．平面や円筒面などの幾何特性に応じたプロービングを行うことにより測定点群を得る．測定点群に幾何学的形状を当てはめることにより，寸法や角度および幾何偏差などを評価する．

10.4.2　光学式三次元測定機

（1）測定法の分類

　従来の可視光源を用いた光学式三次元形状測定の方式は，一度に得られる位置データによって点計測，線計測，面計測に分類することができる．点計測は，レーザプローブ式とも呼ばれる．レーザを小さなスポット光として測定物体面に照射し，その点におけるz方向変位を計測する方式であるため，三次元形状測定に用いる場合は，高速なラスタースキャンが必要となる．また，線計測は光をライン状に成形したスリット光として測定物体面に照射し，そのライン上におけるz方向変位を一括して計測する方式である．したがって，スリット光と直交する一方向の走査によって三次元形状測定を可能とする．さらに，面計測は，光を広い領域にわたって測定物体面に照射し，照射領域全体のz方向変位を一度に計測する方式である．線計測および面計測の平均的な分解能は$30\,\mu m$程度であり，一般の三次元座標測定機よりも低い．また，エッジ部や急傾斜面の測定が困難な場合が多く，金属鏡面や測定面の色による影響を受けやすいなどの課題もあり，高精度な幾何偏差などの測定には向いていない．しかし一方で，高密度点群を高速に測定できるという優位性を有しているため，主になめらかな自由曲面から構成される意匠設計のためのデザインモデルのデジタイジングやリバースエンジニアリング，さらには大型対象物を広く速く測定する用途などで多用されている．さらに，光学式三次元形状測定を対象とした標準ゲージによる精度検証の方法が規格化[12]されたことによって，測定の信頼性も向上している．

　JIS B 7441 では，対象物の形状を多点群の三次元座標値として取得できる非接触座標測定機について規定されており，対象となる測定機は，「イメージセンサ（CCD カメラなど）のほかに，測定のために物体表面にパターンテクスチャを投影するプロジェクタ，レーザ光を投影するシステムなどを持つ光学式セ

ンサ，その他の手法による非接触プロービングシステムを保有する」とされている．また，光学式測定法の具体例として，レーザスリットスキャン，縞投影，スポット光投影，モアレ方式などが示されている．さらに，移動機構を持たない測定機の測定結果をマーカおよびソフトウェアなどを用いてつなぎ合わせをした場合の評価にも適用可能である．精度評価の方法は，従来のCMMの校正方法などと同様で，トレーサビリティ（traceability）を確保するためのアーティファクトを用いた方法に準拠している．検査用標準器についても，表面の光学特性を規定する項目があり，検査用標準器の測定表面の特性は，例えば，「光を検査用標準器に投影し，その反射光を観測することによって評価できる」のように，具体的な基準が示されている．

図 10.19 に，測定速度と測定データ量に基づく主な測定法の分類を整理した．点計測の基本原理はコンパレータとして示した三角測量法や光干渉法などに基づく方式が多く，分解能も $10\,\mu m$ 以下の高精度なものが多い．そのため，

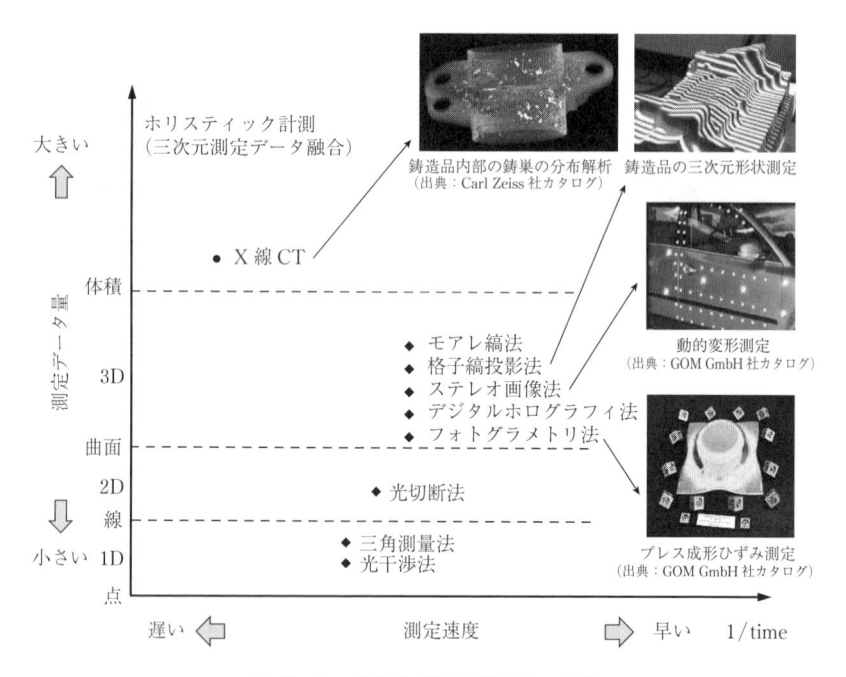

図 10.19　光学式三次元測定法の分類

コンパクト化されたセンサが三次元座標測定機の非接触プローブとして利用されているものもある．また，線計測の基本原理はほとんどが光切断法[13]に基づいている．一方，面計測の基本原理は多くの手法が提案されており，モアレ縞法[13]，格子縞投影法，ステレオ画像法，フォトグラメトリ法などの実用化が進んでいる．

さらに，近年開発が急速に進んでいる産業用X線CT(CT：Computer Tomography)も，光学式三次元形状測定に分類されるとみなせば，図に示すように，体積測定に分類される．産業用X線CTは，まだ分解能などに課題は残っているが，複雑な内部構造を測定できるという特徴から，鋳造品の内部も含めた幾何測定などへの活用も試みられている．

(2) 基本原理と適用例

光学式三次元測定において，特徴的な面計測の基本原理の具体例として図10.20に格子縞投影法[14]を示す．測定系は，図(a)のような構成からなっており，液晶を利用した実体格子を測定対象に投影し，基準平面からの投影格子による格子縞の位相角の偏差から計測点の高さzを得る方法である．図(b)の測定原理を示す測定座標系において，実体格子の格子間隔をs_0，参照面Z_1に対するCCDカメラ座標系における縞の位相をϕ_1，測定面Z_2に対する縞の位相をϕ_2とすると，参照面の高さz_1を基準とする計測点の高さz_2は，次の関

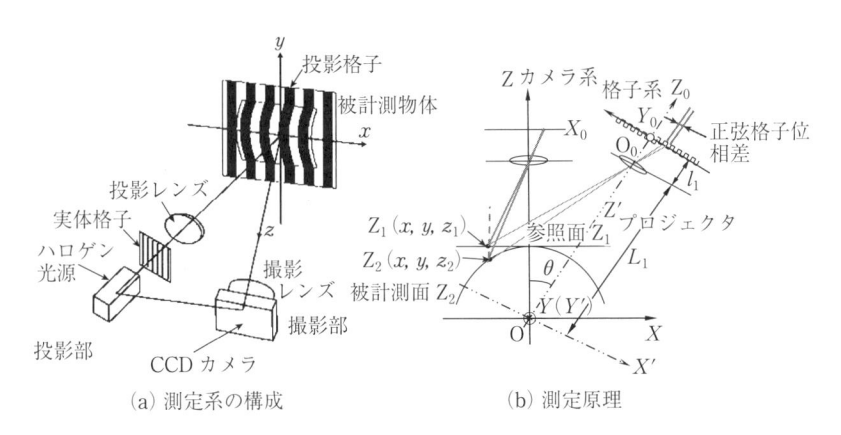

図10.20 格子縞投影法の基本原理

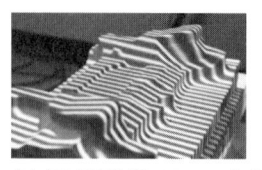

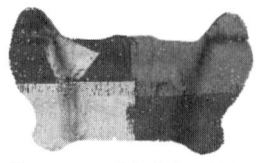

(b) 格子縞投影パターンと複数データの重ね合わせ結果

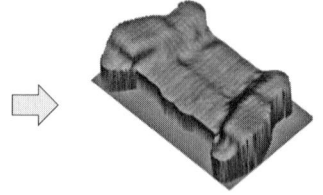

(a) 測定試料（機械部品の鋳物三次元曲面）   (c) 測定結果の三次元グラフィックス表示

図 10.21　格子縞投影法による測定例

係式から求めることができる．

$$z_2 = \left(\frac{s_0 L_1}{2\pi l_1 \sin\theta} - \frac{s_0 z_1 \cos\theta}{2\pi l_1 \sin\theta} - \frac{s_0 x_1}{2\pi l_1}\right)(\phi_1 - \phi_2) + z_1 \qquad (10.25)$$

　フーリエ解析法，ピーク検出法および位相シフト法などを利用して格子縞全体の位相角分布を計算し，式(10.25)を適用することにより高さzの三次元分布を一度に得ることができる．図 10.21 に本手法による測定例を示す．測定試料は，図(a)に示す鋳物素材の三次元曲面である．図(b)は，測定試料表面に投影された格子縞を示しており，さらに 2 方向からの計測データをマーカなしで接続した曲面接続マップを表示している．図(c)は，三次元形状データをグラフィックス表示したものである．実際に鋳物素材の三次元形状を工作機械上で測定し，さらにその場で効率的な工具経路を生成し，加工負荷を予測することによって，鋳物加工の高精度化とスピード化が実現できる．

　次に，産業用 X 線 CT による三次元形状測定の原理を図 10.22 に示す．X 線 CT の基本原理そのものは，従来と同じである．すなわち，被測定物を回転させて複数の角度における透過画像を測定し，それらの画像データからフーリエ変換を用いて三次元立体構造モデルを再構築する．三次元形状測定に適用するためには，さらに三次元体積データを利用して表面の推定を行い，幾何形体

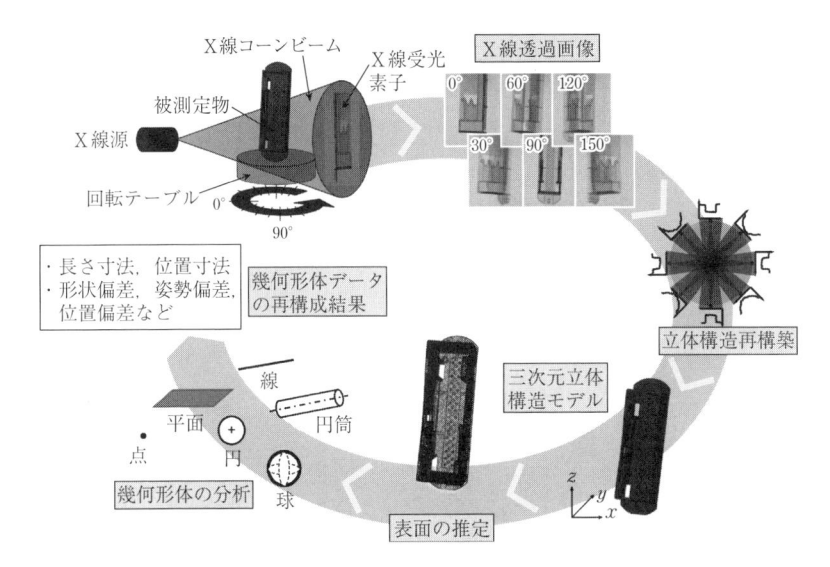

図 10.22　X線CTによる三次元形状測定の原理（A. Weckenmann: Trends in manufacturing metrology より）

の分析が必要となる．産業用X線CTデータ解析技術の進展[15]により，三次元寸法および三次元形状測定・評価もある程度可能になっている．また，図10.19における鋳造部品内部の三次元的な非破壊検査（鋳巣，欠陥解析，破損検査など）への適用性が示しているように，産業用X線CTは鋳造部品内部形状の幾何偏差の測定も可能としている．

図 10.23 は，内部に複雑な構造を製作可能とする鋳造部品の加工計測技術として画期的ともいえる測定結果を示したものである[16]．図(a)のような内部に幾何特性を有する鋳造部品を測定対象として，格子縞投影法〔図(b)〕によって外部の三次元形状を高精度に測定し，さらに産業用X線CT〔図(c)〕によって内部の三次元形状測定も行い，両者のデータ融合〔図(d)〕を行うことにより完全な三次元幾何学量測定データを再構築したものである．X線CTデータは表面の測定精度が劣るため，格子縞投影法によって測定した高精度で高密度な点群により，その欠点を補完している．格子縞投影法（面計測）とレーザプローブ法（点計測）やX線CT（体積計測）と格子縞投影法（面計測）など，複数の測定手法による三次元測定データ融合によって高精度化と信頼性の向上を図

(a) 鋳造部品（シリンダヘッドの一部）
(b) 格子縞投影法による測定結果
(c) X線CTによる測定結果（表面データを除去処理）
(d) 二つの測定データの融合結果

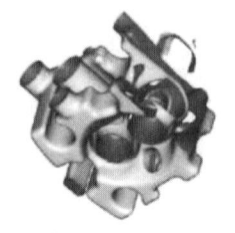

図10.23　X線CTと格子縞投影法による三次元測定データ融合 16)

る測定手法は，新たな光学式三次元測定方式として図10.19の中に位置づけることができると考えられる．

10.5　表面微細形状測定

10.5.1　表面微細形状測定法の分類

　二次元輪郭曲線に基づいた輪郭曲線パラメータによる加工表面の測定評価には，一般的に触針式表面微細形状測定機が用いられる．一方，サブマイクロメートルからナノメートル単位で加工制御を行うことができる超微細形状・精密加工技術を利用した複雑で高度な機能を有する表面微細形状加工が可能となるとともに，従来の二次元輪郭曲線の測定では，複雑な三次元表面微細形状や，その加工精度の評価に十分対応できない場合も多い．また，触針式測定法

10.5 表面微細形状測定　253

二次元輪郭曲線測定法 $Z(x)$	三次元トポグラフィ測定法 $Z(x,y)$ または $Z(x)$ (y の関数)		三次元(面)測定法
・触針式測定法 ・位相シフト干渉法 ・円走査型(ヘテロダイン)干渉法 ・微分干渉法	・触針式測定法 ・位相シフト干渉法 ・コヒーレンス走査型干渉法 ・共焦点顕微鏡 ・縞画像投影法 ・合焦点走査顕微鏡	・デジタルホログラフィ法 ・走査型電子顕微鏡 (SEM Stereoscopy) ・走査型トンネル顕微鏡 ・原子間力顕微鏡 ・焦点位置検出法	・総散乱光法 ・角度分解散乱光法 ・静電容量法 ・空気マイクロメータ

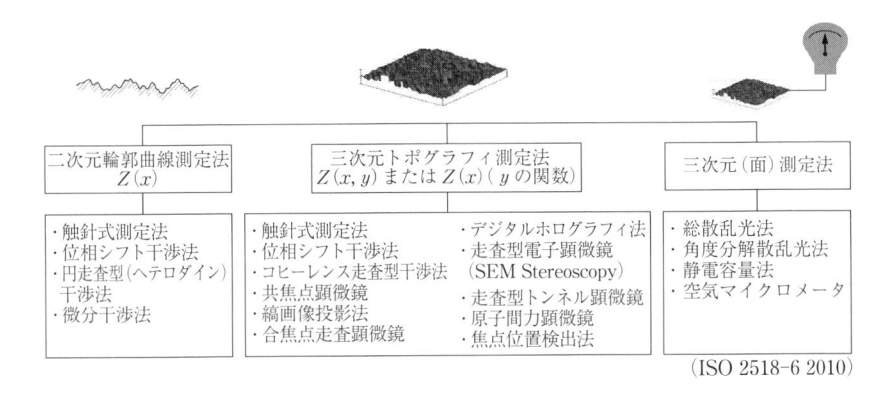

(ISO 2518-6 2010)

図 10.24　表面性状測定法の分類 [10]

(contact stylus scanning) による三次元トポグラフィ (areal-topography) の測定は長時間を要するため, 実用上, 三次元表面性状パラメータ評価への適用性は高いとはいえない. そこで, 測定時間が短く, 三次元トポグラフィ測定に適した光学式測定法も加工表面の測定評価に利用されている. 新たな ISO 規格[10] では, それらの光学式測定法や走査型電子顕微鏡, 走査型トンネル顕微鏡および原子間力顕微鏡も, 主な表面性状測定法として加えられ, 図 10.24 のように分類される. まず, 表面性状測定法は測定データの種類によって, 二次元輪郭曲線測定法, 三次元トポグラフィ測定法および三次元(面)測定法に大別される.

　二次元輪郭曲線測定法では, 触針式測定法が最も広く活用されている. さらに, 表面凹凸上の近傍2点による光干渉を利用して高低差を高分解能で検出し, 集束レーザスポットの走査によって輪郭曲線を得る光学式測定法も二次元輪郭曲線測定法として分類される. なお, 触針式測定法と位相シフト干渉法は, 三次元測定への拡張も可能であるため, 三次元トポグラフィ測定法にも分類される.

　三次元トポグラフィ測定法は, コヒーレンス走査型干渉法やデジタルホログラフィ法などの干渉法以外の光学式測定法が多用されている. 共焦点顕微鏡, 合焦点走査顕微鏡, 焦点位置検出法など, 集束レーザスポットを高速に走査して測定する光触針法が含まれる.

三次元（面）測定法は，輪郭曲線や三次元トポグラフィを測定せずに，表面性状パラメータを直接的に測定する手法である．総散乱光法および角度分解散乱光法，静電容量法，空気マイクロメータは，それぞれ表面微細形状による散乱光強度分布，静電容量，空気流量や圧力などと表面性状パラメータとの関係を利用したものである．

10.5.2 触針式測定法

触針式表面微細形状測定法は，1936年頃から米国のクライスラー社で実用的な利用が始まったといわれており，長い歴史を持つ実績と高い信頼性から表面微細形状測定の標準的測定法となっている．触針式測定法の基本原理を図10.25に示す．仕様は，縦方向の測定範囲が＜1mm，分解能は0.1～10nmである．触針式表面微細形状測定機の基本構造を図(a)に示す．被測定物をレベリング調整台に固定し，その表面をダイヤモンド触針が走査して輪郭形状の偏差を測定する．ダイヤモンド触針はスタイラス先端に取り付けられており，その運動は図(b)に示す差動変圧器式ピックアップによって高倍率に拡大される．差動変圧器は，表10.3に示した電磁誘導変換式コンパレータの一種で

(a) 触針式表面形状測定機の基本構造

(b) 差動変圧器式ピックアップの構造

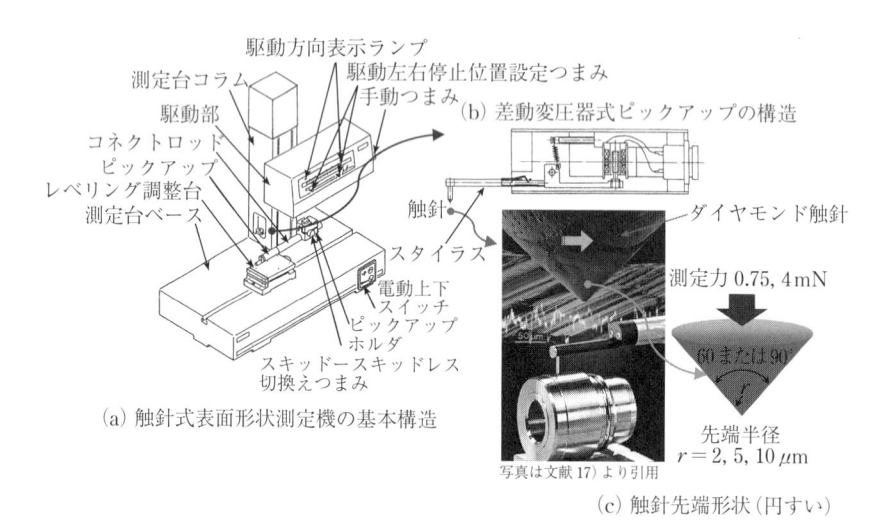

(c) 触針先端形状（円すい）

写真は文献17)より引用

図10.25　触針式測定法の基本原理

あり，高速な応答特性と高い拡大率および長い測定範囲などの触針の微小変位測定に適した特性を有する．さらに，図(c)に示すように，ダイヤモンド触針の先端形状は先端半径 $2〜10\,\mu m$ の円すい形状が標準的であり，0.75 mN または 4 mN の一定荷重を負荷することにより，表面凹凸に対する安定した追従性が考慮されている．

10.5.3 光学式測定法

コヒーレンス走査型干渉法(coherence scanning interferometry)は，干渉距離(コヒーレンス長)の短い白色光を用いることにより，表面凹凸の偏差をサブナノメートルの高い分解能で測定するものである．図 10.26(a)に示すミラウ干渉計形対物レンズを Z 方向に走査しながら，被測定面からの反射光と内蔵された内部参照鏡からの参照光との干渉光強度を検出する．干渉光強度は，被測定面からの距離の変化に応じて図(b)のように変化する．干渉光強度のピーク位置は表面凹凸の位置に対応しており，フーリエ変換を用いてCCD受光面の各画素における干渉光強度のピーク位置を求めることにより[18]，ミラウ干渉計形対物レンズの一度の走査によって三次元トポグラフィを得る．ミラウ干渉計形対物レンズの Z 方向走査には，約 0.1 nm の位置決め分解能を有する

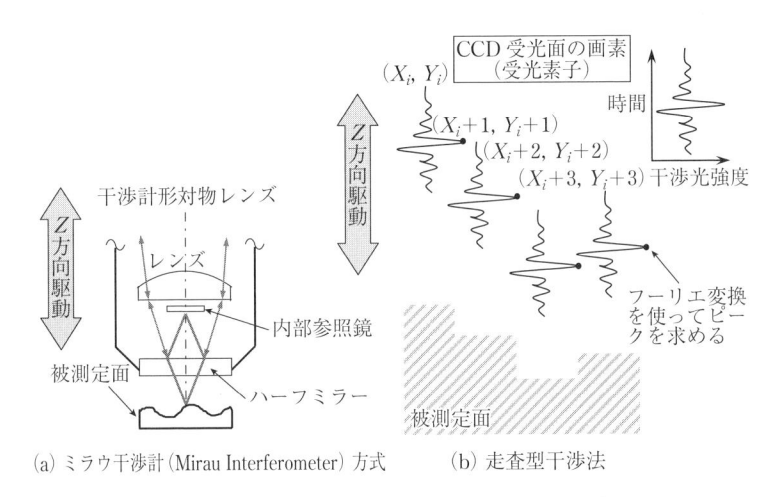

(a) ミラウ干渉計(Mirau Interferometer)方式　　(b) 走査型干渉法

図 10.26　コヒーレンス走査型干渉法の原理[18]

ピエゾアクチュエータなどが用いられている．CCDの各受光素子が独立して干渉光強度を連続的に読み取る．対物レンズは一定速度($2\,\mu$m/s)で上昇し，およそ30 nmステップで干渉光強度を記録する．

共焦点顕微鏡(confocal microscopy)は，図10.27に示すレーザを光源とした共焦点光学系の原理を利用したものである．被測定表面上で集束レーザスポットを走査し，共焦点位置Bを検出することによって三次元トポグラフィの測定を行うものである．本手法は，対物レンズまたは試料ステージをZ方向に走査すると同時にレーザスポットをXY平面内で走査する方式が多い．

焦点位置検出法(focus variation microscopy)はレーザプローブ法とも呼ばれ，ビーム径$1\,\mu$m程度に絞り込まれたレーザスポットの焦点位置をオートフ

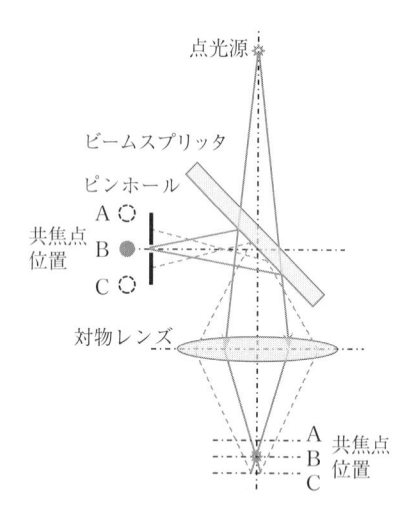

図10.27 共焦点顕微鏡の原理

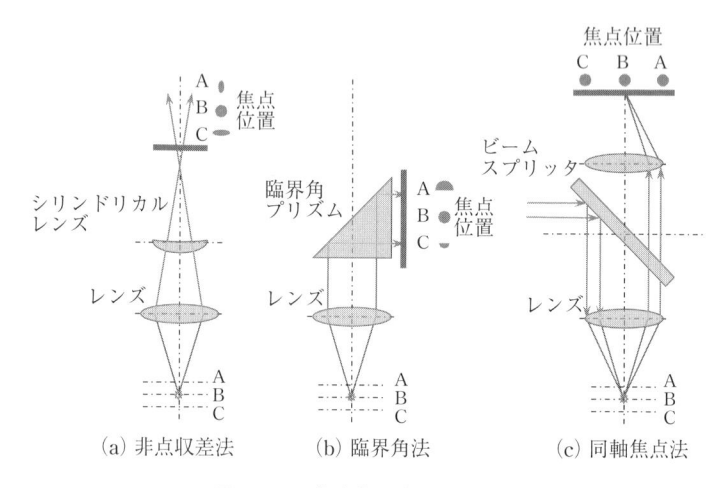

図10.28 焦点位置検出法の原理

ォーカス(AF)センサによって検出し，対物レンズのZ方向駆動によって表面凹凸のZ位置を計測するものである．焦点位置検出法はいくつかの手法が利用されており，図10.28に代表的なものを示す．図(a)の非点収差法および図(b)の臨界角法は，変位量に応じて検出面のレーザスポット形状が変化することを利用して焦点位置(in focus)を検出する方式である．一方，図(c)の同軸焦点法は，焦点位置からのずれ量を検出面におけるレーザスポット位置の移動量として検出する

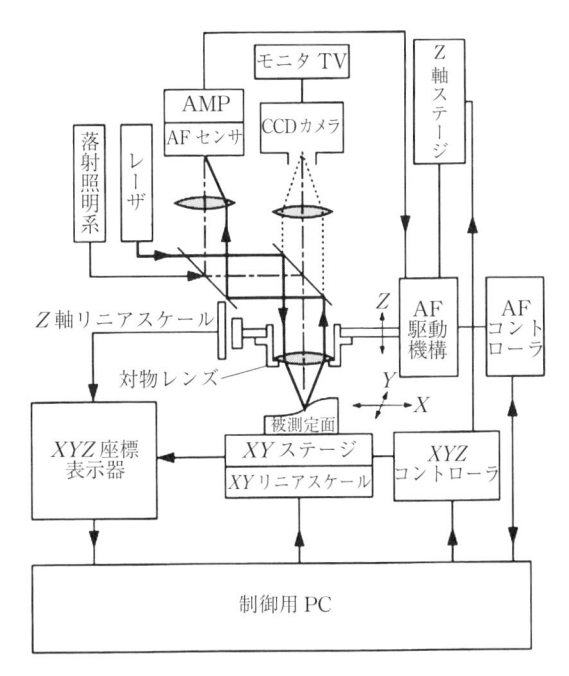

図10.29 同軸焦点法を用いた装置構成の例[19]

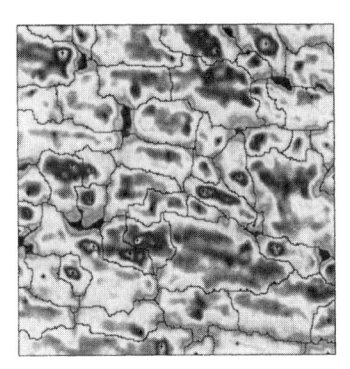

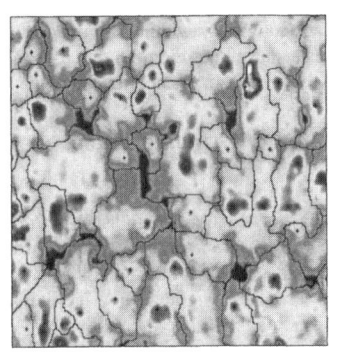

(a) 研削加工前(モチーフ数 52，平均高さ 5.05 μm)

(b) 研削加工後(モチーフ数 55，平均高さ 2.79 μm)

図10.30 焦点位置検出法による三次元表面粗さの測定例[20]

方式であり,前者よりも精度が高い.同軸焦点法を用いた装置構成の一例を図 10.29 に示す[19].Z 方向走査には,高分解能のリニアスケールによる高精度化が図られており,被測定物は高精度な自動 XY ステージや回転ステージで走査することにより,平面だけでなく曲面における三次元トポグラフィ測定も可能となっている.図 10.30 は,同装置を用いて測定したダイヤモンド砥石表面のモチーフ解析結果の例[20] である.モチーフとは,三次元トポグラフィから局部山 2 個に挟まれた曲線部分を抽出したものである.図(a)の研削加工前と図(b)の研削加工後におけるモチーフ数,平均高さを比較することによって,砥粒摩耗状態の三次元的分布に基づいた加工特性の定量的評価が可能である.

参 考 文 献

1) 日本機械学会:機械工学便覧 β5 計測工学,日本機械学会 (2007) pp. β5-1.
2) JIS B 0672-1 製品の幾何特性仕様(GPS)-形体-第 1 部:一般用語及び定義,日本規格協会 (2002).
3) JIS Z 8114 製図-製図用語,日本規格協会 (1999).
4) JIS Z 8317-1 製図-寸法及び公差の記入方法-第 1 部:一般原則,日本規格協会 (2008).
5) JIS B 0621 幾何偏差の定義及び表示,日本規格協会 (1984).
6) ANSI/ASME B 46.1, Surface Texture (Surface Roughness, Waviness, and Lay), ASME (2010).
7) JIS B 0601 製品の幾何特性仕様(GPS)-表面性状:輪郭曲線方式-用語,定義及び表面性状パラメータ,日本規格協会 (2013).
8) JIS B 0651 製品の幾何特性仕様(GPS)-表面性状:輪郭曲線方式-触針式表面粗さ測定機の特性,日本規格協会 (2001).
9) JIS B 0632 製品の幾何特性仕様(GPS)-表面性状:輪郭曲線方式-位相補償フィルタの特性 日本規格協会 (2001).
10) ISO 25178-6 Geometrical product specifications (GPS)-Surface texture:Areal-Part6: Classification of methods for measuring surface texture ISO (2012).
11) 三好隆志・近藤 司・斎藤勝政・神谷征男・岡田宏司:「非接触 3-D ディジタイジングシステムの開発研究」,精密工学会誌,Vol. 56, No. 6 (1990).
12) JIS B 7441 非接触座標測定機の受入検査及び定期検査,日本規格協会 (2009).
13) 吉澤 徹編:三次元工学 1-光三次元計測,新技術コミュニケーションズ (1998).
14) T. Ha, Y. Takaya, T. Miyoshi, S. Ishizuka and T. Suzuki:"High-Precision On-Machine 3-D Shape Measurement using Hypersurface Calibration Method", Proc. of SPIE Vol. 5603 (Optic East'04) (2004) pp. 40-50.
15) Convergence Engineering:「産業用 X 線 CT による現物融合型エンジニアリング」,2005 年精密工学会秋季大会シンポジウム資料 (2005) pp. 39-63.
16) A. Weckenmann, X. Jiang, K.-D. Sommer, U. Neuschaefer-Rube, J. Seewig, L. Shaw and T. Estler:"Multisensor Data Fusion in Dimensional Metrology", Annals of the CIRP, (2009)

Vol. 58/2.
17) D. F. Mackenzie: Surface texture Measurement Fundamentals, Mahr Federal Inc. Technical Seminar Metrology Center Open House (2008).
18) Peter De GROOT and Leslie DECK, Surface profiling by analysis of white-light interferograms in the spatial frequency domain, Journal of Modern Optics, (1995) Vol. 42, No. 2.
19) 三鷹光器, 非接触三次元測定装置 NH シリーズ・カタログ.
20) R. Leach (Ed.): Optical Measurement of Surface Topography, Springer-Verlag (2011).

第11章 工作機械

11.1 工作機械とは

　工作機械(machine tools)を「加工現場で汎用的に工作に使用される機械」ととらえると，生産に使われているほとんどの機械が含まれる．図 11.1 に，広義の工作機械の分類を示す．図中では，まず工作機械を切削形と非切削形で分類している．切削加工形とは，何らかのエネルギーを与えて素形材から切りくずを取り除き工作物を得る機械であり，研削・研磨加工機のように微小な切りくずを生成する加工機や切りくずを溶融蒸発させる加工機も含んでいる．非切削形は，塑性加工(鍛造加工，押出し加工，圧延加工，引抜き加工，転造加工，プレス加工)を用いて，材料を変形したり切断したりする機械である．本章では，切りくずを出す切削形工作機械を中心に説明する．

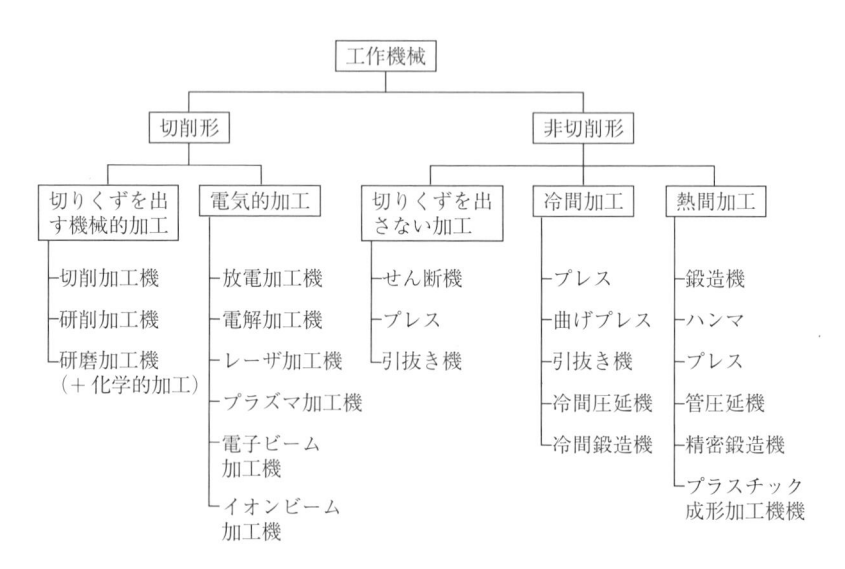

```
                          工作機械
              ┌──────────────┴──────────────┐
            切削形                        非切削形
      ┌───────┴───────┐          ┌─────────┼─────────┐
  切りくずを出     電気的加工   切りくずを出  冷間加工   熱間加工
  す機械的加工                 さない加工
  ─切削加工機    ─放電加工機   ─せん断機   ─プレス    ─鍛造機
  ─研削加工機    ─電解加工機   ─プレス     ─曲げプレス ─ハンマ
  ─研磨加工機    ─レーザ加工機 ─引抜き機   ─引抜き機  ─プレス
   (+化学的加工) ─プラズマ加工機             ─冷間圧延機 ─管圧延機
                 ─電子ビーム                ─冷間鍛造機 ─精密鍛造機
                   加工機                                ─プラスチック
                 ─イオンビーム                             成形加工機
                   加工機
```

図 11.1　工作機械の分類〔文献 1)を参考に作成〕

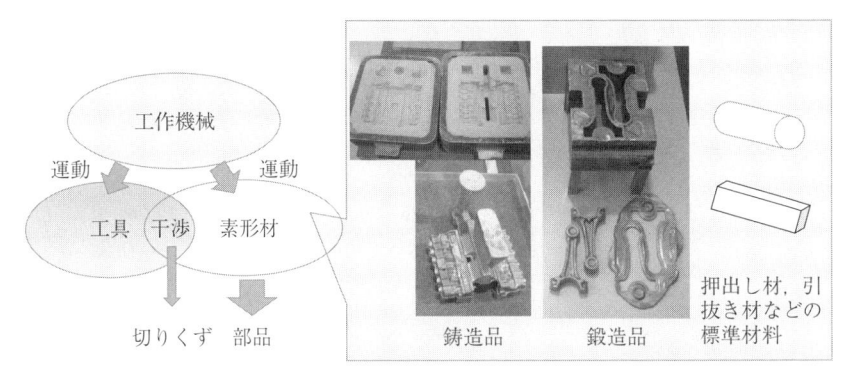

図 11.2 工作機械による部品の創成（写真はトヨタ産業技術記念館にて撮影）

切削・研削・研磨加工機は，塑性加工や鋳造などによって得られた素形材と工具に相対運動を与えて互いに干渉させ，干渉部分を切りくずとして除去して，部品を創成する（図 11.2）．部品精度は製品の性能を，また生産効率は製品のコストを支配する．したがって，加工には精度と加工能率が同時に要求される．

部品に要求される代表的な精度は，寸法精度，形状精度，仕上げ面粗さである．加工誤差には，工作物に対する工具の運動誤差によるものと，加工現象によるもの（亀裂，むしれ，工具の弾性変形）がある．切削加工や研削加工では，工具運動（実際は，工具上の切れ刃運動）が加工面に転写されるという原理に基づいて加工プロセスが設計される．したがって，工作機械には目標精度に応じた運動制御機能が必要となる．一方，研磨加工機では，工作物と工具間の相対位置よりも，接触面圧と干渉時間で工作精度を管理する．したがって，加工機には圧力制御機能が要求される．

初期の切削では，工作物に機械的に切削運動を与え，人が工具を手で保持して，工作物に一定の値で切り込んで送り部品を加工していた．しかし，金属加工が主になって切削の負荷が大きくなったため，工具を機械に固定して，工作物に対して運動できる機構を備えた機械が登場した．工具を送る動力は人間が供給するが，送りの案内機構とねじによる位置決め機構により格段に精密に加工ができるようになった．この考え方は，手動で操作される汎用工作機械に

引き継がれた．そして，より速く加工するために，工具材料が高硬度化するにつれて工作機械も高い剛性を持つように設計されるようになった．

　汎用工作機械においては，形状創成のための送り運動は手動で行う．つまり，作業者が工作物の寸法を測定し，送り機構の目盛りを読みながら加工を行う．したがって，作業者に熟練と忍耐が必要になる．また曲面を持つ工作物では，2人の作業者が協力して送りを与えるなど高度な技能が必要であった．この問題に対して，第二次世界大戦後にヘリコプタのブレード（検査ゲージ）の輪郭加工のため，フライス盤の各軸をパルス制御するサーボ機構が開発された．この機構を応用して，米国のMIT（マサチューセッツ工科大学）で数値制御工作機械（numerical control machine tools）が開発され，すべての送り運動を機械動力で与え，かつ工具と工作物の相対位置を数値で制御できるようになった．汎用工作機械は現在でも生産現場で用いられているが，加工の進化という点では，その座を数値制御工作機械にゆずっている．しかし，加工現象と形状創成から機械を理解するうえで，汎用工作機械の存在は重要である．したがって，本書では，まず汎用工作機械の説明を行い，続いて現在の生産現場で使われている工作機械ならびにシステムについて説明する．

11.2　基本的な工作機械

　加工面の特徴により，工具と工作物に与える運動は変化する．機械部品の基本構造は，平面や円筒面（内面，外面）の組合せでつくられる．例えば，円筒外面の両端を平面とすると丸棒，同軸の円筒内面を持てば円筒シェルとなる．このように，軸対称構造を持つ部品は丸物と総称され旋盤で加工される．エンジンブロックや構造物のベッドのような立体構造物の加工には，フライス加工が用いられる．平面で囲まれる工作物は箱物，高さが低いものは板物と呼ばれる．この区別は，側面が加工対象として意識されるかによる．穴，溝，ポケットなどの機能形状が基本形状に加わり，実際の部品となる．

　以下では，工作物の形態ならびに切削に必要な運動と基本の工作機械との関係について述べる．

11.2.1 平面加工とフライス盤から発展した加工機

切削では，工具と工作物間に切削運動，送り運動，位置決め（運動）を与えることで，切りくずを排出しながら加工面を生成する（第6章参照）．図11.3に，形削り盤(shaper)，平削り盤(planer)と呼ばれる最も基本的な工作機械を示す．形削り盤では，工具（バイト）を保持するラムと工作物を保持するテーブルの相対運動により切りくずを生成して平面をつくる．切りくずを生成するための切削運動は工具，加工面を生成するための送り運動（切削運動に対して直角な運動）はテーブルに与えられる．また，工具に切込みを与えるために，ハンドルで位置決めできるようになっている．形削り盤は，比較的小物の工作物を加工する際に用いられ，工作物が大きい場合は，工作物に切削運動，工具に送り運動を与える平削り盤が用いられる．

切削運動が並進運動の場合，切削速度を高くすることが難しい．また，工具の戻り運動中には切削が行われず，加工能率が低い．そこで，図6.2に示されたように，円筒形の工具に切れ刃をつけたフライス・エンドミル工具を回転させて加工を行う．外周削り（円筒外周に切れ刃），正面削り（円筒端面に切れ刃），複合削り（両方に切れ刃）といった種々のフライス加工ができる工作機械をフライス盤(milling machine)と呼ぶ．工作機械において，回転運動をつくり出す機構は主軸

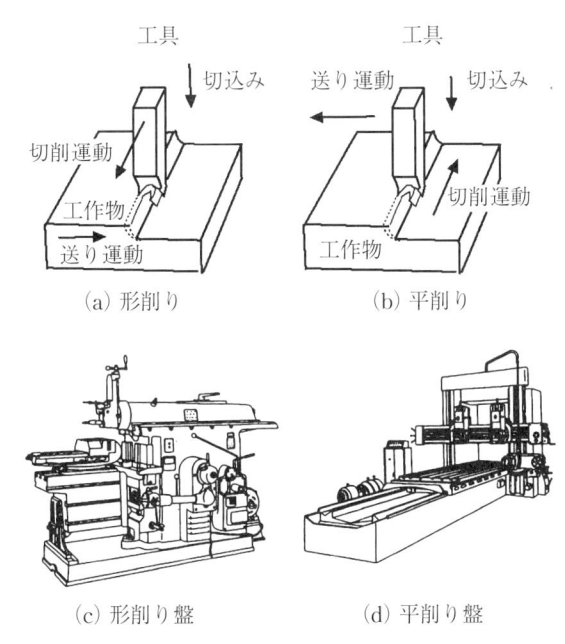

(a) 形削り　　(b) 平削り

(c) 形削り盤　　(d) 平削り盤

図11.3　形削り盤と平削り盤[3)]

(spindle)と呼ばれ，送り機構と区別される．

フライスを装着する主軸が機械設置床に垂直である機械が図 11.4 に示す立フライス盤(vertical-spindle type milling machine)，水平である機械が図 11.5 に示す横フライス盤(horizontal-spindle type milling machine)である．フライス盤は，主軸を収納した主軸頭，主軸頭とテーブルを支持するコラムとベッド，工作物を支持して運動させるテーブル，テーブルを支持して送り運動を行うサドルが基本要素である．テーブルを上下方向に送るタイプをヒザ形(knee type)，主軸頭を上下方向に送るタイプをベッド形(bed type)と呼ぶ．

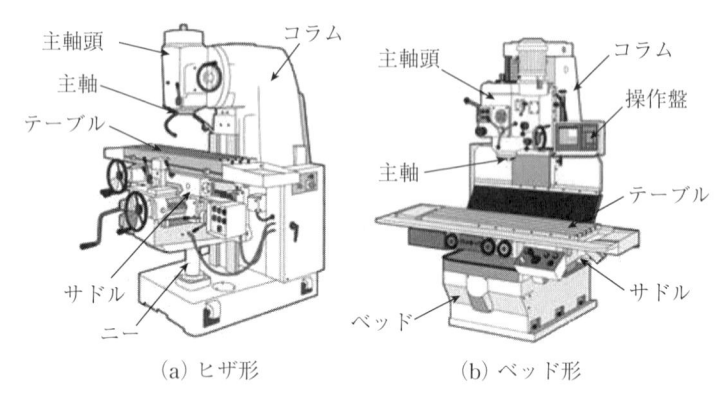

(a) ヒザ形　　(b) ベッド形

図 11.4　立フライス盤[2]

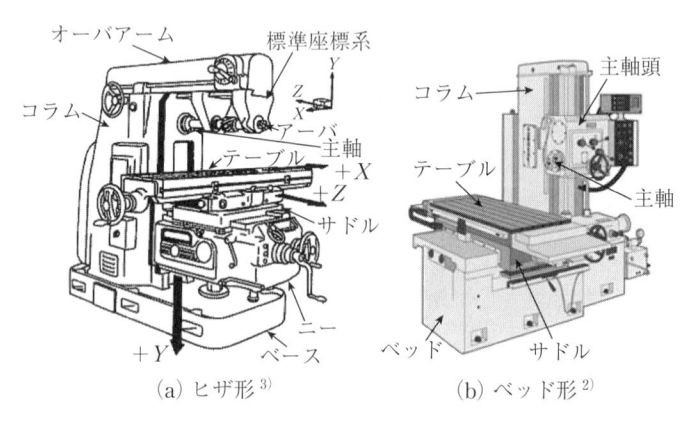

(a) ヒザ形[3]　　(b) ベッド形[2]

図 11.5　横フライス盤[2]

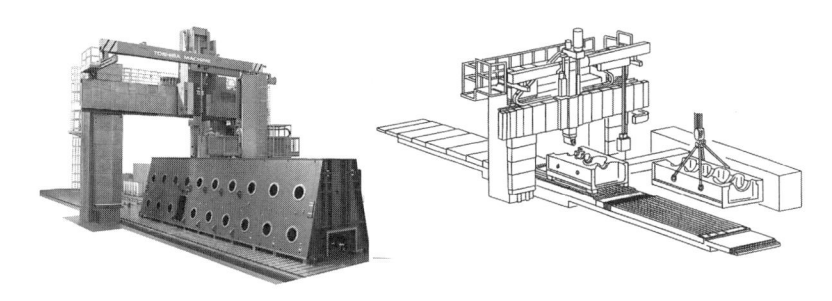

図11.6 プラノミラー〔提供：東芝機械(株)〕

　図11.5(a)の横フライス盤は，主軸を両持ちにした構造である．しかし，現在の生産現場でも使用されているのは，片持ち構造の主軸を持つ機械である．片持ち構造の主軸は，半径方向の剛性が低いという欠点はあるが，加工対象に対して柔軟に対応できる．例えば，正面フライスは広い平面を加工でき，エンドミルは上平面，側平面を同時に加工できる．つまり，溝，段などのさまざまな付加要素の加工ができる．フライス盤は，数値制御工作機械やマシニングセンタに進化する中で，主軸を高速化・高トルク化・高剛性化し，生産性を飛躍的に向上した．フライス盤は，数値制御化されて数値制御フライス盤へと進化し，プログラムによって，さまざまな形状の加工が可能となった．数値制御フライス盤は，後述するマシニングセンタに発展する．

　工作物の大きさによって使用する工作機械も変わる．大きな平面加工を行う場合は，図11.6に示すプラノミラー(plano miller)といわれる加工機が用いられる．プラノミラーは，大きな工作物が加工できるような門形構造を持ち，主軸ユニットは交換が可能である．特に，箱形の工作物のテーブル設置面以外の5面の加工できるものは5面加工機とも呼ばれる．

11.2.2　旋　　盤

(1) 汎用旋盤，タレット旋盤

　丸物の加工では，工作物に回転運動を与えて工具を切り込み，回転軸方向に送り運動を与える．このような運動機能を持つ工作機械を旋盤(lathe)と呼ぶ．旋盤をさまざまなバイトや穴あけ工具と組み合わせることで，図11.7に示す

266　第11章　工作機械

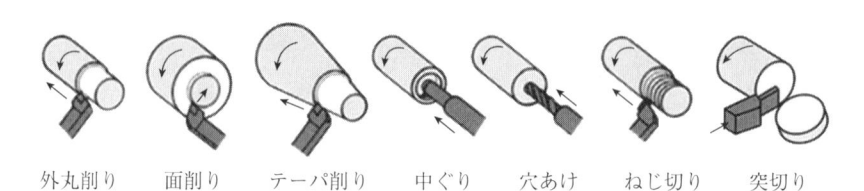

外丸削り　面削り　テーパ削り　中ぐり　穴あけ　ねじ切り　突切り

図11.7　旋削加工 4)

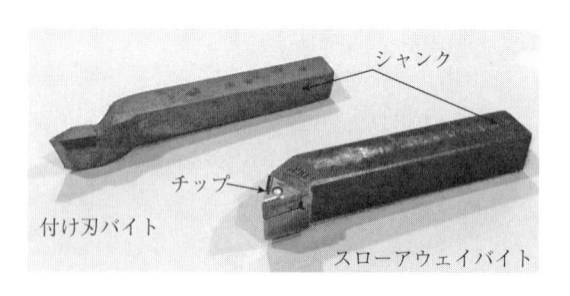

図11.8　バイト

ように軸対称部品が加工できる．

図11.8に，バイト（片刃バイト）の例を示す．バイトは工具刃先とシャンク（柄）からなるが，バイト刃先がシャンクにろう付けされてい

るものを付け刃バイト，刃先を持つチップがねじなどで交換式のものをスローアウェイバイトと呼ぶ．切削により刃先が摩耗したとき，スローアウェイバイトでは，チップ刃先またはチップ自体を交換し，付け刃バイトでは研削盤で研ぎ直す．

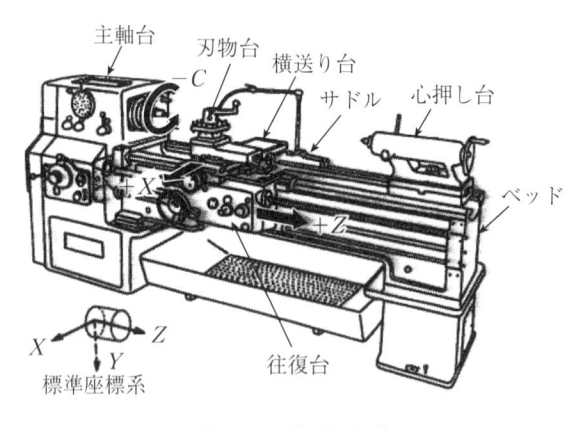

図11.9　汎用旋盤 3)

図11.9に，手動型工作機械である普通旋盤の構造を示す．普通旋盤は，主軸台，往復台，刃物台，心押し台，ベッドからなる．主軸台は，工作物を回転させる主軸，チャック，駆動装置，回転数変化装置を備えている．バイトは刃物台に

固定し，往復台の立送り・横送り機構を用いて工作物に手動で切込みと送りを与える．心押し台は，主軸と反対側の軸端の回転中心を支えるセンタを装着する．また，軸端に穴あけをする場合は，センタにドリルを装着する．

加工において，1種類の加工要素で加工が完結することは少

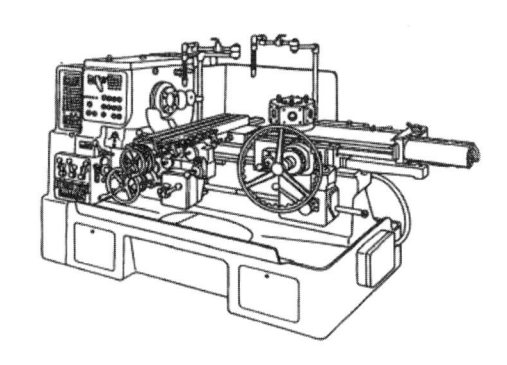

図 11.10　タレット旋盤[3]

ない．加工に必要な工具を順番に選択できるようにした旋盤にタレット旋盤（tarret lathe）と自動旋盤（自動盤：automatic lathe）がある．図 11.10 に示すように，タレット旋盤は，旋回して工具交換ができるタレットを装着している．タレット旋盤は，数値制御旋盤や自動旋盤が登場するまで生産現場で多く生産されていた．

旋盤による加工で常用する切削条件と切削性能との関係を示しておく．図 11.11 に示す旋削加工において，工作物直径を $D[\mathrm{mm}]$，回転数を $N[\mathrm{min}^{-1}]$，切削速度を $V[\mathrm{m/min}]$ とすると，

$$V = \frac{\pi DN}{1000} \tag{11.1}$$

となる．切込み量を $d[\mathrm{mm}]$ とし，1回転当たりの切れ刃の送り量を $f[\mathrm{mm/rev}]$ とすると，単位時間当たりの材料の除去率 $Z[\mathrm{cm}^3/\mathrm{min}]$ は

$$Z = Vdf \tag{11.2}$$

となる．回転数を大きくすると，高い切削速度と材料除去率が得られる．ただし，切削速度は被削材と工具材料の組合

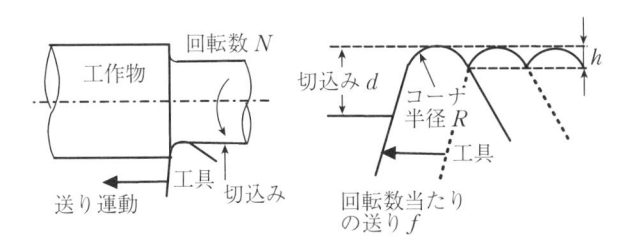

図 11.11　旋削条件と仕上げ面粗さ

せに制約される．切れ刃のコーナ半径を $R\,[\mathrm{mm}]$ とすると，幾何学的に決定される仕上げ面粗さ $h\,[\mu\mathrm{m}]$ は

$$h = \frac{1000 f^2}{8R} \tag{11.3}$$

となる．

（2）数値制御旋盤，自動旋盤

主軸・送り系の運動とタレットの割出しが自動化され，高速・高負荷の加工もできるように進化した旋盤が数値制御旋盤（numerical control lathe）である．数値制御旋盤でバイトを切込みと送りの両方向に同時に運動でき，曲面の加工も可能となる．図 11.12 に，数値制御旋盤の例を示す．数値制御のためには座標系が必要になるが，位置決めのため，主軸が向いている方向を Z 軸，Z 軸に直交し比較的長いストロークがとれる軸を X 軸，$Z \cdot X$ 軸に直交する軸を Y 軸と定義し，X, Y, Z 軸周りの回転軸を A, B, C 軸と定義する．図の例の数値制御旋盤は，旋削主軸の方向に Z 軸，これと直交する X 軸の座標を持つ．

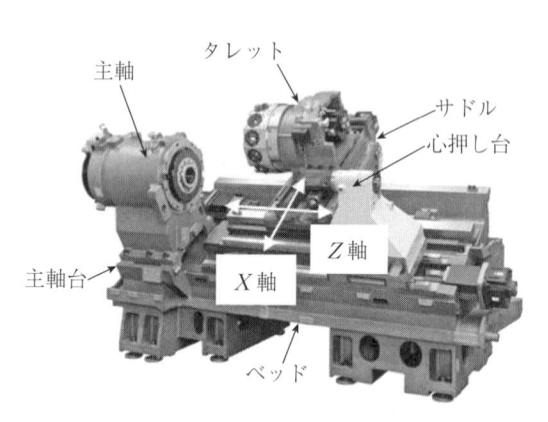

図 11.12　数値制御旋盤〔提供：DMG 森精機（株）〕5)

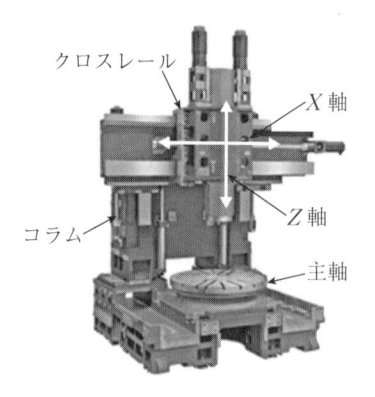

図 11.13　立旋盤〔提供：DMG 森精機（株）〕5)

通常の旋盤は，旋削主軸が水平方向に向いているが，直径が大きく短い工作物を加工することは困難である．この場合，旋削主軸が垂直である立旋盤が用いられる（図 11.13）．代表的な工作物は，航空機のエンジンのタービンケースである．

自動旋盤は，タレット旋盤を自動化した機械であり，同一の小物部品の大量生産に用いられる．自動旋盤では，タレットやくし刃形刃物台を用いて工具を選択する．くし刃形刃物台には工具を平行に並べ，順番に工具を選択しながら加工する（図11.14）．なお，主軸にZ軸方向に運動させる機能を持たせ工作物をガイドブシュで支持して，このブシュ近傍が切削点になるようにする機構を持った自動旋盤は，スイス形自動旋盤と呼ばれている．スイス形自動旋盤(Swiss-type automatic lathe)は，腕時計部品を加工する機械として，1870年代にスイスにおいて考案された．

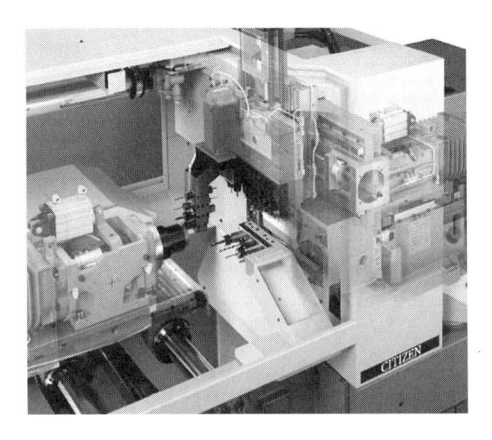

図11.14　くし形刃物台を持つ自動旋盤〔提供：シチズンマシナリー(株)〕[5]

11.2.3　穴加工（ボール盤と中ぐり盤）

　精度が問題にならない穴加工には，ドリル加工を用いる．ドリル加工した穴にリーマを通して，ある程度までの穴直径の精度は得られる．また，ねじ加工にはタップを用いる．ボルト穴には，ボルト頭が部品から出ないように，座ぐりが設けられる．これを加工するのが座ぐり加工である．図11.15に，代表的な穴加工の例を示す．

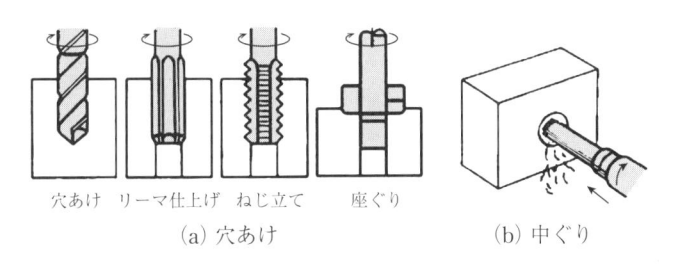

(a) 穴あけ　　穴あけ　リーマ仕上げ　ねじ立て　座ぐり

(b) 中ぐり

図11.15　代表的な穴加工[4]

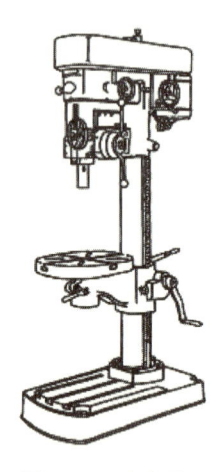

図 11.16　直立ボール盤[3]

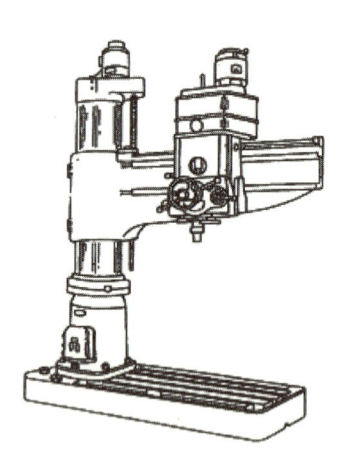

図 11.17　ラジアルボール盤[3]

図 11.18　横型中ぐり盤〔提供：東芝機械(株)〕

　ボール盤(drill press)は，ねじ加工を除く穴加工工具を主軸に装着して回転し，主軸方向に直線運動を与える機械である．図 11.16 は，最も基本的なボール盤である直立ボール盤(vertical drill press)であり，比較的小型の工作物の穴あけに用いられる．大型の工作物の穴あけには，図 11.17 に示すラジアルボール盤(radial arm drill press)が用いられる．

　ボール盤を用いた穴あけでは，穴の位置は事前に加工面にけがき，ポンチを用いてドリルのセンタ穴を設ける．したがって，穴の位置を高精度に仕上げることができない．また，直径精度や円筒度も低い．穴の精度を確保するには，回転精度と剛性が高い工作機械が必要になり，このような工作機械は中ぐり盤(boring mill)と呼ばれる．中ぐり加工には，刃先位置を調整できる機構を持つ中ぐり棒が用いられる．図 11.18 は，横中ぐり盤の例(この機械は数値制御工作機械)である．横中ぐり盤の特徴は，深い穴が高精度に加工できるように主軸が突き出せることである．加工に必要なジグなどには，穴の位置を高精度に加工する必要がある．特に，ジグ加工に用いることができる中ぐり盤をジグ中ぐり盤と呼ぶ(図 11.19)．

深穴を加工する場合，能率を問わなければ，通常のドリルをステップ送りして切りくずを排出しながら加工できる．能率が必要な場合は，深穴専用のガンドリルもしくはBTA方式ドリル(Boring and Trepanning Association system drill)を用いる．これらのドリルは先端にガイドパッドを持っており，送りと直角方向の抵抗を受けることができる．BTA方式ドリルでは，高圧の切削油を切れ刃に送り込み，潤滑を行うとともに，ドリル内部の穴から切りくずの排出

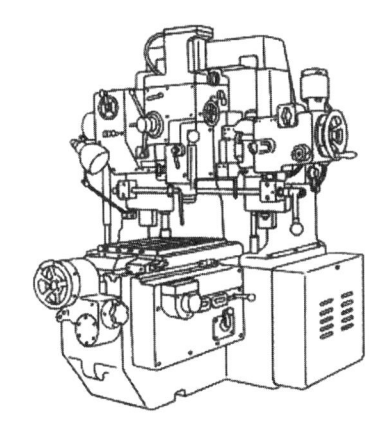

図11.19 ジグ中ぐり盤(立型)[3]

を行う．このような機能を備えた穴あけ加工機をガンドリルマシンと呼ぶ．

11.2.4 加工対象に特化した工作機械

歯車，ねじといった特殊な加工対象の場合，これに対応した工具と工作機械が用いられる．歯車加工には，図6.7に示されたホブやピニオンカッタが用いられる．ホブを取り付け，歯車を歯切りする工作機械をホブ盤(hobbing machine)と呼ぶ(図11.20)．また，溝加工を高能率・高精度に行うために，図6.6に示されたブローチを装着して加工を行う機械がブローチ盤である(図11.21)．

円筒形状を持つ高精度部品の加工には，第7章で述べら

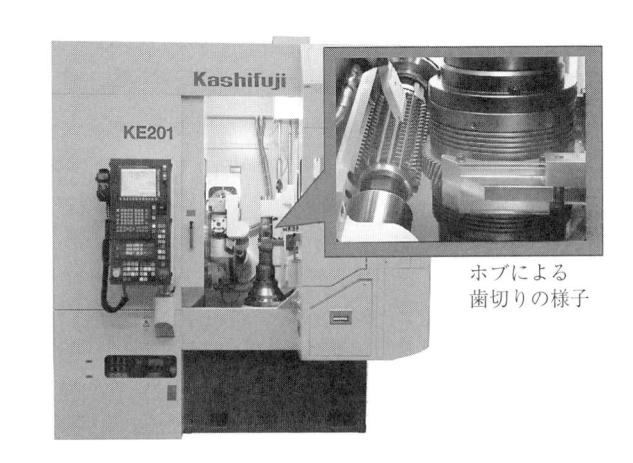

図11.20 ホブ盤[3]

272　第11章　工作機械

図 11.21　ブローチ盤[3]

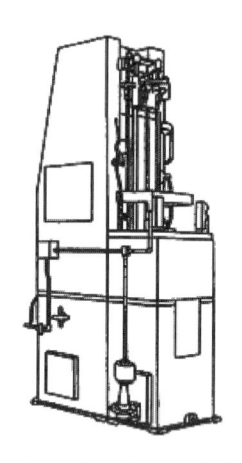

れた研削加工が用いられる．しかし，円筒研削盤(cylindrical grinder)のように工作物をセンタで支持すると，着脱に時間がかかり大量生産ができない．センタレス(心なし)研削は，円筒工作物をセンタで支持せず，調整砥石と支持刃による支持と送りで加工する方法であり，図 11.22 に示すセンタレス研削盤(centerless grinder)が用いられる．センタレス研削を用いれば，ピン，ローラ，テーパなどの大量生産が可能である．

　エンジンのシリンダ内面加工の最終工程では，1 μm 以下の仕上げ面粗さならびにクロスハッチと呼ばれる交差した条痕を得るためにホーニング盤(honing machine)が用いられる(図 11.23)．ホーニング盤では，外周に砥石を付けたロッドを回転させながら軸方向に運動させる．砥石は，油圧またはばね機構でシリンダ内面に押し付けられ，定圧方式で材料が除去加工される．

　このような加工は，第8章で述べられたラッピングとポリシングといった研磨加工の領域であり，用いる工作機械には，位置制御機能ではなく圧力制御機能が要求される．このような工作機械には，ほかにラップ盤，超仕上げ盤，ベルト研削盤などがある．

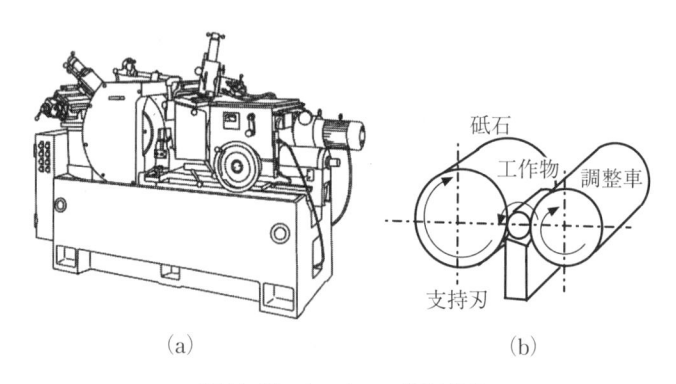

(a)　(b)

図 11.22　センタレス研削盤[3]

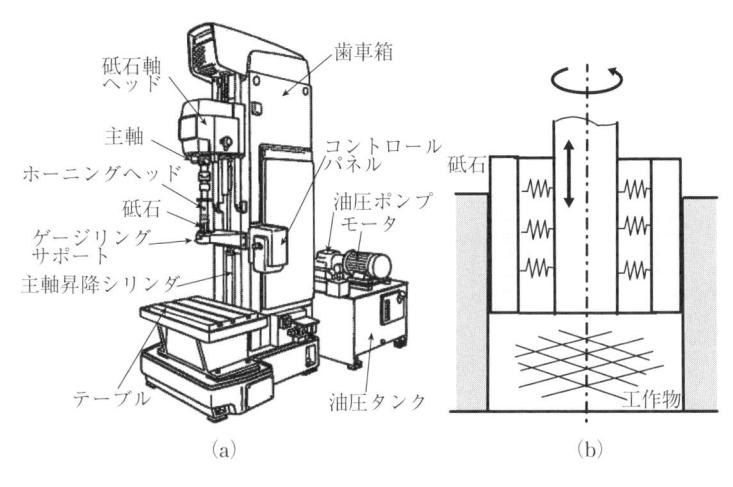

図 11.23　ホーニング盤[3]

11.3　発展形工作機械

11.3.1　ターニングセンタ

　切削においては，能率を重視する粗加工工程，精度を重視する仕上げ加工工程，仕上げ加工で確実に精度保証するために，粗加工での誤差を修正する中仕上げ加工工程(または中粗加工工程)を組み合わせて最終形状が得られる．図11.24に，旋削加工での各加工工程の様子を示す．粗加工では切りくず排出を重視した工具，また仕上げでは仕上げ面粗さを重視した工具が用いられ，これらはタレットに装着され，交換しながら使用される．図11.25に示すように，タレットにドリルやエンドミル工具の回転軸の機能が備わると，加工工程がさらに集約できる．このような機能を持つ数値制御旋盤はターニングセンタ(turning center)と呼ばれる．
　ターニングセンタに旋回可能なミリング主軸を備えた工作機械は，複合形ターニングセンタと呼ばれる．図11.26は，旋削主軸を二つ，ミリング主軸を一つ，タレットを二つ持った機械であり，ミリング主軸は工具交換可能であるため，図(b)に示すように複雑な工作物を加工することができる．図11.27

274　第11章　工作機械

は，旋回可能なタレットを持つ例であり，一度に使用する工具数は制限されるが，工具交換を割出しで行えるので，高能率な加工に向いている．

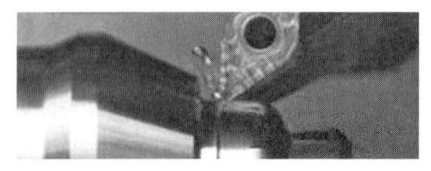

(a) 仕上げ加工

(b) 中粗加工

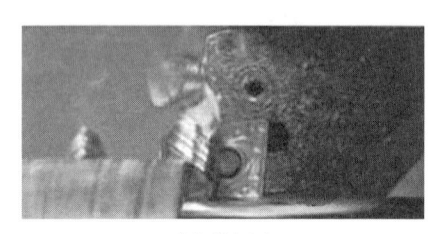

(c) 粗加工

図11.24　加工工程図〔提供：サンドビック(株)〕

図11.25　タレット〔提供：オークマ(株)〕5)

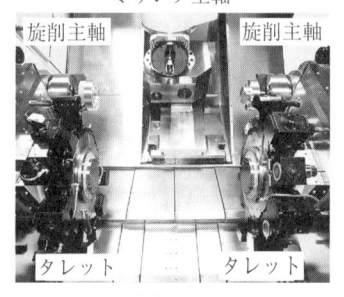

(a) 構造

(b) 加工例

図11.26　ミリング主軸を持つ複合形ターニングセンタ〔提供：中村留精密工業(株)〕

11.3 発展形工作機械　275

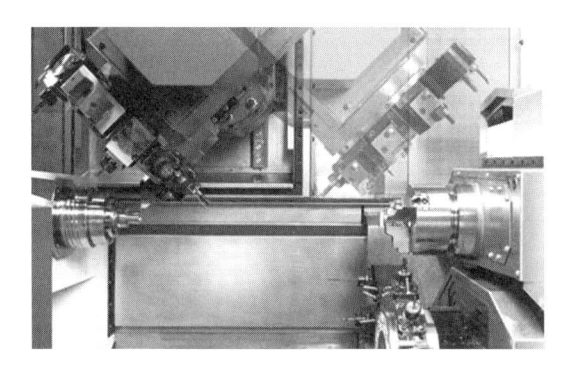

図 11.27　旋回タレットを持つ複合形ターニングセンタ〔提供：中村留精密工業(株)〕

11.3.2　マシニングセンタ

　工作物をセッティングする場合，加工面の位置や送り運動との関係(平行度，直角度)を調整しなければならない．これが心出し作業である．心出し後，使える工具の種類が多いほうがトータルの段取り時間を短縮できる．数値制御フライス盤と工具自動交換装置(Auto Tool Changer：ATC)の組合せにより，1台の機械で正面フライス加工，エンドミル加工，ドリル加工，タップ加工が行えるようにした工程集約型工作機械がマシニングセンタ(Machining Center：

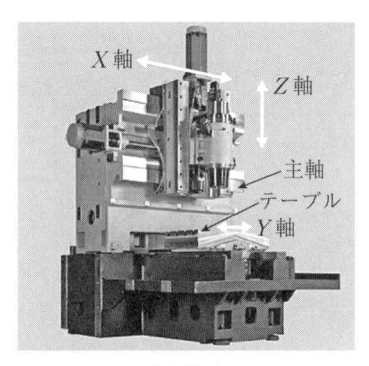

(a) 構造　　　　　　　　　　(b) 金型の加工例

図 11.28　立形マシニングセンタと加工例〔提供：(a)(株)牧野フライス製作所，(b)大阪機工(株)〕[5]

MC) である．

マシニングセンタには，大きく分けて立形，横形がある．図 11.28 は，立形 MC の例である．立形 MC では，主軸が地面に対して垂直方向に向いており，この方向（Z 軸）に運動する．この例では，主軸と Z 軸はサドルで支持され，横方向（X 軸）に運動する．また，これらの構造を支持す

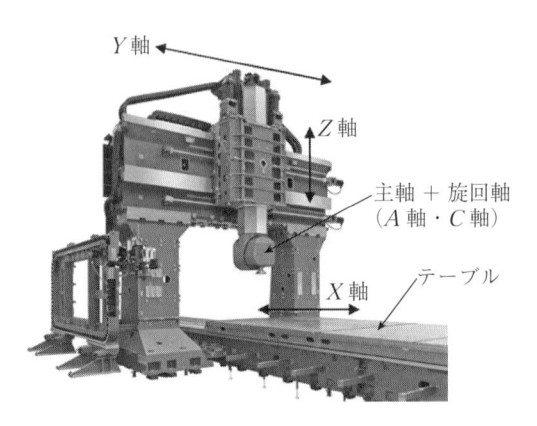

図 11.29　門形マシニングセンタ〔提供：DMG 森精機(株)〕5)

るために一つのコラムを持つ．工作物を Y 軸方向に運動させるテーブルはベッドで支えられ，ベッドとコラムは結合されている．立形 MC は板物工作物の高精度加工に用いられ，図 (b) は金型の加工例を示す．

　工作物が大型になると，運動のためのストロークが長くなり（X 軸），コラムを二つ持つダブルコラムが採用される．この場合は門形 MC（図 11.29）と区別される（先に述べた 5 面加工機も門形 MC になる）．

横形 MC は，主軸が水平方向を向いており，工作物の横側から工具をアプローチする．図 11.30 は横形 MC の例であり，工作物を固定するテーブル側に Z 軸，主軸側に X, Y の運動軸を持っている．テーブルは B 軸により回転可能であり，工作物を割り出して加工ができるので，横形 MC は箱物の加工を得意としている．また，切りくずが重力で落下し，回収しやすい点も利点である．横形 MC は，自動パレット交換装置（Auto Pallet Changer：APC）と組み合わせる

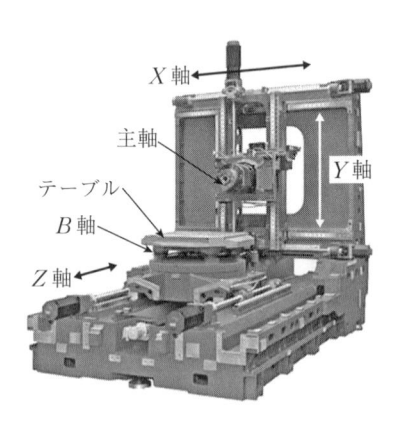

図 11.30　横形 MC〔提供：DMG 森精機(株)〕5)

11.3 発展形工作機械　277

図 11.31　ツールホルダとツールマガジン〔提供：大昭和精機(株)〕[5]

ことで複数の部品の自動加工を行える．

図 11.29 と図 11.30 中に示されていないが，マシニングセンタが NC フライスと区別される点は ATC を備えていることである．工具交換のためには，図 11.31 に示すように工具をツールホルダ (tool holder) と呼ばれるインターフェースに装着する．工作機械の

図 11.32　工具交換の様子〔提供：DMG 森精機(株)〕[5]

主軸端にホルダが嵌合するように，テーパが設けられる．使用しないツールホルダはツールマガジンにストックされ，工具交換機構を用いて主軸に装着される（図 11.32）．

11.3.3　5軸マシニングセンタ

X, Y, Z の直交3軸に加えて，二つの回転軸を持つマシニングセンタを5軸マシニングセンタと呼ぶ．図 11.33 は，回転2軸をテーブル側に持つ5軸マシニングセンタ (five-axis machining center) である．工作物の姿勢を変化できるので，図に示すタービンブレードの加工のように，必要な箇所に工具をアプローチできる．この加工の例では，加工面を生成するために回転軸と真直軸

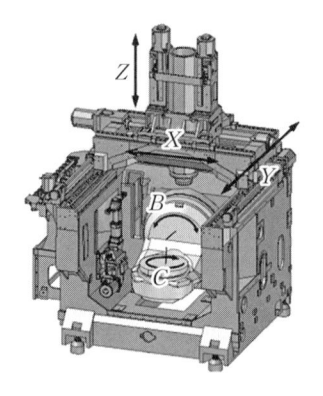

図11.33 5軸マシニングセンタの構造と加工例〔提供：DMG森精機(株)〕

を同時に運動させる必要があり，同時(同期)加工と呼ばれている．一方，部品加工においては，回転軸で加工方向に割り出し，その後，真直軸で加工が完結する場合も多く，このような加工を割出し加工という．

11.3.4 グラインディングセンタ

切削加工で切り取れる材料の最小厚さは数 $10\,\mu m$ であるため，さらに高い寸法精度や形状精度が必要な場合は，第7章で述べられた研削加工が用いられる．研削加工は，砥石に固定した砥粒の先にある微小かつ多数の切れ刃によって材料を除去するため，数 μm の切取り厚さの加工が可能である．また砥粒には，ダイヤモンドやcBNといった硬い材料が用いられるので，焼入れを行った高硬度材料も加工できる．さらに，微小な切りくずを圧縮応力場で生成するので，ガラス・セラミックスなどの脆性材料の加工も可能である．

研削加工では，円筒研削盤，平面研削盤，内面研削盤，特殊形状加工には工具研削盤，カム研削盤，歯車研削盤などの工作機械が用いられてきた．研削加工の原理は，位置制御を用いて砥石を工作物に切込み干渉させるという点では切削と同じである．マシニングセンタと同様に，研削加工工程の自動化と工程集約を目的として開発された機械がグラインディングセンタである．図11.34にグラインディングセンタの例を示す．グラインディングセンタ(Grinding

Center：GC)は，焼入れ後の高硬度材料やセラミックスのような脆性材料を対象として，図 11.35 に示すさまざまな形状を研削ホィールを使用して加工する．グラインディングセンタの外観はマシングセンタと同じであるが，次のような特徴がある．

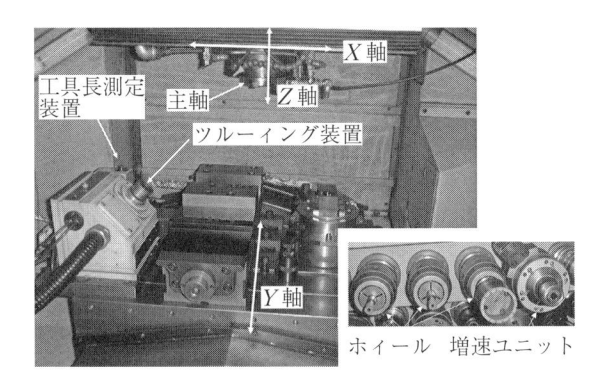

図 11.34 グラインディングセンタの外観

(1) 研削で発生する微細な切りくずを回収する装置を持つ．また，セラミッ

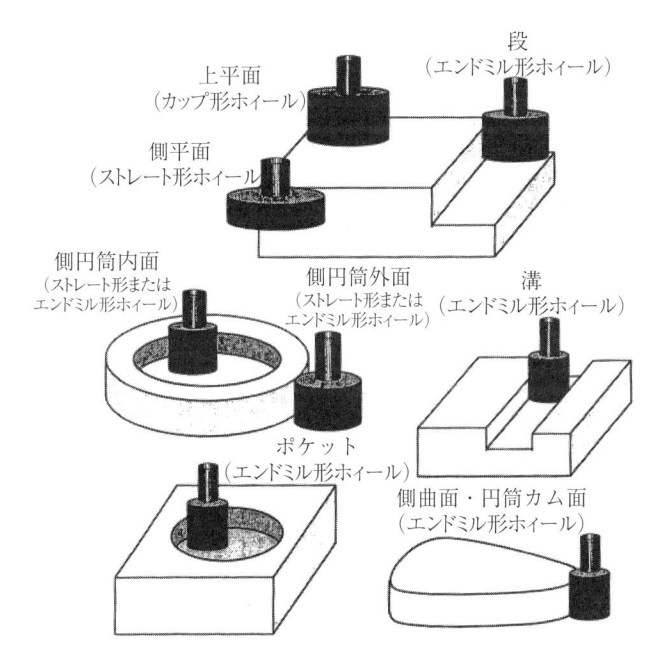

図 11.35 グラインディングセンタによる加工形態[6]

クスなどの微細な切りくず(粉)などの機械への影響が少ない．
(2) 研削に必要なツルーイング，ドレッシングなどの機能を持つ．
(3) 研削加工後の形状・寸法を保証するために，高精度な位置決め装置を持つ．また，工具寸法(工具長・工具半径)測定機能を持つ．

図 11.36 に，グラインディングセンタによる加工例を示す．この例では，

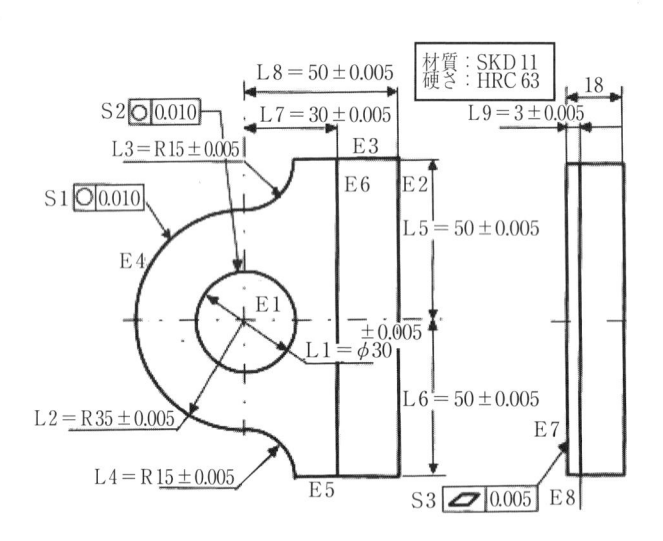

記号	測定項目	要求精度	測定結果 No.1	測定結果 No.2	測定結果化から7μmの切残しを差し引いた値 No.1	測定結果化から7μmの切残しを差し引いた値 No.2
L1	φ 30.0	±0.005	−0.022	−0.022	−0.015	−0.015
S1	真円度	0.010	0.005	0.005	—	—
L2	R35.0	±0.005	+0.006	+0.008	−0.010	+0.001
S2	真円度	0.010	0.001	0.002	—	—
L3	R15.0	±0.005	−0.011	−0.014	−0.004	−0.007
L4	R15.0	±0.005	−0.008	−0.009	−0.001	−0.002
L5	50.0	±0.005	+0.006	+0.008	−0.001	+0.001
L6	50.0	±0.005	+0.009	+0.010	+0.002	+0.003
L7	30.0	±0.005	+0.003	+0.004	−0.004	−0.003
L8	50.0	±0.005	+0.010	+0.012	+0.003	+0.005
L9	3.0	±0.005	−0.001	+0.000	—	—
S3	平面度	0.005	0.002	0.001	—	—

図 11.36　グラインディングセンタによる部品加工例[6]

カップ形ホイールとエンドミル形ホイールを用いて，焼入れ鋼に対してマイクロメートルオーダの寸法精度と形状精度の加工を行っている．

11.3.5 超精密加工機

レンズ製品や金型の加工では，100 nm 以下の形状精度と 10 nm 以下の仕上げ面粗さ（最大高さ粗さ）が必要となる．形状も非球面のように数学的な正確さが必要であり，その加工を通常の切削で行うことが難しい．切削加工では，切込みが量が小さくなると，切りくずが生成されなくなるため，また母性原則から，通常の切削加工機の運動精度では加工誤差が低減できないためである．このような領域の加工は工具と機械を限定して行われ，超精密加工と呼ばれる．例えば，工具は刃先の稜線に不連続性がなく，かつ刃先丸み半径の小さい（数 10 nm といわれている）ダイヤモンドバイト，対象材料も均質な材料（無電解ニッケル，無酸素銅など）が用いられる．そして，加工には運動精度が 1

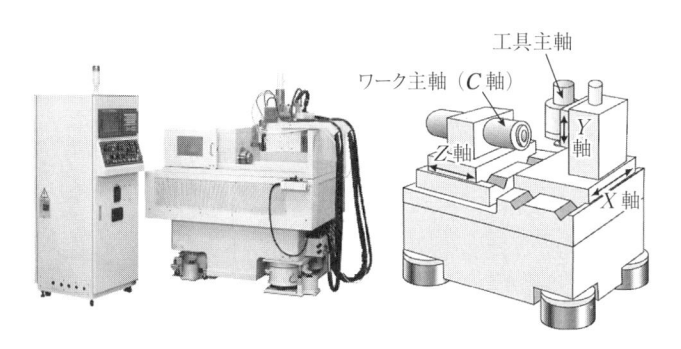

図 11.37　非球面加工用超精密加工機〔提供：東芝機械(株)〕[6]

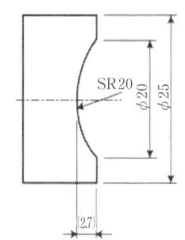

図 11.38　非球面レンズの加工例〔提供：東芝機械(株)〕[6]

μm 以下の超精密加工機 (ultra-precision machine) と呼ばれる工作機械が用いられる．

図 11.37 は，非球面加工用の超精密加工機の例であり，超精密切削・研削が可能である．図 11.38 は，非球面レンズの加工例である．

11.4 数値制御とCAM

11.4.1 数値制御

工作機械の数値制御 (Numerical Control：NC) とは，「工作物に対する工具経路，加工に必要な作業工程などを，それに対応する数値情報で指令する制御」である．数値制御*により，工作機械を NC プログラムで自動運転することが可能である．図 11.39 に，数値制御装置の構成を示す．数値制御装置は，NC システムとサーボシステム，周辺部から構成される．NC 部は，数値プロセッサにより NC プログラムを読み込み，指令値の生成・内挿・加減速処理を行って運動軸へ単位時間当たりの移動量を送る．また，機械内のセンサ情報をモニタしながら，プログラム (NC プログラムとは異なる) により機械を管理する．このプログラムは，PLC (Programmable Logic Control) プログラムと呼

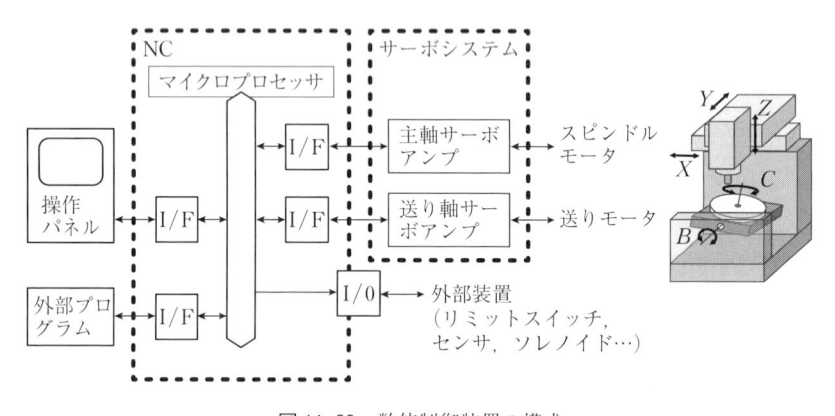

図 11.39　数値制御装置の構成

＊数値制御はコンピュータで行われるので，Computer Numerical Control を略して CNC とも呼ばれる．

11.4 数値制御とCAM   283

```
      NC プログラム           運動機能                        サーボシステム
ブロック → G90                                                第1軸
         G00 X10.0 Y10.0 Z10.0 → デコード → 補間(内挿) → 軸分配 → 第2軸
         S3000 M03                                           ....
         G01 X2.0 Y2.0 F500
         Z3.0                          ↑                ↑
         ....                       加減速処理         位置補正
                                                      補間後加減速
```

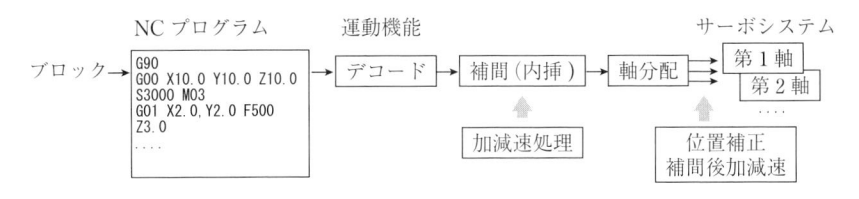

図 11.40 NCプログラムと処理のプロセス

ばれる．サーボ部は，NCからの指令に対して運動軸を忠実に制御する部分である．NCプログラムは，オペレーションパネルからの手動入力や外部装置からの入力が可能である．

図 11.40 に，プログラムの処理のプロセスを示す．プログラム例に示すように，機械の動作は1行毎のブロックで指令される．1ブロックは，いくつかのワードで構成され，ワードは数値とその意味を表すアドレス（アルファベット）のセットで構成される．

Gで始まるコードは運転の準備機能を意味し，表11.1 に例を示す．例えば，G90 はプログラム原点で指定した座標（絶対座標）位置への移動，G91 は現在の位置から相対値で指定した座標への移動，G00 は早送り位置決め，G01 は直線補間運動，G02 と G03 は円弧補間運動を指定する．G00, G01 に続く X, Y, Z と数字のセットはディメンジョンワードと呼ばれ，目標座標値や移動量を表す．例えば，「G90 G00 X10.0 Y10.0 Z10.0」は，$X=10$ mm, $Y=10$ mm, $Z=10$ mm の座標へ早送りで位置決め，「G01 X2.0 Y2.0 F500」は $X=2$ mm, $Y=2$ mm, $Z=$ 現在の座標へ直線補間で移動することを意味する．なお，補間指令では F機能によって送り速度が指定される．Fに続く数字は送り速度を意味し，単位は mm/min で指定する．加工を

表 11.1 Gコードの例

コード	機能
G00	位置決め
G01	直線補間
G02	円弧補間（時計回り）
G03	円弧補間（反時計回り）
G04	ドウェル
—	——
G90	絶対座標指定
G91	相対座標指定

表 11.2 Mコードの例

コード	機能
M00	プログラムストップ
M01	オプショナルストップ
M02	エンドオブプログラム
M03	主軸時計方向回転
M04	主軸反時計方向回転
M05	主軸停止
M06	工具交換
—	——

行うには，工具交換や主軸回転などの補助機能が必要となり，M コードで指定される (表 11.2)．主軸の回転数は S 機能で指定され，例えば「S3000 M03」は 3000 min^{-1} で主軸を回転する指令である．

11.4.2 自動プログラミングと CAD/CAM ソフトウェア

NC プログラムはシンプルではあるが，複雑な形状を加工する場合にプログラミングに手間がかかる．この問題を解決するのが自動プログラミング装置である．ポケット，溝，ねじなどの加工形状 (加工フィーチャと呼ぶ) は，一連の運動の繰返し (パターン) で加工できる．このパターンを決めておいて，数値で運動条件・切削条件を変更し，加工プログラムを生成する．自動プログラム装置は CNC のインターフェースから対話式に操作される．

一方，曲面形状のようにパラメトリックに表現できない形状の場合，CAD データから直接プログラムを作成する．このようなソフトウェアは，CAD/CAM ソフトウェアと呼ばれている．CAD/CAM ソフトウェアは，要求形状，工具形状，機械座標と切削条件から，工具経路 (Cutter Location：CL) データを作成する．工具経路は工具中心 (tool center) の運動経路であるが，これは要求形状から工具形状だけオフセットした位置でなければならない．図 11.41 は，CL データの作成法の一つであり，逆オフセット法と呼ばれる．逆オフセット法では，要求形状上を工具中心が運動したときの工具表面の包絡線から工具経路を求める．図 11.42 は，CAD/CAM ソフトウェアを用いて CAD データから CL データを作成して，実際に形状加工を行った例である．

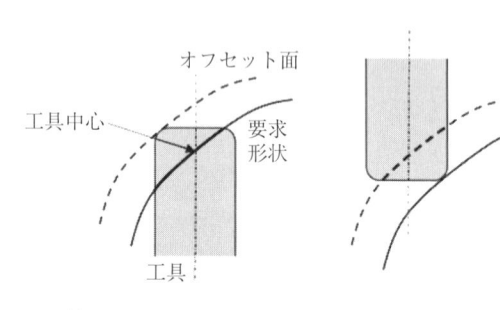

(a) 逆オフセット面の生成   (b) 工具パスの生成

図 11.41 逆オフセット法による工具パスの生成〔文献 8) を参考に作成〕

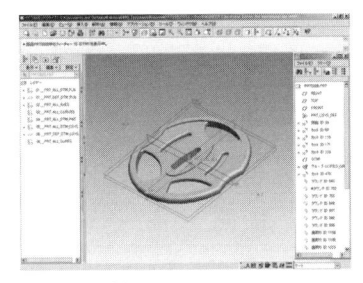

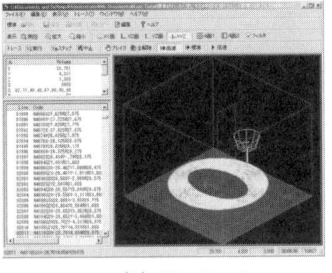

(a) CAD データ　　　　(b) CL データ

(c) 実加工結果

図 11.42　CAD/CAM による加工例

11.5　工作機械のシステム化

　社会が必要とする製品を必要なタイミングで必要な量だけ供給するためには，工作機械を核とした生産のシステム化が必要となる．システム化には，少品種多量生産と多品種少量生産からの発展の二つの系譜がある．

11.5.1　少品種多量生産からの発展

　特定の部品の特定箇所を加工するために特別に設計された工作機械を専用工作機械と呼ぶ．専用工作機械をライン状に複数台を配置し，ステーションと呼ばれる単位で区切り，搬送装置で工作物を移動させて連続に加工するシステムをトランスファマシン (Transfer Machine：TR) と呼ぶ．トランスファマシンは，フォード生産システムに代表される少品種大量生産部品の加工に使用されてきた．トランスファマシンは，各ステーションが一定のタクトタイムで加工

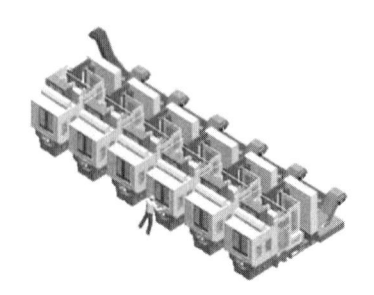

図 11.43　トランスファマシンの例〔提供：(株)ジェイテクト〕

を行うことで生産性を確保している．例えば，エンジンのシリンダブロックの加工に用いられているトランスファマシンでは，工程全体を素材から端面加工，穴あけ，ねじ切り，中ぐり工程などに分割している．トランスファマシンを個別設計の専用工作機械で構成すると，設計負荷がかかり，生産設備投資のリスクがある．このために，現在ではいくつかのステーションは数値制御工作機械で代替されている．数値制御工作機械を用いれば，加工形状や加工穴位置の変更が容易であるためである．このようなトランスファマシンの例を図 11.43 示す．

製品が多様化し，加工品の種類が増えると，トランスファマシンでは対応が難しくなる．数種類の部品を加工できるようするため，トランスファアマシン内にマシニングセンタのような汎用型の工作機械を配置した生産システムをフレキシブルトランスファライン(Flexible Transfer Line：FTL)と呼ぶ．FTL は，中品種中量生産に使用される．図 11.44 は，FTL の例である．このシ

図 11.44　フレキシブルトランスファラインの例〔提供：(株)ジェイテクト〕

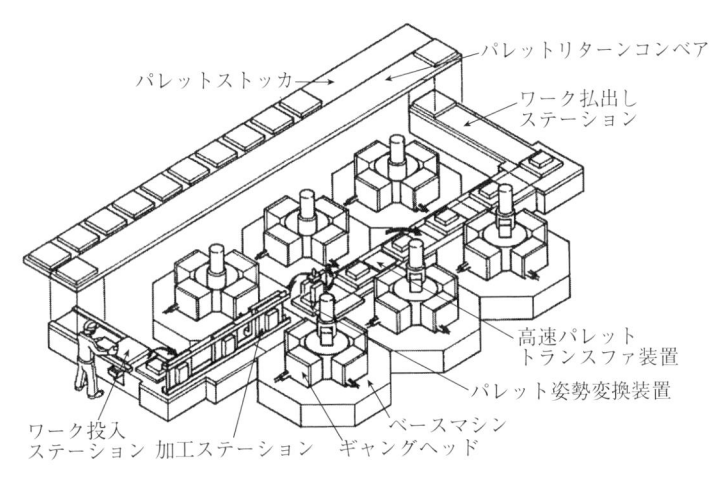

図 11.45 モジュラマシンによるエンジン加工ライン [9]

ステムでは，ワーク搬送を走行ロボットを用いて行っている．

　製品サイクルが短くなると，市場に対して機敏に生産ラインを立ち上げなければならない．しかも，製品の需要が高まると，トランスファマシンと同等の生産能力が要求される．この問題を解決するために，モジュラマシンが開発された．図 11.45 は，モジュラマシンを用いたエンジンの加工ラインである．モジュラマシンは，図 11.46 に示す複数の回転工具を装着できるギャングヘッドと呼ばれるユニットをベースマシンに装着して加工を行う．ギャングヘッドは，交換可能であるため，品種変更にも対応でき，かつ多軸ヘッドであるから，任意の加工面の複数の加工要素が同時に加工でき，生産性が高い．

11.5.2　多品種少量生産からの発展

　マシニングセンタやターニングセンタは，多様な工作物を加工できる工程集約形工作機械であり，外部から加工のためのプログラムを加工機の数値制御装置に直接指令することができる．すなわち，プログラムサーバのようなコンピュータから複数の加工機を群で制御することができる．このような制御システムは，直接数値制御システム (Direct Numerical Control：DNC) と呼ばれている．工作機械に加えて，ワーク搬送装置，自動倉庫，段取りステーション，ワ

ークハンドリングロボットなどを配置し，DNC を用いてネットワーク的にコンピュータ制御するシステムがフレキシブルマニュファクチャリングシステム (Flexible Manufacturing System：FMS) である．

図 11.47 は，FMS の例である．FMS によって生産スケジュール管理と生産管理のシステムの統合が可能になった．FMS は，投資が必要になるが，生産途中の製品 (在庫品) 数を減らすことができるので，投資のデザインを多様化できる．

FMS は，必要なものを必要なタイミングで生産す

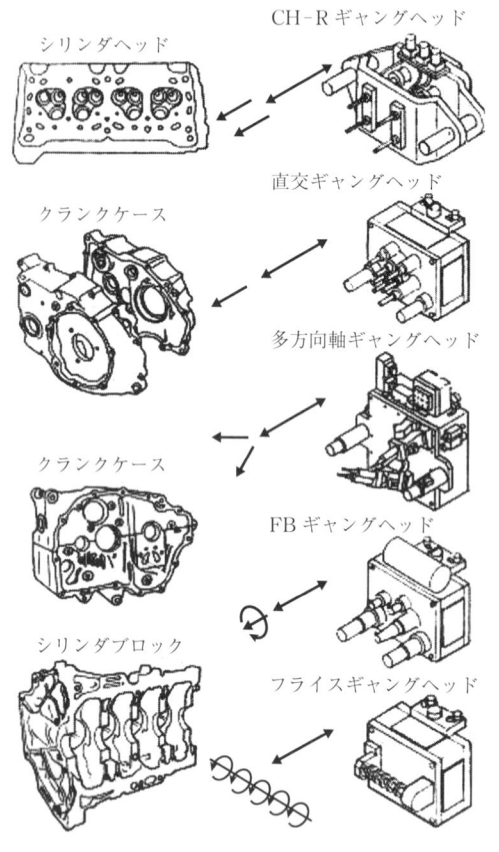

図 11.46 ギャングヘッドと加工対象[9]

(a) ワークハンドリングロボット 　　(b) 工作機械

図 11.47　FMS の例〔提供：(株)ジェイテクト〕

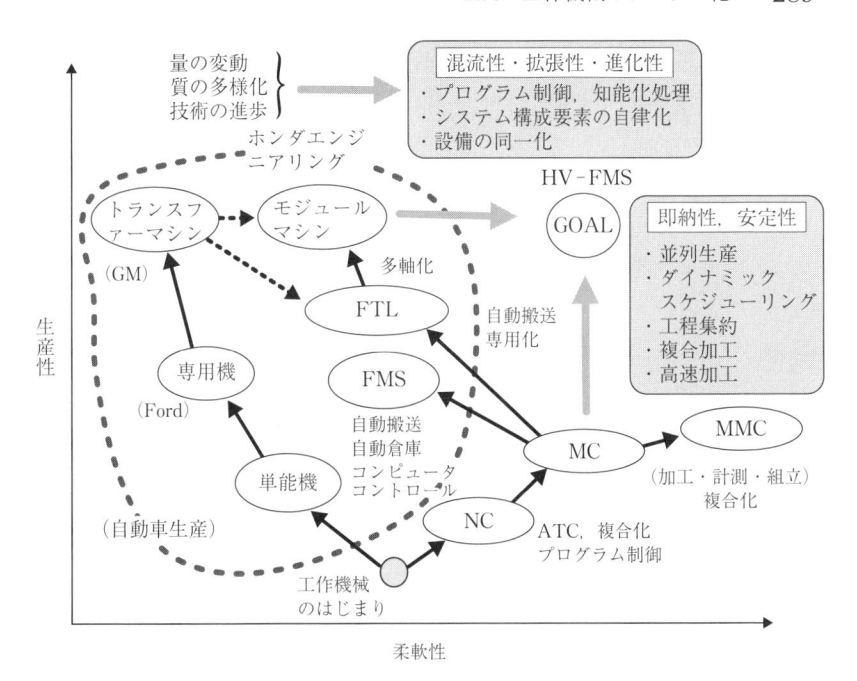

11.5 工作機械のシステム化　289

図 11.48　HV-FMS の概念図 [10]

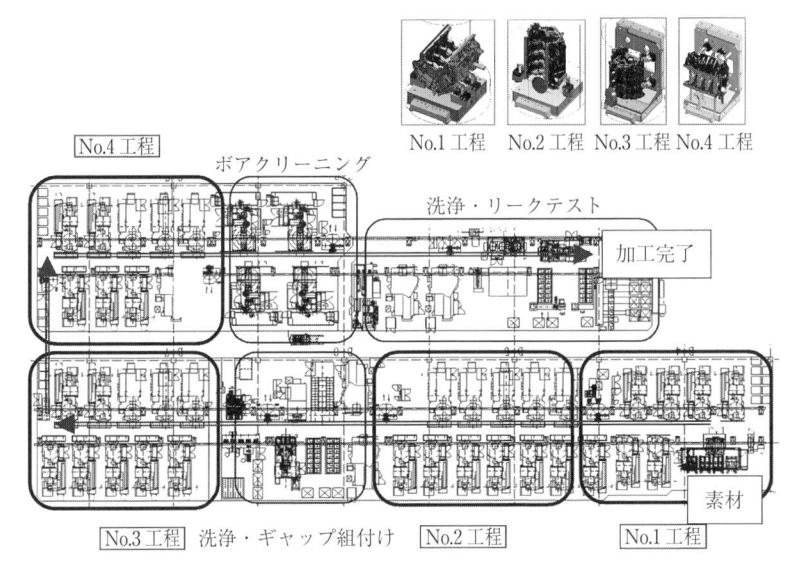

図 11.49　HV-FMS の例 [10]

るという思想のもとに生まれた．しかし，マシニングセンタをベースに発達してきたので，多量生産には向いていない．一方，FTLの生産性は高いが，生産の柔軟性に欠ける．この問題を解決するのがHV-FMS(High Volume-FMS)である．HV-FMSの開発の位置づけを図11.48に示す．HV-FMSは，工作機械の高速化と知能化(自律化)，ネットワーク，スケジューリング，工具・ジグの標準化などの技術によって実現できる混流・ランダム生産システムである．

図11.49は，自動車エンジンのシリンダブロック生産のためのHV-FMSの例である．このラインでは，種類が異なるエンジンに対して柔軟に加工セルを選択しながら加工ができる．

参考文献

1) ニュースダイジェスト社，はじめての工作機械(改訂18版)(2012).
2) (株)山崎技研 製品サイト「フライス盤.com」；http://www.furaisuban.com/info_01_2.html#2
3) JIS B 0105：1977
4) 日本工作機械工業会，工作機械の種類と加工方法；http://www.jmtba.or.jp/machine/introduction
5) 日本工作機械工業会，画像で学ぶ工作機械の仕組み
6) 松原　厚：「研削加工の知能化に関する研究」，京都大学博士学位論文(1997).
7) 田中克敏：「超精密加工機の高精度化の研究」，日本工業大学博士学位論文(2008).
8) 近藤　司・岸浪健史・斎藤勝政：「逆オフセット法を基にした形状加工処理」，精密工学会誌，Vol.54, No.5 (1988) pp.971-976.
9) 鈴木茂正・井田靫性・萩元佳雄・橋本　等・広保　稔：「エンジン箱物部品の高能率多種混流生産ライン(モジュールトランスファマシン)の開発」，精密機械，Vol.50, No.9 (1984) pp.1400-1406.
10) 龍田康登：「モノづくりの開発軸と生産軸の両軸に絶え間ない変革を」，精密工学会誌，Vol.79, No.1 (2013) pp.40-43.

第12章 その他の加工法・組立法・補助工具など

12.1 きさげ加工

　工作機械には，テーブル，サドル，主軸ヘッド，移動コラムなどの運動の基準となる案内面が設置されており，互いにすべり合う案内面，すなわち「すべり案内面」が使われることがある．すべり案内面は，理想的な鏡面（鏡のようになめらかな面）であればよいかというと，そうではない．二つの案内面の間に潤滑油が存在しないと，摺動（すべらせながら動かす）時に焼き付いてしまうからである．

　潤滑油を保持するために，熟練者が，鋳鉄製の案内面に，図12.1に示すような「きさげ(scraper)」（刃先は超硬合金または高速度工具鋼）という工具を使って少しずつ表面を削って油溜まり(oil pocket)をつくっていく方法が「きさげ加工(scraping)」である．

きさげ加工は，主として平面の加工を行うが，円柱の基準を用いて円柱面の加工を行うこともできる．

図12.1　きさげ

12.1.1　きさげ加工の手順

① 定盤と被加工面とのすり合わせによる被加工面の凸部の検出
　　光明丹(12.1.2項に詳述)という赤色の顔料を表面に薄く塗った定盤(surface plate)と被加工面を互いにすべらせながらすり合わせる．被加工面の凸部に光明丹が付くため，凸部は赤く見える．これを「赤当たり」という．
② きさげを用いた被加工面の微小切削（図12.2参照）
　　被加工面の赤当たりをきさげを使って少しずつ削り，平面度(flatness)を高

め，かつ油溜まりをつくっていく．

③ ①と②の作業の繰返し

被加工面全体にわたって平面度を高めつつ油溜まりをつくっていく．

④ 定盤とのすり合わせによる凸部の検出

被加工面に光明丹を薄く塗り定盤とすり合わせると，被加工面の凸部は光明丹がとれて凸部が黒く見えるようになる．これを「黒当たり」という．

⑤ きさげを用いた被加工面の微小切削

図12.2 きさげ加工の様子〔安田工業（株）〕

被加工面の黒当たりをきさげを使って少しずつ削り，②と同様に平面度を高め，かつ油溜まりをつくっていく．

⑥ ④と⑤の作業の繰返し

被加工面全体にわたって平面度を高めつつ油溜まりをつくっていく．坪当たり（1in^2）の黒当たりの個数が増加して規定値に達したら，この作業を終える．このとき油溜まりのくぼみの深さは数μmとなる．

12.1.2　きさげ加工された表面の性状と特性

きさげ加工された面は，上面が平らで所々に油溜まりを持つという特徴がある．上から見ると，この平らな部分と油溜まりが交互に配置されたり（市松模様），比較的ピッチの揃った幾何学的な模様に見えることもある．したがって，外見的にも美しい．それだけでなく，前に述べたように油溜まりを有するので，上面のスライダが摺動すると，図12.3に示すように，油膜厚さが小さくなっていく（くさび形油膜を形成する）部分で動圧を発生してテーブル（スライダ）を浮かせる浮力を生じる．したがって，すべり案内面のことを動圧案内面

と呼ぶこともある．

定盤とは，精密に仕上げた基準となる平面を持つブロックをいい，通常，鋳鉄や花崗岩（グラナイト）が使われている．経年変化を避け

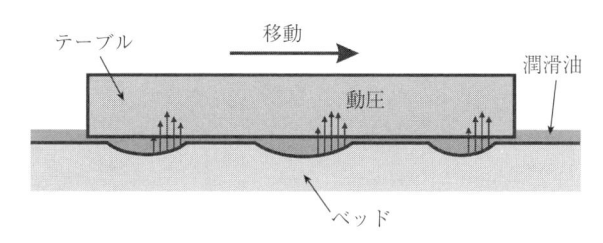

図12.3 テーブル移動時にきさげ加工したベッドに発生する動圧

るため，内部応力が除去されており，さびが生じにくく，熱変形が小さいものが使われる．光学においては，平面の基準として石英ガラスでできた光線定盤（optical flat）が使われる．

光明丹とは，Pb_3O_4を主成分とする赤色の顔料で，油と練り合わせて使用する．鉛丹，赤鉛，赤色酸化鉛などとも呼ばれる．鉛を含むため，鉛中毒に注意する必要がある．最近は，脱鉛化された新明丹などが開発されている．

このきさげ作業をカメラやロボットなどを用いて自動化しようという研究開発があるが，まだ実用には至っていない．

12.2 バリ取り

バリ（burr）は，JIS B 0051に「部品のかどのエッジにおける幾何学的形状の外側の残留物で，機械加工または形成工程における部品上の残留物」と定義されている．バリは，切削や研削などの除去加工だけでなく，鋳造，プラスチック成形，塑性加工などの変形加工，溶接，めっきなどの付加加工においても発生し，その種類は多く，形状・寸法，性質もさまざまである．また，後述するように，バリは部品や製品の性能にも影響を及ぼし，バリ取り（deburring）作業の工数分析によると全体の工数の5～数十％を占めるといわれるので，軽視してはならない．

ここでは，主に切削において生じるバリを対象とする．延性を持つ被削材を二次元切削すると，切削の入口，出口，側方に，図12.4に示すようなバリを生じる（断面形状は，図12.5を参照）．バリは，旋削，フライス加工，平削り，切断，穴あけ，中ぐりなどの加工法によってさまざまな形態をとる．この

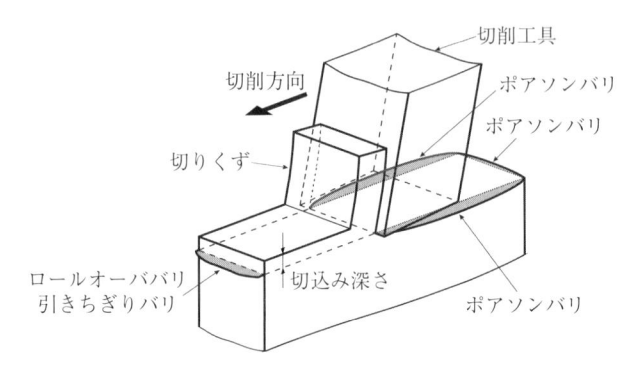

図12.4 切削において生じるバリ(二次元切削の場合)

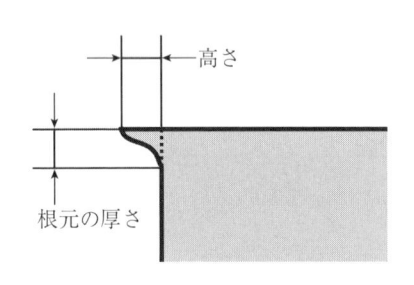

図12.5 バリの断面形状の例

バリは，部品の測定において基準面を得るのに障害となったり，組立工程でははめあいの邪魔になるだけでなく，作業者や使用者をきずつけることもある．また，油圧機器などで使用中にバリが脱落すると，一般に加工硬化しているため，摺動部の摩耗の原因となったり，電気機器では電気的短絡の原因となる可能性がある．したがって，一つの加工が終わると，必ずバリ取りを行って，次の加工に移ることが必要である．一方，油圧・空圧機器や切削工具では，後で述べるように鋭いエッジが必要になるので，適切なエッジ仕上げがなされなければならない．

12.2.1 バリの生成機構

切削において生じる代表的なバリの名称と生成機構を以下に記す．

(1) ポアソンバリ

図12.4および図12.6に示すように，工作物が切削工具によって圧縮変形されて切削入口や側方に生じ

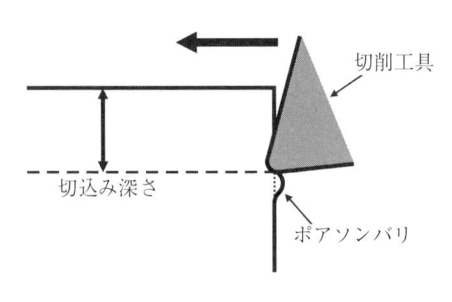

図12.6 ポアソンバリ(入口バリ)

るバリであり，この名称は，材料の主応力に対する横方向の変形を説明するポアソン比に由来する．

（2）ロールオーババリ

図 12.4 および図 12.7 に示すように，工具切れ刃が工作物の出口において切りくずが寝返りをうつように塑性変形し，切削方向の自由面側へ押し出されて生成されるバリである．出口バリの一種である．

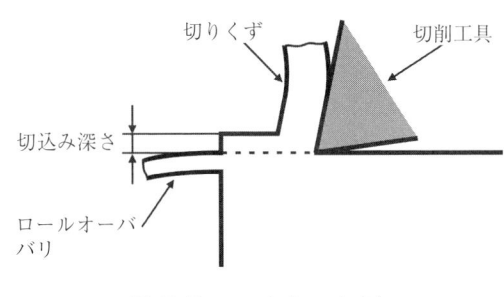

図 12.7　ロールオーババリ

（3）引きちぎりバリ

切削出口の工作物のエッジ部において，せん断ではなく，引きちぎり現象によって生じるバリである．

12.2.2　バリの除去方法

バリ取り法は，原理的には，切削，研削，研磨，水圧，化学的，熱的，電気的方法に分けられる[1]．その主な方法について概説する．

（1）切削，研削

やすり(file)，ハンドラッパ(hand lapper)，ワイヤブラシ，面取りカッタなどを用いた主として手作業による方法である．やすりは，図 12.8 上に示す金属製の工具で，主に炭素鋼や合金鋼に目立てをし，焼入れを行ってつくる．ハンドラッパ(図 12.8 下)は，粒度 #80～#8000 のダイヤモンドや B_4C 砥粒をビトリファイドボンドなどで固めた工具で，油を付けて比較的小さいバリの除去やエッジの丸み付けに用いる．ワイヤブラシは，回転型の電動工具に取り付け，工作物のエッジに接触させて加工する．

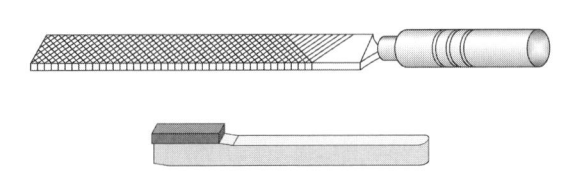

図 12.8　やすりとハンドラッパ

ベルト研削は，図12.9に示すように，研磨布紙をベルトに貼り付けた工具で平面または円筒部品の外バリの除去に使われる.

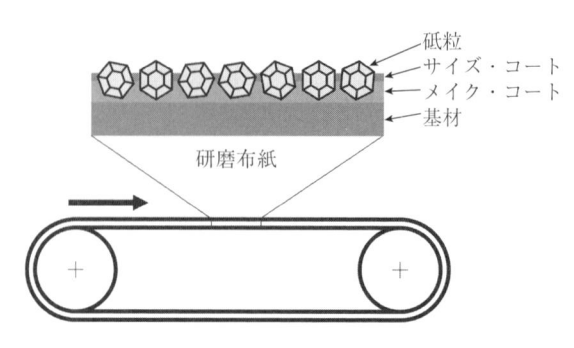

図12.9 ベルト研削

（2）砥粒吹付け，液体ホーニング

砥粒吹付けは，砥粒を圧縮空気とともに高速度でノズルから工作物に吹き付けてバリを除去する方法である．液体ホーニングは，水と砥粒の混合体（スラリ）を圧縮空気で工作物に吹き付けてバリを除去する方法である．砥粒が表面に埋め込まれる可能性があるので，洗浄工程が必要である．

（3）バレル研磨，砥粒流動

バレル研磨は，図12.10に示すように，バレル（樽）の中に工作物，研磨石，コンパウンド，ソフトメディア，水などを入れてバレルを回転させ，工作物が研磨石などと擦れ合って工作物のバリがとれていくというものである．

砥粒流動は，研磨剤を含む練り物に圧力をかけて工作物の中に送り込み，表面や穴を磨いたり，バリを除去する方法である．交差穴のバリ取りなどに有効である．

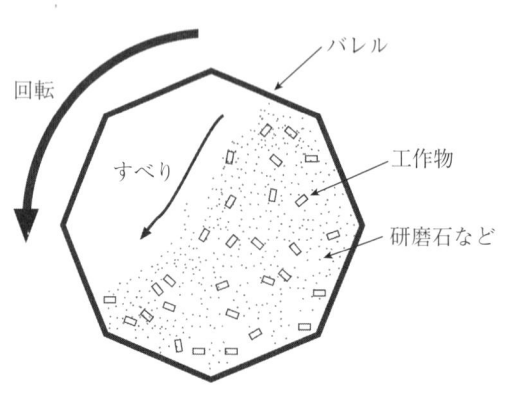

図12.10 バレル研磨

（4）電気的な方法(電解研磨，電解バリ取り，放電バリ取り，電気化学的振動研磨)

第9章を参照されたい．

（5）化学的な方法(電解研磨，化学的振動研磨，超音波バリ取り)

第9章を参照されたい．

（6）熱的な方法(火炎バリ取り，熱衝撃バリ取り)

火炎バリ取り法は酸素アセチレン炎を用いるもので，熱衝撃バリ取り法は，密閉容器中の工作物のバリを爆発によって酸化，溶解あるいは蒸発させ，同時に衝撃波で吹き飛ばして除去する方法である．

12.3 表面処理

12.3.1 PVD

PVD (Physical Vapor Deposition) は物理蒸着であり，イオン，電子，粒子を固体の対象物にぶつけて表面処理を施す手法である．以下のように分類できる．

(1) 蒸着 (deposition)
(2) イオンプレーティング (ion plating)
(3) イオンビームデポジション (ion beam deposition)
(4) スパッタリング (sputtering)

などがある．

これらは，切削工具や樹脂金型のコーティング (TiN, TiC, TiCN, TiAlN, AlCrN, CrN, WC/C, C, DLC) に使われている．DLC は，ダイヤモンド状炭素 (diamond like carbon) のことで，優れた摩擦・摩耗特性を有する．

12.3.2 CVD

CVD (Chemical Vapor Deposition) は化学蒸着のことで，反応室内において加熱した基板上に目的の薄膜成分を含む原料ガスを送り込んで，基板とガスとの反応生成物を膜として基板上に蒸着させる方法である．切削工具の表面被膜や半導体の製造工程で使用される．成膜速度が速いという長所がある反面，PVD より高温下で行われるため，基材の融点が低い場合にダメージを与える可能性がある．

12.3.3 ホモ処理

ホモ処理 (homogeneous treatment) は，多孔質で，硬く耐食性がある鉄の酸化物 Fe_3O_4 を約 500℃ の過熱水蒸気を用いて対象物の表面に成膜する方法である．水蒸気処理とも呼ばれる．一部のドリルやタップに適用されている．

12.3.4 窒化処理

窒化処理 (nitriding) は，窒素を含んだ雰囲気中に金属を置いて加熱することにより，表面近傍 (1 mm 以内) に窒素を浸透させて硬化させる方法である．硬度が高く，耐摩耗性に優れており，窒化物を形成するため表面付近は圧縮残留応力となり，優れた疲労強度を呈する．

12.4 組立（軸受の組付け）

軸受を軸やハウジングに組み付ける方法には，機械的圧入法 (プレス，ハンマ，組付けスリーブ)，油圧法，オイルインジェクション法，加熱法 (加熱炉，加熱リング)，超音波振動圧入などがあり，軸受の配列 (円筒座，テーパ座など) や，寸法によって適切な方法が採用される．その際，軸受，軸およびハウジングを清浄に保つことはもちろん，各部品の寸法公差，寸法の許容差，表面

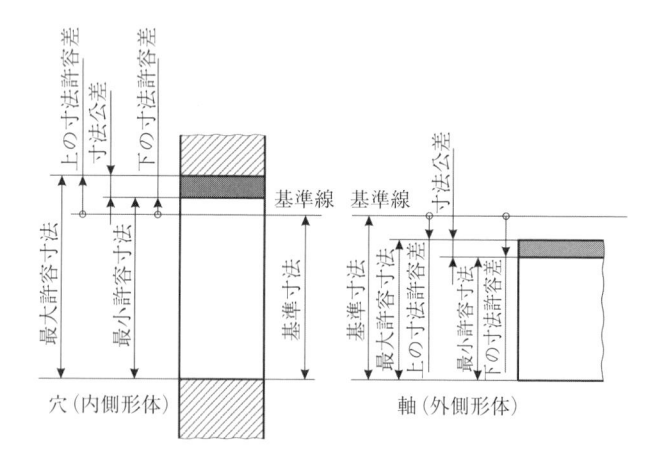

図 12.11 寸法公差

12.4 組立(軸受の組付け) 299

粗さおよびはめあいが極めて重要になる.

本節では,軸受のはめあいに関する基礎的な事項[3]について以下に説明する.

機械部品の加工の基準となる寸法を基準寸法といい,寸法許容差の基準となる直線を基準線という(図 12.11 参照).部品の各部位の寸法は,使用目的に適った範囲,すなわち基準線からのこの範囲の上限(上の寸法許容差)と下限(下の寸法許容差)との間に収まっていればよい.この最大と最小の差,すなわち寸法のばらつきを得る範囲を寸法公差または単に公差という.また,同じ寸法公差でも基準寸法の大きさによって精密さの度合は異なるので,基準寸法を区分して精密さの度合を公差等級(IT1～IT18)として表している.穴と軸の種類については,図 12.12 に示すように,寸法許容差によって穴の公差域の位置は A～ZC で表され,軸の公差域は a～zc で表される.穴の場合 A～H は基準寸法より大きく,K～ZC は基準寸法より小さくなり,軸の場合 a～h は基準寸法より小さく,k～zc は基準寸法より大きくなる.例えば,穴の記号で φ50 H7 と書かれていると,穴の直径が 50 mm で公差域が H,公差等級が 7 級であることを示している.これ

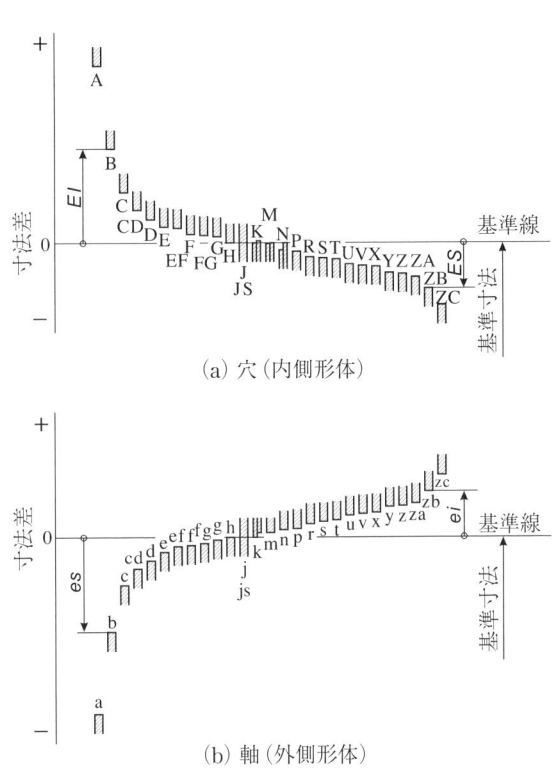

(a) 穴(内側形体)

(b) 軸(外側形体)

図 12.12 穴・軸の種類と記号

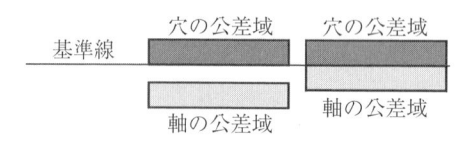

図 12.13 すきまばめ（穴基準の例）

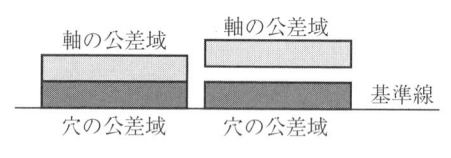

図 12.14 しまりばめ（穴基準の例）

は，直径 50 mm で公差等級が 7 のときの基本公差の数値が 25 μm となっているので，寸法許容差を用いて上の寸法許容差が 0.025 mm，下の寸法許容差が 0 mm と表示してもよい．

機械部品の組合せにおいて，軸と穴のはめあいには，すきまばめ（図 12.13），しまりばめ（図 12.14），中間ばめの三つの種類がある．

前おきが長くなったが，軸と軸受内輪のはめあいにおいては，荷重の軽重，荷重の方向，回転/静止荷重，軸径，回転精度などを考慮してはめあい公差が定められている．円筒穴や円筒外径を持つ軸受の場合，j5 や j6 の中間ばめから p6，r6 などのしまりばめが適用されることが多い．軸の外面の加工には，一般に研削が使われる．軸受外輪とハウジングのはめあいにおいても，荷重の軽重，荷重の方向，回転/静止荷重，回転精度などを考慮してはめあい公差が定められているが，用途によってすきまばめ（F7 など），中間ばめ（J7 など），しまりばめ（P7 など）が用いられている．それ以外に，軸回転中の遠心力による内輪の直径拡大や発熱による膨張などを考慮してはめあいが決められることも多い．

参 考 文 献

1) 高沢孝哉：バリテクノロジー，朝倉書店（1980）．
2) L. K. Gillespie：Towards a Rational Approach to Deburring, SME Technical Paper MR, 74-996（1974）．
3) 例えば，和田稲苗ほか：精説機械製図三訂版，実教出版（2007）．

第 13 章　機械要素の加工

13.1　歯車の製作

　歯車 (gear) は，紀元前から今日まで小型で確実な動力伝達および変速の手段として各種機械装置に用いられてきた．その加工方法について述べる前に，歯車の基本的な事項について簡潔にまとめておく．詳細は文献[1]などを参照されたい．

　基本的な歯形であるインボリュート (involute) は，基礎円に巻いた糸を張った状態でほどいていくときの糸上の 1 点が描く軌跡(図 13.1 参照)である．歯形を決める重要なパラメータとして，モジュール m と圧力角 α がある．モジュールは歯車の歯の大きさを表すもので，歯数を z，ピッチ円直径を d とすると，次のように定義される．

$$m = \frac{d}{z} \tag{13.1}$$

したがって，次式が成立つ．

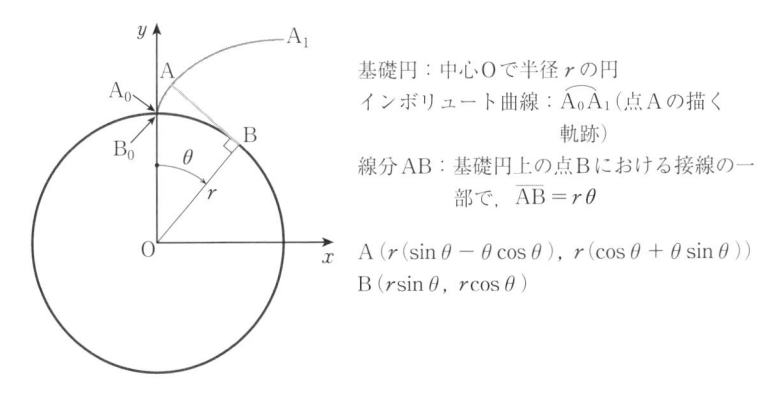

図 13.1　基礎円とインボリュート曲線

基礎円：中心 O で半径 r の円
インボリュート曲線：$\widehat{A_0 A_1}$（点 A の描く軌跡）
線分 AB：基礎円上の点 B における接線の一部で，$\overline{AB} = r\theta$

A $(r(\sin\theta - \theta\cos\theta),\ r(\cos\theta + \theta\sin\theta))$
B $(r\sin\theta,\ r\cos\theta)$

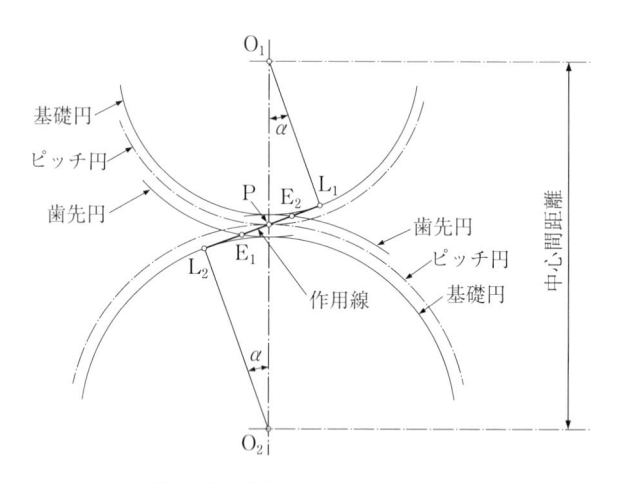

図 13.2　歯車のかみあいと作用線

$$m\pi = \pi \frac{d}{z} = p \tag{13.2}$$

ここで，p は歯の円周ピッチ（ピッチ円上の歯と歯の間の円周長さ）であり，ピッチ円直径 d とは，一対の歯車を摩擦車（二つの円板が接して動力を伝達する部品）に置き換えて，回転比が等しくなるようにした場合の摩擦車の直径である．

歯の高さは，一般に $2.25\,m$（歯末の丈が m，歯元の丈が $1.25\,m$）である．また，圧力角 α は平面状のラック歯形の歯の傾斜角であり，ピッチ円直径 d および基礎円直径 d_b と次の関係がある（**図 13.2** 参照）．

$$d_b = d\cos\alpha \tag{13.3}$$

図 13.2 中の作用線 E_1-E_2 は歯車の歯の接触点の軌跡である．一方の歯車が等速回転運動を行う場合，接触点は作用線上を等速で移動し，相手方の歯車も等速回転運動を行うとともに，かみあいが終わる前に次の歯がかみあうことになる．

歯車は，主に次の方法で加工されている．

(1) 切削による方法
- ホブ切り（hobbing）

- ギヤシェーピング(gear shaping)
- フライス加工(milling)
- ギヤシェービング(gear shaving)

(2) 研削による方法
(3) 塑性加工による方法
  - 転造(form rolling)

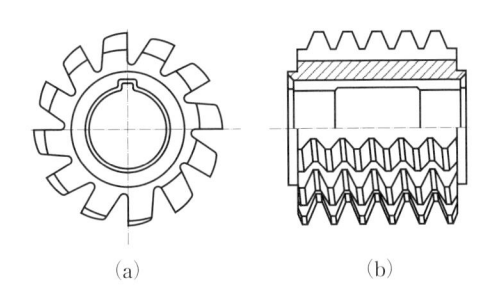

図 13.3　ホブ

このインボリュート歯形歯車の切削加工法として，代表的なホブ切りについて概説する．ホブ切りは，図13.3に示すホブというねじ状のものに溝を入れた工具を一定の速度で回転させながら，それに対置された工作物をホブの回転に伴うねじのピッチの移動速度と一致させて回転させ，ホブを工作物軸方向に相対的に送って歯を創成する切削加工法である．ホブの歯は直線状であり，その直線の包絡線としてインボリュート歯形が創成される．

ギヤシェーピングは，歯車状工具をそれに対置した工作物に対して軸方向に往復運動させて形削りを行うもので，歯車のかみあいと同様に，両者を間欠的に回転させてすべての歯を創成する方法である．

そのほか，歯車の歯面の仕上げ方法として，ギヤシェービング，研削および転造などがある．

13.2　ねじの製作

ねじは，円筒や円すいの表面に沿ってらせん状の溝を持つ部品で，巻きの方向，条数，ねじ溝の形状，径およびピッチで指定する．ねじには，外表面にねじ山がある「おねじ」と内表面にねじ山がある「めねじ」があり，多くは部材の締結用(三角ねじ)に，また一部は機械要素の送り用(ボールねじ，台形ねじ，角ねじ，静圧ねじ)に使われている．

このねじを用途に応じて精密かつ安価につくることは極めて重要であり，古くから以下の種々の方法で製作されてきた．本節では，主な方法を概説する．

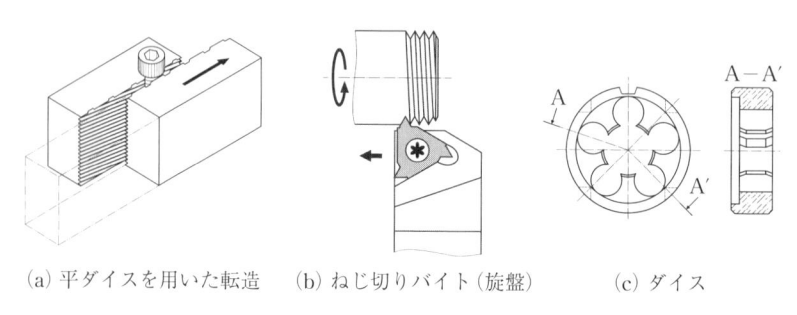

(a) 平ダイスを用いた転造　(b) ねじ切りバイト(旋盤)　(c) ダイス

図 13.4　おねじ製作の方法

13.2.1　おねじの製作

(1) 塑性加工による方法
- 転造による方法：図 13.4(a) に示すように，ダイス(平ダイス，丸ダイスなど)を丸棒に押し付けながら回転させて成形する方法である．小ねじ，ボルトなどの量産に用いられている．

(2) 切削による方法

いずれも少量生産に向く方法である．
- ねじ切りバイトを用いた旋削：図(b)に示すように，旋盤上でねじ切りバイトを用いて棒材を切削する方法である．
- ダイスによる方法：棒材を固定し，その外周で内面にめねじ状の刃を持つダイス〔図(c)〕を回転させることによって，切削によりおねじを形成する方法である．
- チェーザによる方法：多くのねじ山を持つ刃物を用いて切削する方法である．

(3) 研削による方法

粗加工されたおねじを，砥石を用いて精密に研削する方法である．

13.2.2　めねじの製作

(1) 切削による方法
- タップ立て：図 13.5(a) に示すタップを用いて，下穴を持つ工作物に回転

させながらめねじを形成する方法である。下穴の直径は，タップ下穴表でおねじの外径に対応した値を選ぶ。この値は，通常，めねじの内径よりわずかに大きい。タップには，マシンタップとハンドタップがある。マシンタップは機械に取り付けて行うものであり，ハンドタップはタップをハンドルに固定して作業者が加工する。このタップには，先・中・上げタップがあり，仕上げに近づくほど食付き部の角度が大きくなる。すなわち，食付き部が短くなる。ハンドタップでは，右ねじの方向に回転させては左ねじの方向に戻し，切りくずを細かく分断しながら作業を進めないと，特に小径のねじ切りではタップが折損しやすい．

(a) タップ　(b) ねじ切りバイト　(c) ロールタップ

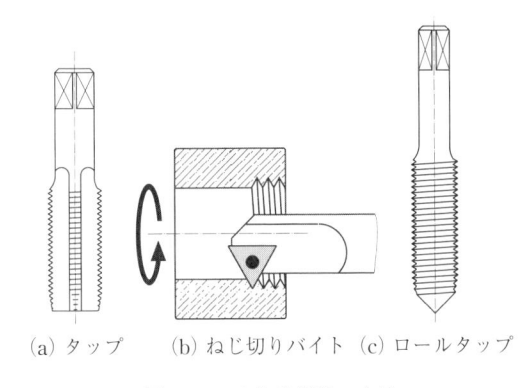

図 13.5　めねじ製作の方法

- 旋削：おねじの場合と同様に，めねじ切り用バイトを用いて切削する方法である〔図 (b) 参照〕.

(2) 塑性加工による方法

- ロールタップによる方法：おねじとほとんど同じ形状のロールタップという切れ刃のない工具〔図 (c) 参照〕を用いて，下穴のある材料を塑性変形させながらめねじを形成する方法である。従来，アルミニウム合金のような非鉄金属や低炭素鋼に適用されてきたが，近年では，高剛性・高精度工作機械を用いてステンレス鋼，高炭素鋼あるいは調質鋼などに適用範囲を広げている。タップの材質は，高バナジウム，高コバルトの粉末ハイスで，HV 3000 の硬さを有し，低摩擦コーティングが施されている。ねじ形状にも工夫が見られる（先端の導入部はわずかにテーパ状）．

13.3 軸受の製作

本節では,転がり軸受,特に玉軸受の製作について説明する.

13.3.1 ボールの製作

玉軸受は,転動体のボール(ball),内輪(inner race),外輪(outer race)および保持器(retainer)からなる.ボールの製作は,次のように行われている.まず,図 13.6(a)に示すように,高炭素クロム軸受鋼(JIS SUJ2 など,C量 0.95～1.10％)のワイヤをボールの体積に合わせて適当な長さに切断し,熱間で鍛造型に入れてプレスによって球形にする〔図(b)〕.この工程ではバリが残っているので,溝の付いた2枚の盤の間に挟み,一方を回転させるフラッシングという工程でバリを除去する〔図(c)〕.この後,焼入れ・焼戻しの熱処理を行って硬化させる.次に,溝の付いた砥石間にボールを送り込んで研削を行い〔図(d)〕,最後にスラリ(遊離砥粒と加工液)とラップ(鋳鉄または鋼)を用いたラッピングを行って終了する〔図(e)〕.材質としては,軸受鋼以外にセラミックス(Si_3N_4)などがある.

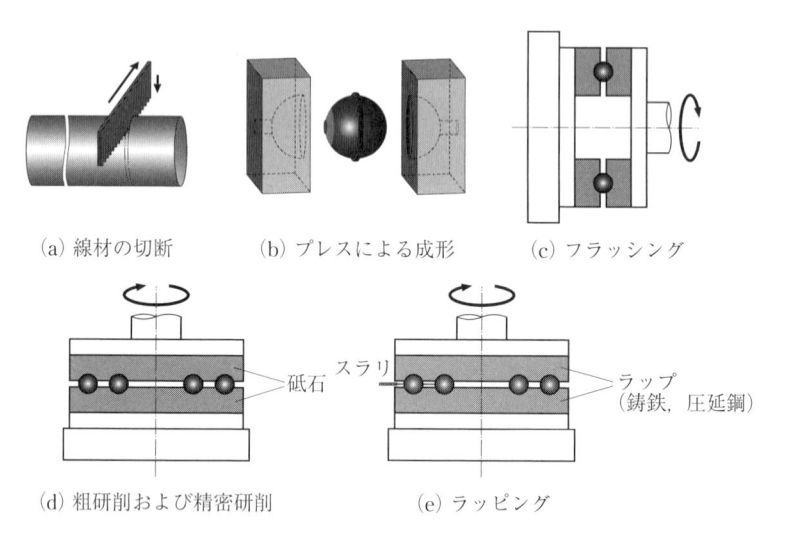

(a) 線材の切断　　(b) プレスによる成形　　(c) フラッシング

(d) 粗研削および精密研削　　(e) ラッピング

図 13.6　軸受のボールの製作工程

13.3.2 内輪と外輪の製作

内輪と外輪は,軸受鋼を圧延,鍛造,冷間引抜きなどにより概形をつくり,化学成分分析,硬さ,組織観察,脱炭層深さ測定などの試験を経て,次の方法で仕上げられる.

(1) 幅,溝および内外径の旋削の後,焼入れ・焼戻しの熱処理を行って硬さと強度を高めた後,幅,溝および内外径の研削加工を行う.

あるいは,

(2) 焼入れ・焼戻しの後,CBN 工具による幅,溝および内外径のハードターニング(硬化材の旋削)を行う.

転動体(ボール)が転がる最も重要な転送面は,外輪の例を図 13.7 に示すように,目の細かい砥粒を固めた砥石を被加工面に押し付けながら揺動運動をさせる超仕上げにより,熱影響層を取り除くとともに精密に加工される.

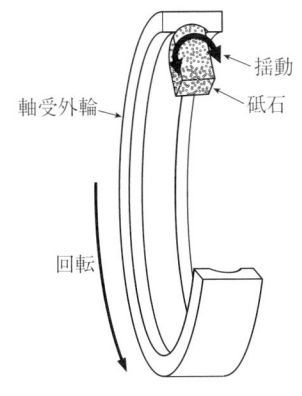

図 13.7 外輪の転送面の超仕上げ

13.4 IC, LSI の製作

IC は Integrated Circuit(集積回路),LSI は Large Scale Integration(大規模集積回路)のことであり,いずれも多くの素子を高密度に集積した電子部品である.以後,両者をまとめて LSI という.LSI の製造工程は数百にも及ぶ工程からなっているが,本節では,LSI の機械加工工程を中心に概説する.

LSI の心臓部である半導体には,主に単結晶シリコン Si や単結晶炭化シリコン SiC が使われているが,回路パターンの正確な形成や高品質の電気特性を確保するために,極めて高い寸法形状精度(平坦度,厚さ,反り)と結晶性が要求される.寸法形状精度を満足させるため,スライシング(slicing),ラッピング(lapping),化学的・機械的研磨(Chemical-Mechanical Polishing:CMP)が行われ,結晶性の確保のため,熱処理,ゲッタリング(gettering:転位,積

(a) 単結晶インゴット作成

(b) インゴット切断 (スライシング)

(c) ラッピング

(d) 化学的機械的研磨 (CMP)

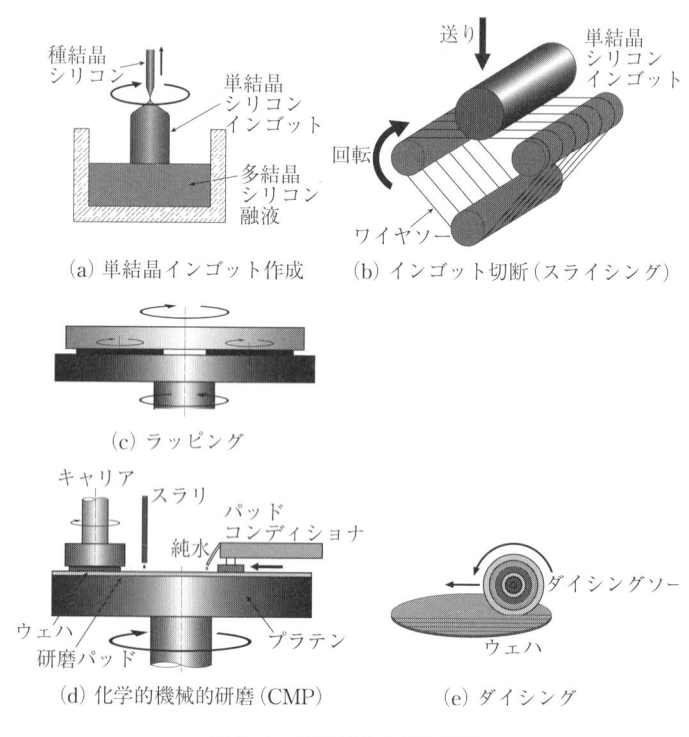

(e) ダイシング

図 13.8　IC (LSI) の製作工程

層欠陥，ひずみの除去) などが繰り返される．

単結晶インゴットの成長から LSI チップの製造までの概略のプロセスを図 13.8 に示す．

13.4.1　インゴット(鋳塊)の作製

図 13.8 (a) のように，多結晶シリコン，多結晶 SiC などを溶融した池から種結晶を用いて単結晶 Si, SiC などをそれぞれ引き上げ，インゴットを作製する．そのインゴットの外周研削および方位加工〔⟨110⟩方向のオリエンテーションフラット (略称, オリフラ) 加工〕を行う．

13.4.2 インゴットのスライシング

インゴットを直径(通常,12インチ,16インチのようにインチ単位で表示)に応じた厚さになるように,マルチワイヤソー〔ダイヤモンド電着ワイヤまたはワイヤにスラリを付与;図13.8(b)参照〕,または内周刃砥石(薄いドーナツ状のステンレス板の内側に砥粒を電着)を用いて,SiまたはSiCの薄板(ウェハ)に切断する.スラリとして,通常,ダイヤモンドと純水が用いられる.

13.4.3 シリコンウェハのラッピング

切断されたシリコンウェハが持っている寸法形状誤差,変質層などを取り除くため,ラッピングを行う〔図13.8(c)参照〕.2枚の鋳物製のラップの間にステンレス鋼キャリアを入れ,その中にシリコンウェハを入れて行う.

13.4.4 面取り(ベベリング)

シリコンウェハはもろいので,搬送中などの取扱い時に割れたり欠けたりすることがある.これを防ぐため,ウェハの外周部を面取り用の砥石に半径方向超音波振動を付加しながら面取り(beveling)する.

13.4.5 化学的・機械的研磨(CMP)と化学研磨(エッチング)

切断されたシリコンウェハは,一般にうねり,反り,厚さ変動などとともに,加工変質層やきずを持っているが,これらを化学的な反応と機械的研磨作用により除去する工程である〔図13.8(d)参照〕.表面化学作用を持つ研磨剤(例えば,コロイダルシリカ)や化学作用を持つ研磨液によって機械的研磨を促進させ,機械的ダメージの少ない平滑な面を得ることができる.また,面取りした面もCMPによりなめらかな面にする.

化学研磨では,それまでに残ったウェハ表面の微細な凹凸をさらに平滑にする.酸性エッチング液またはアルカリ性エッチング液が使われる.

13.4.6 フォトリソグラフィ

フォトリソグラフィ(photolithography)は,半導体ウェハ上に感光性有機物

質(フォトレジスト)を塗布し,露光装置(ステッパ)を用いて,フォトマスクに描かれた素子・回路のパターン(レチクル)を焼き付ける技術である.パターンの微細化に伴い,露光にはエキシマレーザなどが使われており,次世代の光源として EUV 光,X 線などがある.

13.4.7 ダイシング

ダイシング(dicing)は,Si ウェハ上に焼き付けられた回路パターンを切り分けるために,ウェハ下面を接着テープに固定した後,面取り V 形ブレードおよび厚さ 10 μm 程度のダイシングソーを用いて数 mm 角の LSI に分割する工程である〔図 13.8(e) 参照〕.

13.4.8 配　　線

LSI チップをリードフレームの所定の位置に位置決めし,LSI の端子とリードフレームの端子とを金線を用いて超音波接合する.その後,樹脂で固めて LSI は完成する.

参 考 文 献

1) 例えば,上野　拓(編著):歯車工学(大学講座機械工学 39),共立出版 (1977).

索　引

ア　行

アーク溶接 …………………………… 90
アーク炉 ……………………………… 17
赤当たり …………………………… 291
揚がり ………………………………… 9
圧延加工法 …………………………… 67
圧下率 ………………………………… 68
圧下量 ………………………………… 68
圧下力 ………………………………… 69
圧縮残留応力 ……………………… 188
圧縮流体噴射方式 ………………… 189
圧接 ……………………………… 89, 90
圧電式切削動力計 ………………… 114
圧力切込み加工 …………………… 138
圧力制御機能 ……………………… 261
アディティブマニュファクチャリング
　　　………………………………… 212
当てはめ形体 ……………………… 230
アドレス …………………………… 283
孔型ロール ………………………… 70
アブレイシブウォータジェット加工 189
粗さ曲線 …………………………… 232
アルミニウム合金 ………………… 14
アレンジ図 ………………………… 52
アンギュラ研削 …………………… 140
案内面 ……………………………… 291
イオンインプランテーション …… 218
イオン注入 ………………………… 218
イオンビーム加工 ………………… 218
イオンビーム加工機 ……………… 260
鋳型 ……………………………… 5, 10
板押え ……………………………… 75
位置決め ………………………… 268, 283
一般砥粒 …………………………… 149
異方性 ……………………………… 66
鋳物 ………………………………… 5
鋳物砂 ……………………………… 10
インゴット ……………………… 189, 308
インプレッション ………………… 84

インベストメント法 ……………… 20
インボリュート …………………… 301
ウェルドライン …………………… 56
受口 …………………………………… 8
打抜き加工 ………………………… 74
うねり曲線 ………………………… 232
運動制御機能 ……………………… 261
運動転写方式 ……………………… 175
エキシマレーザ …………………… 216
液槽光重合 ………………………… 32
液体ホーニング ………………… 189, 296
エッジ仕上げ ……………………… 294
エッチング ………………………… 221
エネルギー配分率 ………………… 197
エレクトロフォーミング ………… 220
円弧補間運動 ……………………… 283
円周ピッチ ………………………… 302
遠心鋳造法 ………………………… 24
遠心バレル ………………………… 186
延性 ………………………………… 62
円筒研削 …………………………… 140
円筒研削盤 ………………………… 272
円筒度 ……………………………… 270
エンドミル切削 …………………… 108
オイルインジェクション法 ……… 298
黄銅 ………………………………… 15
往復台 ……………………………… 266
オーステナイト …………………… 102
送り ………………………………… 267
送り運動 …………………………… 263
送り機構 …………………………… 264
押出し加工 ………………………… 70
押付け曲げ ………………………… 78
押湯 ………………………………… 9
オスカー式研磨機 ………………… 183
おねじ ……………………………… 303
オフセット ………………………… 284
オフセット処理 …………………… 35
オンマシン／インプロセス計測 …… 226

カ 行

カーブジェネレータ研削 …………183
カーフロス ……………………188
外殻形体 ……………………230
回転数 ………………………267
回転精度 ……………………270
ガイドブシュ …………………269
概念設計 ………………………31
回復 …………………………66
外輪 …………………………306
かえり ……………………76, 128
火炎バリ取り …………………297
化学研磨 ……………………219
化学蒸着 ……………………297
化学蒸着法 …………………123
化学的振動研磨 ……………297
角ねじ ………………………303
角変形 ………………………100
加工液 ………………………194
加工くず ……………………194
加工現象 …………………261, 262
加工硬化 ………………………62
加工誤差 ……………………261
加工時間 ………………………47
加工速度 ……………………199
加工フィーチャ ……………284
加工変質層 ……………178, 219
ガス切断 ……………………101
仮想生産 ………………………29
形削り ………………………109
形削り盤 ……………………263
形彫り放電加工 ……………192
型曲げ …………………………77
片面研磨機 …………………182
滑動 …………………………172
カップ形砥石 ………………183
過電圧 ………………………207
荷電粒子ビーム加工 ………217
金型 ……………………………3
金型寿命 ………………………45
金型製作 ………………………28
金型設計 ………………………50
カム研削盤 …………………278
乾式ラッピング ……………179
乾燥型 …………………………10
ガンドリルマシン …………271
機械的圧入法 ………………298
機械的ポリシング …………175
幾何学的形状 ………………229
幾何偏差 ……………………231
木型 ……………………………3
気孔 …………………………148
きさげ加工 ………………3, 291
基準寸法 ……………………299
基準線 ………………………299
基準長さ ……………………234
基礎円 ………………………301
気体レーザ …………………214
機能評価モデル ………………31
気泡 …………………………195
逆オフセット法 ……………284
ギヤシェービング …………303
ギヤ切削 ……………………110
キャビティ ……………………44
ギャングヘッド ……………287
キャンバ ………………………69
休止時間 ……………………196
球状黒鉛鋳鉄 …………………13
キュポラ ………………………16
境界摩耗 ……………………124
共焦点顕微鏡 ………………256
強制切込み加工 ……………138
鏡面 ……………………172, 173
切りくず速度 ………………113
切込み ………………………267
亀裂 …………………………184
くし刃形刃物台 ……………269
口付け …………………………72
組立 …………………………298
組立調整 ………………………51
グラインディングセンタ …3, 278
クラック ……………………184
クリアランス …………………75
クレータ摩耗 ………………124
黒当たり ……………………292
クロスハッチ ………………272
けい砂 …………………………11

索引　313

計算幾何学 …………………………38
形状精度 ……………………………261
形状創成 ……………………………262
計測 …………………………………228
ゲート ………………………………53
けがき ………………………………270
結合剤 …………………………148,151
結合剤噴射 …………………………32
結合度 ………………………………153
結晶性 ………………………………53
結晶粒界 ……………………………66
ケミカルメカニカルポリシング 175,181
限界絞り比 …………………………81
現型 …………………………………7
研削液 ………………………………158
研削加工 ……………………………139
研削砥石 ……………………………148
研削盤 ………………………………272
現物型 ………………………………7
研磨加工 ……………………171,175,183
研磨加工機 …………………………260
研磨機 ………………………………182
研磨剤 …………………………179,189
研磨布紙加工 ………………………167
コア …………………………………44
高温割れ ……………………………94
工具経路データ ……………………284
工具研削 ……………………………146
工具研削盤 …………………………278
工具鋼 ………………………………123
工具交換 ……………………………284
工具自動交換装置 …………………275
工具寿命 ……………………………125
工具電極 ……………………………192
交差穴 ………………………………296
工作機械 ……………………………260
公差等級 ……………………………299
格子縞投影法 ………………………249
高周波誘導炉 ………………………16
公称応力 ……………………………62
公称ひずみ …………………………62
剛性 …………………………………270
校正曲線 ……………………………241
合成砂 ………………………………11

硬脆材料 ……………………………172
構成刃先 ……………………………128
高速度鋼 ……………………………123
剛塑性近似 …………………………63
降伏応力 ……………………………62
降伏点 ………………………………62
後方（間接）押出し ………………70
光明丹 ………………………………291
光路長 ………………………………238
コーティング ………………………45
コーテッド工具 ……………………123
コーナ半径 …………………………267
コスト ………………………………29
固体レーザ …………………………215
固定砥粒加工 ………………………138
コヒーレンス走査型干渉法 ………255
ゴム結合剤 …………………………152
コラム …………………………264,276
コロイダルシリカ ………176,178,181
コンテナ ……………………………70
コンパレータ ………………………241
混流・ランダム生産システム ……290

サ　行

サーボシステム ……………………282
サーボ制御 …………………………201
サーボプレス ………………………87
再結晶 ………………………………66
再絞り加工 …………………………81
最終インプレッション ……………84
最小切取り厚さ ……………………129
最小領域法 …………………………231
最大高さ ……………………………233
再熱割れ ……………………………95
材料除去率 …………………………267
材料吐出堆積 ………………………32
材料噴射堆積 ………………………32
先・中・上げタップ ………………305
作業ロール …………………………70
座屈 …………………………………97
サドル ………………………………266
サポート構造 ………………………35
作用線 ………………………………302

三角測量方式	243	主軸頭	264
三角ねじ	303	樹脂流動解析	56
三次元座標測定機	245	主分力	114
三次元造形	28, 32	寿命判定基準	125
三次元トポグラフィ	253	準鏡面	174
算術平均高さ	235	純銅	15
残留応力	97	準備機能	283
仕上げ代	6	詳細設計	31
仕上げ面粗さ	261	焦点位置検出法	256
シート積層	32	定盤	291
シェービング	77	少品種多量生産	285
シェルモールド法	19	除去加工	3
磁気研磨	174	触針式測定法	252
軸	300	ショットピーニング	174, 189
軸受外輪	300	しわ	80
軸受内輪	300	しわ押え板	80
ジグ	31, 270	しわ押え力	80
ジグ中ぐり盤	270	真応力	63
指向性エネルギー堆積	32	心押し台	266
しごき加工	82	振動バレル	186
支持ロール	70	真ひずみ	63
実形体	229	新明丹	293
湿式ブラスト	189	水蒸気処理	298
湿式ラッピング	179	スイス形自動旋盤	269
実生産	29	水溶性切削油剤	159
自動旋盤	267, 269	数値情報	282
自動倉庫	287	数値制御	282
自動パレット交換装置	276	数値制御工作機械	262
自動プログラミング装置	284	数値制御旋盤	268
絞り	62	すくい面	112
絞り比	81	すくい面摩耗	124
絞り率	81	ステム	70
しまりばめ	300	砂型	10
射出成形用金型	50	スパッタデポジション	218
シヤリング	74	スパッタリング	218
自由研削	148	スプリングバック	79
修正リング形研磨機	182	スプルー	53
集束形イオンビーム装置	219	すべり	64
自由鍛造	82	すべり案内面	291
集中度	153	スムージング	183
充てん	52	スライシング	188, 307
摺動	291	スライドコア	44
主軸	263	スライドモーション	87
主軸台	266	スラブ	67

索引　315

スラリー	179
すり合わせ	291
スリッティング	74
寸法	229
寸法公差	298
寸法精度	261
寸法の許容差	298
静圧ねじ	303
成形機	51
成形サイクル	42
静剛性	2
生産準備	31
生産性の向上	47
脆性破壊	97, 172
静電(磁場)レンズ	217
青銅	15
製品開発プロセス	28
精密打抜き	77
堰	9
積層厚さ	34
切削運動	263
切削温度分布	122
切削加工	3, 107
切削加工機	260
切削速度	267
切削抵抗	115
切削比	113
絶対測定	237
切断	212
接着	89
セミドライ加工	136
セメンタイト	102
セラミック工具	123
繊維組織	66
旋削	107
ゼンジミヤ圧延機	70
先進率	68
センタ	267
センタレス研削	144, 272
センタレス研削盤	272
せん断応力	114
せん断加工	74
せん断速度	113
せん断面	76, 112

せん断面せん断応力	115
旋盤	265
前方(直接)押出し	70
相変態	102
測定	227
測定値	227
測定量	227
測得形体	230
組織	153
塑性	58
塑性加工	58, 260
塑性曲線	63
塑性係数	63
塑性ひずみ	62
塑性変形	58
粗面	173, 179
反り	55

タ 行

ターゲット	218
ターニングセンタ	3, 273
ダイ	44, 75
ダイカスト	22
台形ねじ	303
耐欠損性	123
ダイス	304
ダイシング	161, 310
体心立方格子	64
対数ひずみ	63
耐摩耗性	123
ダイヤモンド	178, 187
ダイヤモンド砥粒	150
ダイヤモンドワイヤソー	163
ダイヤルゲージ	237
大量生産	30
耐力	62
琢磨機	182
多結晶体	66
タップ	109
タップ立て	304
立形 MC	276
縦収縮	99
立旋盤	268

索引

立フライス盤 …………………………… 264
縦曲がり変形 …………………………… 100
多品種少量生産 …………………… 30, 235
ダブルコラム …………………………… 276
だれ ……………………………………… 76
タレット旋盤 …………………………… 267
単位 ……………………………………… 227
単位格子 ………………………………… 64
単結晶ダイヤモンドバイト ………… 281
弾性 ……………………………………… 58
弾性ひずみ ……………………………… 62
鍛接 ……………………………………… 89
鍛造 ……………………………………… 3
鍛造温度 ………………………………… 84
鍛造比 …………………………………… 83
断続切削 ………………………………… 107
弾塑性体 ………………………………… 63
炭素当量 ………………………………… 93
タンデム圧延機 ………………………… 70
段取り準備時間 ………………………… 47
断面曲線 ………………………………… 232
断面減少率 ……………………………… 72
鍛錬 ……………………………………… 83
チェーザ ………………………………… 304
縮み代 …………………………………… 6
窒化処理 ………………………………… 298
チャッキング …………………………… 185
チャック ………………………………… 266
鋳鋼 ……………………………………… 14
鋳造 ……………………………………… 5
鋳造方案 ………………………………… 7
鋳鉄 ……………………………………… 13
中立点 …………………………………… 68
中立面 …………………………………… 78
超音波振動圧入 ………………………… 298
超音波振動加工 …………………… 173, 174
超音波バリ取り ………………………… 297
超硬合金 ………………………………… 123
超仕上げ ………………………………… 166
超仕上げ盤 ……………………………… 272
超精密加工機 …………………………… 281
超短パルスレーザ ……………………… 216
超砥粒 …………………………………… 150
直接数値制御システム ………………… 287

直線補間 ………………………………… 283
直線補間運動 …………………………… 283
ツールホルダ …………………………… 277
ツールマガジン ………………………… 277
坪当たり ………………………………… 292
ツルーイング ……………………… 156, 280
低圧鋳造法 ……………………………… 23
低温割れ ………………………………… 94
抵抗溶接 ………………………………… 90
低周波誘導炉 …………………………… 16
停留クラック …………………………… 76
テーブル ………………………………… 264
デッドメタル …………………………… 72
デューティ・ファクタ ………………… 196
転位 ……………………………………… 65
電解加工 ………………………………… 204
電解加工機 ……………………………… 260
電解研磨 …………………………… 219, 296
電解バリ取り …………………………… 296
電気泳動 ………………………………… 221
電気化学的振動研磨 …………………… 296
電気化学当量 …………………………… 208
電気分解 ………………………………… 221
電気めっき ……………………………… 220
電子ビーム加工機 ………………… 217, 260
転造 ……………………………………… 303
電着 ………………………………… 152, 206
電鋳 ………………………………… 206, 220
転動 ………………………………… 172, 176
転動体 …………………………………… 306
天然砂 …………………………………… 11
電流効率 ………………………………… 205
砥石切断 ………………………………… 161
動剛性 …………………………………… 2
特殊加工 ………………………………… 3
特殊研削 ………………………………… 147
トポロジー最適化 ……………………… 40
ドライ加工 ……………………………… 136
ドライブラスト ………………………… 189
トラバース研削 ………………………… 140
トランジスタ放電回路 ………………… 194
トランスファマシン …………………… 285
砥粒 ………………………………… 149, 189
砥粒加工 ………………………………… 3

索引 317

砥粒分布 …………………………177
砥粒流動 …………………………296
ドリル切削 ………………………108
トレーサビリティ ………………248
ドレッシング …………156, 181, 280

ナ 行

内面研削 …………………………143
内面研削盤 ………………………278
内輪 ………………………………306
中ぐり盤 …………………………270
中ぐり棒 …………………………270
梨地面 ………………172, 173, 179
逃げ面 ……………………………112
逃げ面摩耗 ………………………124
二酸化炭素レーザ ………………213
二次元切削 ………………………111
二次せん断 ………………………76
抜きこう配(抜けこう配) ……6, 51
塗りつぶしパターン ……………35
ねじ加工 …………………………269
ねじ切りバイト …………………304
ねじ研削 …………………………147
ねずみ鋳鉄 ………………………13
熱衝撃バリ取り …………………297
熱処理 ………………………45, 102
熱電子 ……………………………217
熱平衡状態 ………………………213
熱変位特性 ………………………2
ノギス ……………………………237

ハ 行

パーライト ………………………104
背分力 ……………………………114
白鋳鉄 ……………………………13
歯車 ………………………………301
歯車研削 …………………………147
歯車研削盤 ………………………278
パス ………………………………73
歯数 ………………………………301
パススケジュール ………………73
パターンプレート ………………7

破断面 ……………………………76
パッチ ……………………………38
バニシング作用 …………………186
バフ加工 ……………………174, 187
バフ仕上げ ………………………169
はめあい …………………………294
早送り ……………………………283
バリ ……………………………55, 128
バリ出し鍛造 ……………………85
バリ取り ……………………185, 293
バレル ……………………………185
バレル研磨 ………………………296
パワー密度 ………………………195
半乾式ラッピング ………………179
板金加工 …………………………75
はんだ付け ………………………89
パンチ …………………………44, 75
半導体レーザ ……………………216
ハンドラッパ ……………………295
半密閉鍛造 ………………………85
比較測定 …………………………237
非加工時間 ………………………47
光造形 ……………………………212
光造形法 …………………………33
光励起 ……………………………215
引きちぎりバリ …………………295
引抜き加工 ………………………72
引き曲げ …………………………78
引け ………………………………55
非晶性 ……………………………53
比切削抵抗 ………………………116
ピッチ円直径 ……………………301
引張試験 …………………………60
引張強さ …………………………61
ビトリファイド結合剤 ……151, 185
ピニオンカッタ …………………271
被覆アーク溶接 …………………89
表面粗さ …………………………232
表面うねり ………………………232
表面改質 ……………………171, 212
表面性状 …………………………231
表面処理 …………………………45
平削り ……………………………109
平削り盤 …………………………263

索引

ビレット …………………………………… 68
疲労強度 …………………………………… 97
品質 ………………………………………… 29
ファイバレーザ ………………………… 216
ファセット ……………………………… 38
フィルム研磨 …………………………… 168
フェライト ……………………………… 102
フォトエッチング …………… 212, 221
フォトマスク ………………… 183, 222
フォトリソグラフィ ……… 218, 309
フォトレジスト ………………………… 222
深絞り加工 ……………………………… 79
付加製造 …………………………… 3, 32
複合形ターニングセンタ …………… 273
不水溶性切削油剤 ……………………… 159
物理蒸着 ………………………………… 297
物理蒸着法 ……………………………… 123
浮動原理 ………………………………… 139
フライス加工 …………………………… 303
フライス切削 …………………………… 107
フライス盤 …………………… 263, 264
プラスチック金型 ……………………… 44
ブラスト加工 ………………… 173, 189
プラズマ ………………………………… 194
プラズマ加工機 ………………………… 260
プラズマ切断 …………………………… 101
フラッシング …………………………… 306
プラノミラー …………………………… 265
ブランク ………………………………… 79
プランジ研削 …………………………… 140
プリプロセス計測 ……………………… 226
フルモールド法 ………………………… 21
フレキシブルトランスファライン … 286
フレキシブルマニュファクチャリングシステム …………………………… 288
プレス ……………………………………… 3
プレス加工 ……………………………… 75
プレス金型 ……………………………… 44
ブローチ切削 …………………………… 110
ブローチ盤 ……………………………… 271
分解電圧 ………………………………… 206
噴射加工 ………………………………… 172
粉末床溶融結合 ………………………… 32
ヘアライン処理 ………………………… 174

平衡ギャップ …………………………… 209
平衡状態図 ……………………………… 102
平衡電位 ………………………………… 206
閉塞鍛造 ………………………………… 85
平面研削 ………………………………… 142
平面研削盤 ……………………………… 278
平面度 …………………………………… 291
ベクタ走査 ……………………………… 37
ベッド ………………………… 264, 266
ベルト研削 …………………… 167, 296
ベルト研削盤 …………………………… 272
ベルト研磨 ……………………………… 174
変形抵抗曲線 …………………………… 63
変形能 …………………………………… 62
片状黒鉛鋳鉄 …………………………… 13
変態 ……………………………………… 103
ポアソンバリ …………………………… 294
保圧工程 ………………………………… 55
砲金 ……………………………………… 16
法線ベクトル …………………………… 38
放電加工 ………………………………… 192
放電加工機 ……………………………… 260
放電痕 …………………………………… 195
放電バリ取り …………………………… 296
包絡線 …………………………………… 303
ホーニング …………………… 164, 172
ホーニング盤 …………………………… 272
ボール …………………………………… 306
ボールねじ ……………………………… 303
ボール盤 ………………………………… 270
ホール-ペッチの関係 ………………… 66
ポケット形状 …………………………… 45
保持器 …………………………………… 306
補助機能 ………………………………… 284
ボス ……………………………………… 51
ポストプロセス計測 …………………… 226
母性原則 ………………………………… 138
ホブ切り ………………………………… 302
ホブ盤 …………………………………… 271
ホモ処理 ………………………………… 298
ポリシャ ………………… 175, 179, 180
ポリシング …… 174, 177, 178, 179, 185
ポンピング ……………………………… 214

マ 行

マイクロスクラッチ ……………184
マイクロメータ ………………237
摩擦角 ……………………115
マシニングセンタ ………3, 265, 275
まだら鋳鉄 ………………… 13
マッチプレート ………………… 7
マルチワイヤスライシング ………163
マルチワイヤソー ………………309
マルテンサイト ………………104
密閉鍛造 …………………… 84
無機自硬性鋳型 ……………… 18
無酸素銅 …………………281
無擾乱加工 ………………172
無電解ニッケル ………………281
メカノケミカルポリシング ……175, 181
メタル結合剤 …………………152
目づまり …………………174
メディア …………………185, 186
めねじ ……………………303
めねじ切り用バイト ……………305
面心立方格子 ………………… 64
面取り ……………………309
面取りカッタ …………………295
モールド …………………… 44
模型 ……………………… 5
モジュール ………………301
モジュラマシン ………………287
門形 MC …………………276

ヤ 行

焼入れ ……………………106
焼なまし …………………105
焼ならし …………………106
焼戻し ……………………106
やすり ……………………295
油圧法 ……………………298
有機自硬性鋳型 ……………… 19
有限要素解析 ……………… 1
融接 ……………………89, 90
誘導形体 …………………230
誘導放出現象 ………………213

誘導炉 …………………… 16
遊離砥粒加工 ……………171, 174
湯口 ……………………… 8
湯口比 …………………… 9
湯だまり ……………………… 8
ユニバーサル圧延機 …………… 70
湯道 ……………………… 9
溶接 ………………3, 88, 89, 212
溶接後熱処理 ………………… 98
溶接継手 …………………… 89
揺動機構 …………………175
誘導形体 …………………230
溶融再凝固層 ………………195
横形 MC …………………276
横収縮 …………………… 99
横中ぐり盤 …………………270
横フライス盤 ………………264
横曲がり変形 ………………100

ラ 行

ラジアルボール盤 ……………270
ラスタ走査 ………………… 37
ラック歯形 …………………302
ラッピング ………173, 174, 177, 307
ラップ ……………………179
ラップ盤 …………………272
ラピッドツーリング …………… 33
ラピッドプロトタイピング ……… 33
ラピッドマニュファクチャリング … 33
ラメラテア ………………… 96
ランナ …………………… 53
リーマ ……………………109
リソグラフィ工程 ……………183
立方晶窒化ほう素 ……………123
リブ ……………………… 51
粒度 ……………………150
流動バレル …………………186
両面研磨機 …………………184
理論的表面粗さ ……………… 34
輪郭曲線 …………………232
輪郭研削 …………………147
リング摩耗 ………………… 73
るつぼ炉 …………………… 17

冷間加工 …………………………… 84
励起 …………………………………213
冷風加工 ……………………………136
レーザ加工 …………………………212
レーザ加工機 ………………………260
レーザ干渉測定機 …………………237
レーザ切断 …………………………101
レジノイド結合剤 …………………152
連続切削 ……………………………107
連続鋳造 ……………………………67
連続鋳造法 …………………………25
ろう付け ………………………90, 266
ロール ………………………………67
ロールオーババリ …………………295
ロールクラウン ……………………69
ロールタップ ………………………305
ロストワックス法 …………………20
六方最密充てん ……………………64

ワ 行

ワークキャリア ……………………184
ワーク搬送装置 ……………………287
ワイヤスライシング …………173,188
ワイヤブラシ ………………………295
ワイヤ放電加工 ……………………192
ワックス ……………………………185
割出し ………………………………268

英 数 字

AM ……………………………3, 212
AMF フォーマット …………………38
APC …………………………………276
ATC …………………………………275
BTA 方式ドリル ……………………271
CAD ……………………………1, 47
CAD データ …………………………284

CAD/CAM ソフトウェア …………284
CAE ……………………………1, 51
CAM ……………………………3, 47
cBN 砥粒 ……………………………150
CL データ ……………………………284
CMP ……………………………175, 307
CVD …………………………………297
DNC …………………………………287
ECM …………………………………204
ELID …………………………………158
equilibrium electrode potential …… 206
Faraday の法則 ……………………204
FMS …………………………………288
FTL …………………………………286
HV-FMS ……………………………290
IC ………………………………88, 307
LSI …………………………………307
MC …………………………………276
MQL …………………………………136
NC …………………………………282
NC 工作機械 ………………………3
n 乗硬化則 …………………………63
PLC プログラム ……………………282
PL 法 …………………………………1
PVD …………………………………297
Q スイッチ …………………………214
SiC …………………………………188
Si ウェハ ………………………176, 179
STL フォーマット …………………38
TR …………………………………285
V プロセス …………………………22
X 線 CT ……………………………249
YAG レーザ …………………………215
3D スキャナ ………………………3
3D プリンタ ……………………3, 32
5 軸マシニングセンタ ……………277
5 面加工機 …………………………276

機械製作要論　　　　　　　　　　　　　　　　© 鬼鞍宏猷 2024
　　　　　　　　　　　　　　　　　　　　　　　　おにくらひろみち
2016年3月7日　第1版 第1刷 発行
2024年4月1日　第1版 第4刷 発行

著 作 者　鬼 鞍 宏 猷
発 行 者　及 川 雅 司
発 行 所　株式会社 養賢堂　〒113-0033
　　　　　　　　　　　　　　東京都文京区本郷5丁目30番15号
　　　　　　　　　　　　　　電話 03-3814-0911／FAX 03-3812-2615
　　　　　　　　　　　　　　https://www.yokendo.com/

印刷・製本：株式会社 三秀舎　　用紙：竹尾
　　　　　　　　　　　　　　　　本文：OK ライトクリーム 32 kg
　　　　　　　　　　　　　　　　表紙：OK エルカード 19.5 kg

PRINTED IN JAPAN　　ISBN 978-4-8425-0541-1　C3053

JCOPY ＜出版者著作権管理機構 委託出版物＞
本書の無断複製は著作権法上での例外を除き禁じられています。複製される場合は、
そのつど事前に、出版者著作権管理機構の許諾を得てください。
（電話 03-5244-5088, FAX 03-5244-5089／e-mail: info@jcopy.or.jp）